彩图 1 加利福尼亚獭兔

彩图 2 加利福尼亚獭兔

彩图 4

彩图 3 海狸色獭兔

彩图 5 白色獭兔

彩图 6　白色獭兔

彩图 7　白色獭兔

彩图 8　白色獭兔

彩图 9　荷兰垂耳兔

第 3 版编写人员

主　编　臧素敏　张宝庆

副主编　王宗仪　赵国先

参编者　（以姓氏笔画为序）

王志刚　王宗仪　邢亚茹　刘怡菲　李素敏
张宝庆　郑艳华　赵国先　高玉红　高振华
孙新胜　臧素敏　魏玉东

第 2 版编写人员

主　编　张宝庆

副主编　臧素敏　王宗仪　赵国先

参编者　（以姓氏笔画为序）

王志刚　王宗仪　邢亚茹　刘怡菲　李素敏

张宝庆　郑艳华　赵国先　高玉红　高振华

孙新胜　臧素敏　魏玉东

第 3 版前言

家兔生产是一项投资少、见效快、效益高的畜牧生产行业，在我国绝大部分农村地区均可饲养。家兔以青粗饲料为主，精料为辅，为节粮型动物，且不需放牧，无林牧矛盾。饲养家兔可生产优质的兔肉、兔毛、兔皮，改善人类生活水平，增加经济效益，加快农民致富奔小康的步伐。

近年来，随着人们对家兔产品需求量的不断上升以及宠物兔的上市，家兔的饲养量迅速增加，饲养规模不断扩大。为了适应新形势下家兔生产的需要，应广大读者的要求，我们对《养兔与兔病防治》第 2 版进行了修订。全书在原书所含的家兔品种、家兔生物学特性、家兔繁育、家兔的营养与饲料、兔场建筑、兔产品加工与利用及疫病防治等内容的基础上，增加了宠物兔的品种、饲养管理技术，加强了规模化兔场饲养管理技术的环节，并对一些过时的内容进行了删减。

该书在修订过程中，参考了大量的相关资料，并与我们的生产实践以及科研成果紧密结合，内容丰富。该书在编写过程中力求通俗易懂，实用性和可操作性较强，可作为广大养兔者和畜牧兽医专业在校生的学习和参考书。

由于水平有限，时间仓促，不足之处在所难免，恳请广大读者提出宝贵意见。

编　者

2011 年 7 月

第 2 版前言

家兔是农村城郊、山区平原、家家户户、男女老幼、整半劳动力都能饲养的节粮型草食家畜。饲养家兔，常年以青粗饲料为主，精料为辅，不需放牧，林牧无矛盾。饲养家兔，可以以草换肉、皮、毛，经济效益高，是一条致富奔小康和再就业的捷径。兔小贡献大，全身都是宝。兔肉是高级瘦肉食品，兔皮是物美价廉的制裘原料，兔毛是高级天然毛纺原料，兔屠宰下脚料及其粪便是其他畜禽的好饲料，饲养家兔还可以促进养殖业和种植业的发展。

我国劳动力、场地、饲草资源十分丰富，饲养家兔条件非常优越，发展养兔生产适合我国国情，我国发展养兔生产具有强大的竞争力。今后随着人民生活水平逐步提高，国内、外市场对兔产品的需求量将会与日俱增，我国的养兔事业需要快速、健康、持久的发展。为了普及科学养兔知识，促进养兔生产的发展，我们编写了《养兔与兔病防治》一书。全书包括我国养兔业概况及发展养兔生产应采取的措施、家兔品种、家兔生物学特性、家兔繁育、家兔的营养与饲料、兔场建筑、兔产品加工与利用及疫病防治等，内容丰富，实用性较强，可供兔场、农户及广大养兔爱好者学习和参考。

此书在编写过程中参考了大量国内、外有关的养兔书籍和技术资料，由于篇幅有限，不一一列出，在此对有关的编著者表示由衷的感谢。

由于我们的水平有限，时间仓促，不足之处在所难免，恳请广大读者批评指正。

编　者

2004 年

目　　录

第一部分　饲养管理

第 1 章　我国养兔业概况及发展养兔生产应采取的措施……（3）
❶ 我国养兔业的历史、现状及发展趋势 ………………（3）
❷ 养兔生产的目的、意义及发展前景 …………………（5）
❸ 养兔生产中存在的问题 ……………………………（10）
❹ 如何快速、健康、持久地发展我国的养兔生产 ……（11）
第 2 章　家兔的品种 ……………………………………（16）
❶ 肉用品种 ……………………………………………（16）
❷ 皮肉兼用品种 ………………………………………（21）
❸ 皮用品种 ……………………………………………（25）
❹ 毛用品种 ……………………………………………（27）
❺ 宠物兔品种 …………………………………………（29）
第 3 章　家兔的生物学特性 ……………………………（32）
❶ 家兔的起源与分类 …………………………………（32）
❷ 家兔的外貌特征及主要解剖特点 …………………（33）
❸ 家兔的生活习性 ……………………………………（39）
❹ 家兔的食性和消化特点 ……………………………（41）
❺ 家兔的繁殖特点 ……………………………………（43）
❻ 家兔的体温调节特点 ………………………………（45）
❼ 家兔的生长特点 ……………………………………（46）
❽ 家兔的换毛特点 ……………………………………（46）

第 4 章　家兔繁育 …………………………………… (48)
❶ 选种与选配 ………………………………… (48)
❷ 配种 ………………………………………… (53)
第 5 章　家兔的营养与饲料 ……………………… (63)
❶ 家兔的营养需要及饲养标准 ……………… (63)
❷ 家兔的饲料 ………………………………… (89)
❸ 家兔的日粮配合…………………………… (110)
第 6 章　家兔的饲养管理………………………… (121)
❶ 饲养管理的一般原则……………………… (121)
❷ 各类兔的管理技术………………………… (125)
❸ 不同季节的饲养管理……………………… (147)
❹ 家兔的一般管理技术……………………… (152)
第 7 章　兔场建筑、设备及用具 ………………… (157)
❶ 场址选择…………………………………… (157)
❷ 兔舍建筑…………………………………… (158)
❸ 兔场的设备及用具………………………… (161)
第 8 章　兔产品的加工与利用…………………… (167)
❶ 兔肉的加工与利用………………………… (167)
❷ 兔皮的加工与利用………………………… (175)
❸ 兔毛的加工与利用………………………… (183)
❹ 家兔副产品的加工与利用………………… (187)

第二部分　疾病防治

第 9 章　兔病防治………………………………… (193)
❶ 兔病的发生与传播………………………… (193)
❷ 兔病的预防………………………………… (196)
❸ 兔病的诊疗技术…………………………… (202)

❹ 家兔的病毒性传染病……………………………（209）
❺ 家兔的细菌性传染病……………………………（218）
❻ 家兔的寄生虫病…………………………………（244）
❼ 家兔的内科疾病…………………………………（264）
❽ 家兔的外科疾病…………………………………（291）

附　表……………………………………………………（293）
参考文献…………………………………………………（297）

第一部分
饲养管理

第 1 章　我国养兔业概况及发展养兔生产应采取的措施

❶ 我国养兔业的历史、现状及发展趋势 …………………………… 3
❷ 养兔生产的目的、意义及发展前景 …………………………… 5
❸ 养兔生产中存在的问题 ………………………………………… 10
❹ 如何快速、健康、持久地发展我国的养兔生产 ……………… 11

家兔是草食家畜，养兔生产是我国的传统产业，养兔业是我国创汇畜牧业的重要组成部分，是国家重点支持发展的一项草食性畜牧业生产。我国饲养的家兔数量、兔产品的数量及出口兔产品占国际兔产品贸易数量的比重均居世界首位，我国是名副其实的世界养兔大国。

❶ 我国养兔业的历史、现状及发展趋势

○ 历史

世界养兔最早的国家是中国。我国养兔的历史非常悠久，发现最早的兔子化石是在河南卢氏发现的卢氏兔化石，距今约 4 000 万年。我国不仅是最早、最原始兔的产地，也是兔类化石最丰富的国家，几乎每个地质时期均有代表。我国早在先秦时代就开始养兔，到汉朝梁孝王曾筑“兔园”专门用来养兔。这说明距今 2 000 多年前就有规模养兔的典型了，不过当时主要只作为观赏动物来饲养，并未广泛普及到民间。自鸦片战争以后，开始把家兔作为经

济动物来饲养，但一直到新中国成立前，长期处在分散、落后、自由发展、无人组织的状态。

世界上现存最古老的家兔品种就是中国白兔，距今已有 1 000 多年的饲养历史了，如今在我国农村仍保留饲养，其中以四川省饲养的数量最多。该兔具有对外界生活环境很强的适应性和很高的繁殖性能，是一个很好的育种材料，日本大耳白兔就是利用中国白兔育成的。我国的喜马拉雅兔也是最古老的家兔品种之一，美国就是利用喜马拉雅兔育成了现代世界著名的肉用兔种——加利福尼亚兔。

○ 现状

随着养兔业的不断发展，家兔的饲养量、生产规模、生产水平显著提高，饲养管理条件明显改善，生产经营体系不断完善，使养兔事业得到了较快发展。据有关资料报道，2009 年世界家兔存栏 15 亿只，其中我国饲养量达到 6.5 亿只（改革开放前的 1958 年全国存栏兔 700 万只）；我国养兔主要集中在山东、浙江、江苏、安徽、福建、河北、河南、山西、四川、重庆等省市，以饲养肉兔为主，其次是毛兔和獭兔。我国年加工兔肉 60 多万 t，兔毛产量及出口数量占世界贸易数量的 90%以上，加工生产的兔皮在世界排名第一。

家兔饲养管理条件明显改善，机械化、自动化设备不断应用于生产过程，如机械通风、湿帘降温、自动饮水、机械清粪等，使劳动效率和生产水平显著提高。例如，肉兔体重达到 2.5 kg 的时间由过去的 5～6 个月缩短到 3～4 个月；毛兔产毛量也由过去的 250 g/只提高到 600 g/只，有的高达 1 500 g/只以上；獭兔繁殖成活率以及兔皮质量也得到了提高。由此使养兔的经济效益不断增加，保证了养兔业的健康发展。

○ 发展趋势

随着我国经济体制改革的进展，人们商品经济观念的增强，国内外市场对兔产品需求量的增多，农村各项政策的贯彻落实，科技的普及与提高，促进了我国养兔生产的快速发展，在发动千家万户分散粗放饲养的同时，已涌现出一批原种兔场、种兔场、商品兔场以及兔肉、兔毛、兔皮加工厂等。同时我国的养兔生产出现了新的发展趋势，养兔生产组织形式正在由家庭副业、辅助性行业向产业化、主导产业方向转移和发展；兔肉、兔毛、兔皮等兔产品的销售渠道正在由出口外销为主向供应国内市场、内销为主的方向转移和发展；兔肉、兔毛、兔皮正在以出售原料为主向经深加工制成多种兔产品后出售方向转移和发展；饲养管理方法正在由原始粗放型向科学化、规模化、集约化方向转移和发展；饲料正在由单一化向多样化、标准化、颗粒化方向转移和发展；大型种兔场正在由单纯出售种兔为主向出售种兔、商品兔的同时开展"一业多营"、"养、加、销一条龙"、"牧、工、商一体化"方向转移和发展；疫病防治正在由单纯防治向采取综合性措施进行防治的方向转移和发展。所有这些转移和发展都有利于快速、健康、持久地发展我国的养兔事业，都有利于提高兔群品质，都有利于提高养兔的经济与社会效益。

❷ 养兔生产的目的、意义及发展前景

○ 目的与意义

1. 发展养兔生产符合我国国情

我国人口多，人均耕地少，人均粮食指标比较低。尽管施行计划生育，控制占用耕地，但人口每年约以 1 200 万的速度增加，而耕地以每年约 40 万 hm^2 速度递减。据联合国粮农组织 1994 年的资料报道，我国人均粮食(328.5 kg)低于全世界人均(346.45 kg)水平。所以，我国需要大力发展草食性家畜，家兔

正是小型高效节粮型的草食性家畜。

饲养家兔机械化水平比较低,常年主要靠手工劳动。我国人口众多,劳力资源十分丰富,饲养家兔具有强大的竞争力。

我国畜牧业产值占大农业产值的比重比较低,据报道,1949年占12.4%,到1992年达到27%。河北省1994年占31%,到1996年达到34.36%,1998年达到36.5%,计划到2005年达到50%。而一些工业发达的资本主义国家畜牧业产值占大农业产值的比重都比较高,例如,美国、法国占60%,瑞典、挪威占80%,新西兰、丹麦、瑞士占90%。要想进一步提高人民的生活水平,必须大力发展畜牧业生产。

近几年来我国畜牧业生产得到了迅速发展,特别是养猪和养鸡生产发展较快。据报道,我国人均消费的猪肉和鸡蛋均超过了世界平均水平。1997年全世界人均消费猪肉15.02 kg、鸡蛋8.02 kg,而我国人均消费猪肉34.79 kg、鸡蛋13.59 kg,但人均消费的牛肉、牛奶、羊肉、兔肉等草食性家畜产品数量均低于世界平均水平,特别是兔肉更少。法国、意大利、马耳他等国年人均消耗的兔肉超过5.0 kg。如果我国每人每年大约消费1只兔(一般养到2.5 kg出售屠宰,屠宰率60%左右,即约产带骨兔肉1.5 kg),按13亿人口计算,一年即需要近2 000万t兔肉,而目前我国年产兔肉仅40万t,全世界年产兔肉100多万t。因此,要想满足人们的消费需要,任务艰巨。

2.发展养兔生产,增加经济收入

家兔是小型草食性家畜,种兔价格较低。饲养家兔投资少,见效快,收益比较大,山区平原、农村城郊、男女老幼、整半劳动力都可以饲养。家兔生长发育快,性、体成熟早,怀孕期短,胎产仔多,在良好的饲养管理条件下,一年四季都可以进行配种繁殖,饲养家兔是一条短、平、快的致富奔小康的捷径。

实践证明,饲养獭兔比饲养肉兔和毛兔的经济效益都高。獭兔贵在毛皮，兼有其肉，还可供观赏，是名副其实的皮肉兼用型兔。其肉比肉兔肉还细嫩，其皮比肉兔皮售价高近10倍。在良好的饲养管理条件下，獭兔一年可繁殖5胎，每胎可产仔7只，可育成25～30只。饲养4个月即可长到2.5 kg，按商品兔14.0元/kg收购价格计算，毛收入可达700～1 000元。饲养1只母獭兔一年可超过种植1亩小麦的收入。广大农户利用庭院作为一种副业，饲养几只獭兔是可以办得到的。所以，饲养獭兔是广大贫困农户、下岗职工及离退休人员脱贫致富及再就业的一条捷径。

3.发展养兔生产，增加高级瘦肉来源

家兔是非耗粮型的草食性家畜，养兔不与粮争地，不与猪、鸡争粮，常年以青、粗饲料为主。家兔的产肉性能高于其他家畜，1只母兔年产的兔肉可相当其体重的20倍以上，而1头母牛年产的牛肉只相当其体重的1倍，1只母羊年产的羊肉只相当其体重的1.5倍，1头母猪年产的猪肉也只可相当其体重的10～13倍。

发展养兔，生产兔肉，不但速度快，成本低，而且质量好。兔肉营养价值高，具有特有的食用价值。

兔肉中的蛋白质含量高，而且质量好。鲜兔肉中含蛋白质21%（猪肉15.7%、牛肉17.4%、羊肉16.5%、鸡肉18.6%），并含有多种氨基酸，其中作为第一和第二限制性氨基酸的赖氨酸和色氨酸的含量均高于其他肉类（在以禾本科为主粮时最容易缺少这两种氨基酸）。

兔肉中的脂肪含量低。鲜兔肉含脂肪8%（猪肉26.7%、牛肉25.1%、羊肉21.3%、鸡肉4.9%），兔肉中的脂肪品质优于其他肉类，含有较多的人体不能合成的必需脂肪酸，同时含硬脂酸和油酸少，属高质量的脂肪酸，被人体吸收后，对滋润肤色有极大的好处。

兔肉中含磷脂多而含胆固醇少，磷脂与胆固醇之比为25∶1。如常吃兔肉，可增加人体血液中磷脂含量，减少胆固醇含量，即可减少胆固醇在血管壁中的沉积和减少粥样硬化，从而预防高血压、冠心病、动脉硬化等。

兔肉中矿物质含量多。兔肉中含矿物质总量 1.78％(猪肉 0.67％、牛肉 1.51％、鸡肉 1.65％)，尤其是钙的含量最高，达 0.026％(猪肉 0.006％、牛肉 0.012％、鸡肉 0.015％)，是儿童、产妇、老弱病残者最适宜的营养食品。

综上所述，兔肉是高级瘦肉食品，常吃些兔肉，不会使人发胖，而且还会使人长得窈窕细腻，同时还有利智力开发，故国外称其为“美容肉”、“保健肉”、“益智肉”等。

4. 发展养兔生产，增加轻工业原料

兔小贡献大，全身都是宝。发展养兔生产，除直接或加工后出口外，还可内销，从而促进我国的轻工业生产快速发展。

兔肉可加工成扒兔、熏兔、螺旋兔、兔肉罐头、兔肉松、兔耳丝、兔脸皮、兔肚丝、兔肝酱等高级兔肉食品。

兔毛是由鳞片层、皮质层和髓质层 3 层构成，中间是空的，充满空气，是保温、防潮和吸湿性能很强的高级天然毛纺原料。用兔毛为原料纺织加工出来的各种服装用品都具有轻、软、美、暖等特点，是高级保健用品，国内外市场需求量大，深受人们的欢迎。

兔皮轻便、柔软、保温性好，是物美价廉的高级制裘原料。特别是獭兔皮备受顾客欢迎。獭兔皮经过鞣制、染色、加工成仿水貂、水獭、狐貉、虎豹、灰鼠等高级珍贵毛皮制裘原料，可制成多种类型的中短大衣、帽子、披肩、围巾等，畅销国内外市场。今后随着野生动物保护法的贯彻执行，野生动物毛皮资源逐年减少，而人们的生活水平逐步提高后，对优质物美价廉的獭兔皮需求量将会逐步增加。

兔血、头、肝、胆、脾、胸腺、心、胃、胎兔等是制药工业的原料，可加工制成血卟啉、胃蛋白酶、卵磷脂、胆固醇等药品。

5. 发展养兔生产，可促进其他养殖业和种植业的发展

家兔有发达的盲肠，在盲肠中繁衍生息着大量微生物。传种

接代退化下来的微生物就变成菌体蛋白，家兔通过吃软粪的习性，进行重新消化吸收，除大部分被消化吸收后，尚有一部分随着粪便排出体外，所以，兔粪便中含有较多的动物性蛋白质。

干兔粪中含水分7.09%、灰分15.72%、粗蛋白质13.4%、粗脂肪1.59%、粗纤维20.79%，另外还含有较多的烟酸、核黄素、泛酸、维生素B_{12}等多种维生素。经试验，兔粪可以喂猪、鸡等。目前部分养兔场、农户正在用兔粪代替部分混合精料喂猪，既节省了部分精料，降低了饲养成本，又缩短了育肥时间。

家兔的肠道、四脚、尾巴等屠宰下脚料，经加工可制成高级动物性饲料，是狐、貂、貉等珍贵毛皮动物的极好的动物性饲料，可提高皮毛品质，扩大经济与社会效益。

兔粪是一种高效有机肥料。10只成年家兔的积肥量可相当1头猪的积肥量。兔粪含氮量2.3%，是牛粪的7.7倍，猪粪的3.8倍，羊粪的3.3倍，鸡粪的1.5倍；含磷量2.3%，是牛粪的7.7倍，猪粪的5.8倍，羊粪的4.6倍，鸡粪的2.9倍；含钾量0.8%，是牛粪的4倍，猪粪的2倍，羊粪的2.7倍，鸡粪的1.6倍。每千克兔粪相当于硫酸铵10.85 kg、过磷酸钙10.09 kg、硫酸钾1.79 kg的肥效。

兔粪和尿液中的尿素、氨(NH_3)以及钾、磷等均可新鲜使用，能被植物吸收利用。兔粪尿还有杀虫灭菌、抗旱保墒作用。实践证明，用兔粪尿上地施肥可直接、间接增产20%～30%。

○ 发展前景

家兔具有适应性广、繁殖力强、生长发育快与性、体成熟早、以吃青粗饲料为主等生物学优点，再加上"兔小贡献大、全身都是宝"及其产品的独特优势等，所以，养兔业已引起全球关注，现已有100多个国家发展养兔。联合国粮农组织号召大力发展养兔业，认为养兔是21世纪人们蛋白质食物的一项重要来源，建议把发展养兔业列入发展中国家的发展规划，并已开始付诸实施。

今后，随着我国现代化建设的深入发展和人民生活水平逐步提高，市场对兔肉、兔毛、兔皮等兔产品的需求量将会与日俱增，所以必须大力发展养兔生产。

我国是世界养兔大国，具有悠久的养兔历史和丰富的养兔实践经验，具有优越的养兔条件和强大竞争力。广大人民群众非常热爱养兔事业，各级领导十分重视养兔事业，从人力、物力、财力等方面大力支持养兔生产，把养兔生产列为一把手工程和主导产业来抓。发展养兔事业对我国来讲具有重要的战略意义和广阔的发展前景。

❸ 养兔生产中存在的问题

我国是世界养兔大国，但纵观我国养兔业发展历程，始终处于波浪式向前发展，存在一些尚得解决的问题。

○ 销售渠道比较单一

长期以来，我国生产的兔肉、兔皮、兔毛主要靠出口外销，而国内销售量比较少。出口外销，换取外汇，支援“四化”建设，固然必要，但会受到国际市场价格、行情起伏不定的制约和影响。今后必须进行出口与内销两条腿走路。

○ 兔产品开发滞后

过去我国兔肉、兔毛、兔皮等产品主要靠外贸部门直接出口原料为主，而经深加工后再出口或内销的数量极少，既减少经济收入，又会受到国际贸易市场行情制约。今后，必须加大兔产品深加工力度，进一步增加经济与社会效益。

○ 科技普及面小

我国养兔以农村千家万户分散粗放饲养形式为主，要求家家户户应有经过技术培训、懂科学、用科学的人去进行饲养管理，但科技普及面还小，科技含量比较少，生产水平比较低。今后必须继续普及适用技术，加强科学饲养管理，进行科教兴兔，不断提高兔群品质，进一步提高生产性能。

○ 疫病时有发生和流行

疫病是养兔业的大敌。过去有的地方由于销路不畅，养的兔销不出去，放松了饲养管理，或日常饲养管理工作不到位或放松了疫病预防工作等，所以，造成疫病时有发生与流行。今后必须继续贯彻防重于治的方针，采取综合疫病防治措施，控制疫病发生与流行。

❹如何快速、健康、持久地发展我国的养兔生产

实践证明，要想快速、健康、持久地发展养兔生产，进一步提高养兔的经济与社会效益，根据目前我国广大农村的养兔条件，总结过去的教训以及家兔的生物学特性要求等因素，必须采取硬、软件相结合的综合措施。

○ 加强五大体系建设

1. 领导体系

加强各级党政领导是搞好家兔生产、增加养兔的经济与社会效益的基础。不少县、市、乡养兔生产得到了快速、健康发展，兔群品质逐步提高，广大养殖户走上了致富道路，部分下岗职工解决了再就业门路，加工生产出来的扒兔、熏兔、兔皮大衣等兔

产品打入了国内外市场，迅速增加了养兔生产的经济效益与社会效益。总结这些单位的第一条经验就是加强了领导体系建设即成立各级养兔领导小组，把养兔生产作为一把手工程和大农业中的第一主导产业来抓，从人力、物力、财力等方面予以必要的支持，并认真贯彻执行奖惩制度，大力发动千家万户发展养兔生产。

2. 技术体系

领导重视后，技术工作必须跟上去，进行科教兴兔。

首先普及养好家兔技术知识，撰写、印刷、出版如何迅速、健康、持久地发展养兔生产以及如何选种选配、如何建设兔舍、如何配备饲料、如何进行疫病防治等方面的技术资料，通过电视台、电台、会议等形式宣传普及。

第二，定期举办养兔适用技术培训班和现场技术指导、技术咨询。

第三，定期举办养兔经验交流会、现场会。

3. 良繁体系

一般中小型兔场及千家万户分散粗放饲养管理的家庭兔场给家兔创造的生活环境和饲料营养条件普遍都较差，选种选配工作跟不上去，重数量轻质量，所以，引起兔种出现分化、杂化、劣化、退化现象是难免的。为了保种和提高兔群品质以及给广大群众提供量多质优的种兔，为了创造条件逐步培育出适合当地自然环境和经济条件优良的新品系或新品种家兔，建立省、市、县三级良种繁育种兔场是十分必要的，是快速、健康、持久地发展养兔生产的重要条件之一。

4. 管理体系

对养兔场和养兔户加强组织管理工作也是十分重要的。总结一些国营、集体、联营以及部分村庄、群众养兔不景气甚至失败的原因之一就是管理工作跟不上。因此，必须对种兔场及村庄、农户养兔加强管理。

对各种类型的种兔场，要制定切实可行的管理责任制度和奖惩制度，并引入竞争机制，将兔场和生产工作搞得好坏与场长、技术员及全体职工的经济利益紧密地结合起来，树立以场为家的思想，充分发挥每个人的积极性和创造性。

对农村养兔户特别是分散、偏僻、交通不便的农村养兔户必须加强管理，要有人抓、有人管、有人组织。这样才能快速、健康、持久地发展养兔生产。实践证明，组建农村养兔协会是最好的管理形式。由村干部或养兔大户牵头成立村养兔协会，各养兔户自愿加入养兔协会。每月定期开会学习，交流经验，技术培训。由协会统一组织交售商品兔，解决一家一户卖兔难的问题。

5. 加工体系

实践证明，要想大力发展养兔生产，必须很好地解决兔产品的销路问题。销路越宽广，养兔生产形势就越好，养兔的经济与社会效益就越高。

解决兔产品销路问题，必须进行加工外销与内销两条腿走路。过去我国兔产品主要靠出口外销，容易受到国际市场行情及竞争机制等因素的制约和影响，所以，必须在努力争取出口外销的同时，着眼国内大市场。随着人民生活水平逐步提高后，对兔产品的需求量将会与日俱增，国内市场会越来越广阔。

目前我国部分搞得好的养兔县、乡、场，已经和正在实现“一业多营”。例如，大型国营种兔场附设商品兔收购厂、家兔屠宰厂、兔肉深加工厂、兔皮鞣制厂、兔皮染色厂、兔皮服装厂、兔饲料加工厂等；现已加工生产出来的扒兔、熏兔、螺旋兔、兔皮大衣、兔皮帽子等多种兔肉食品和兔皮服装打入国内市场，供不应求，深受顾客欢迎，真正实现了“养、加、销一条龙”、“牧、工、商一体化”，既有力地促进了养兔生产发展，又增加了国内市场兔产品的供应，扩大和提高了养兔的经济与社会效益。

○ 树立五大观点

1. 树立发展养兔生产对我国具有战略意义的观点

科技人员要当好领导的参谋，并要采取多种形式组织宣传发动群众，从领导到群众统一思想认识，从思想上充分认识到发展养兔生产对我国具有重要现实意义和战略意义。各级领导要把大力发展养兔生产作为一把手工程、大农业中的第一主导产业来抓，从人力、物力、财力等方面予以倾斜和支持。广大群众要充分认识养兔是致富奔小康和再就业的一条短、平、快捷径和门路，把家兔当做“命根子”、“摇钱树”，加强日常科学饲养管理，把兔养肥养壮。

2. 树立公司＋农户、小群体大规模、分散科学饲养的观点

我国的养兔组织形式应适应我国国情，应在集中人力、物力、财力组织起规模化、工厂化、科技水平较高的省、市、县三级良繁种兔场的同时，组织发动千家万户饲养家兔，发展、兴办适度规模的家庭养兔场。以广大农户庭院为基地，不贪大求全，不投大资、办大场、雇多人。这样的兔场容易办好，能充分发挥广大农户庭院场地、劳力、饲料、管理等方面的优势，利用茶余饭后、业余时间进行饲养管理，成本低，效益高，具有强大的生命力和发展前景。

由三级良繁种兔场或养兔协会组建起养兔公司，引进优良品种，定期调换种兔血缘关系，加强选种选配，为千家万户繁育和提供数量多、品质优良的种兔。采取滚雪球法，逐步扩大普及到家家户户，并与他们签订商品兔回收协议或合同。

3. 树立生产商品兔的观点

在发展养兔生产过程中，有的地方出现“兔骗子”、“兔贩子”。他们打着高价放种兔、高价回收种兔的幌子，实为牟取暴利，坑害群众，破坏养兔生产，误导部分群众，认为养兔就是要卖种兔，只有倒种、炒种才能赚钱。这种做法、这种想法是错误的。需要不断宣传、教育群众，倒种、炒种只能破坏养兔生产。“兔骗子”、“兔贩子”

应受到法律制裁。广大养兔场、养兔户必须立足于生产商品兔的思想，靠炒种、倒种不是长久之计。今后必须由有关部门审批，确实饲养管理比较好的种兔场才能提供种兔，品质确实优秀的兔才能做种，不能以次充好，以假乱真。

4. 树立逐步提高兔群品质的观点

家兔特别是獭兔商品开发能否快速、健康、持久地发展，能否增加经济与社会效益，关键在于提高兔群品质，提高毛皮质量；优质兔皮始终售价高，而且供不应求。

由于目前广大农村多采用分散、粗放形式饲养家兔，生活环境普遍较差，如稍放松了科学饲养管理，就会出现品质退化现象，所以，必须始终重视提高兔群品质。

要想提高兔群品质，必须采取多种措施，除采取“改善生活环境，加强科学饲养管理，搞好选种选配，适时屠宰取皮”等技术性措施外，还必须采取经济手段，即在收购商品兔时，严格执行以质论价的收购规定，实行优质优价、劣质劣价，不够收购规定标准的暂时不予收购，以促使广大养殖场、养殖户从思想上重视起来，只有这样才能逐步提高兔群品质。实践证明，凡是如此严格要求的县、乡、场，其兔群品质就普遍提高了一步。

5. 树立人的因素第一的观点

实践证明，要想搞好一个县、一个乡、一个场的养兔生产工作，除领导重视、群众喜欢、普及了适用技术、加强了科学饲养管理、实现了养加销一条龙等项措施外，还必须始终特别重视树立人的因素第一的观点，即委任、选拔、抽调能为人民服务、严格要求自己、事业心强、肯钻研、不怕苦和累的人去具体组织管理县、乡、场的养兔生产工作。

第 2 章　家兔的品种

❶ 肉用品种 …………………………………………………… 16
❷ 皮肉兼用品种 ………………………………………………… 21
❸ 皮用品种 …………………………………………………… 25
❹ 毛用品种 …………………………………………………… 27
❺ 宠物兔品种 ………………………………………………… 29

各国的育种工作者根据不同的经济目的和选育目标，对家兔采取了不同的选育方法和饲养管理措施，又经过世世代代的自然和人工选择形成了现在世界上的 60 多个品种、200 多个品系。我国目前饲养有 30 多个品种。

家兔品种的分类方法通常有 3 种：一是按照经济用途分类；二是按照体重大小分类；三是按照育成地点分类。

按照经济用途分类可将家兔分为肉用品种、皮肉兼用品种、皮用品种和毛用品种；按照体重大小分类可将家兔分为大型品种、中型品种和小型品种；按照育成地点分类可将家兔分为国产品种、引进品种。本书主要按照经济用途分类法对家兔的品种进行介绍。

❶ 肉用品种

肉用品种系指以兔肉为主要产品的家兔品种。

○ 新西兰兔

新西兰兔原产于美国，是近代世界最著名的肉用品种之一，世界各国均有饲养，主要用于产肉和实验用兔。

1. 外貌特征

新西兰兔有白色、黑色、红棕色 3 个变种。目前饲养量较多的是新西兰白兔，被毛纯白，眼球呈粉红色，头宽圆而粗短，耳朵短小，后躯滚圆，腰肋丰满，四肢粗壮有力，具有肉用品种的典型特征。

2. 生产性能

新西兰兔体型中等，最大的特点是早期生长发育快。在良好的饲养条件下 8 周龄体重可达 1.8 kg，10 周龄体重可达 2.3 kg。成年公兔体重 4～5 kg，母兔 4.5～5.5 kg。繁殖力强，平均每胎产仔 7～8 只。该兔产肉率高，较耐粗饲，适应性强和抗病力强，但毛皮品质较差。

○ 加利福尼亚兔

加利福尼亚兔（彩图 1、彩图 2）育成于美国的加利福尼亚州，系由喜马拉雅兔、青紫蓝兔和新西兰白兔杂交育成，是现代著名的肉兔品种之一。

1. 外貌特征

加利福尼亚兔毛色为白色，鼻端、两耳、尾及四肢下部为黑色，故称为“八点黑”。眼呈红色，耳小直立，肩粗短，肩、臀部发育良好，胸围较大，体躯紧凑，肌肉丰满。

2. 生产性能

加利福尼亚兔体型中等，仔兔初生重 60～70 g，3 月龄体重可达 2.3～2.6 kg；成年公兔体重 3.6～4.5 kg，母兔 3.9～4.8 kg。该兔生活力和适应性强，肌肉丰满，肉质肥嫩。母兔性情温顺，平均胎产 7～8 只，哺乳力强，是有名的“保姆兔”。生长速度略低于新西兰白兔，断奶前后对饲养管理条件要求较高。国外多用它做父本与新西兰白兔杂交，生产商品肉兔经济性能较好。

○ 比利时兔

比利时兔原产于比利时，系由比利时贝韦伦野生穴兔改良而成的大型肉兔品种。

1. 外貌特征

比利时兔(彩图 3)被毛呈黄褐色或栗褐色，毛尖略带黑色，腹部灰白，两眼周围有不规则的白圈，眼球呈黑色。耳大而直立，稍倾向两侧。头型粗大，颊部突出，脑门宽圆，鼻梁隆起，头形似马头，故又称“马兔”。

2. 生产性能

仔幼兔阶段发育较快，6 周龄体重可达 1.2～1.3 kg，3 月龄体重可达 2.8～3.2 kg。成年公兔体重 5.5～6 kg，母兔 6～6.5 kg，最高可达 7～9 kg。体质健壮，适应性强，繁殖力较高，每年繁殖 4～5 胎，胎均产仔 7～8 只，最多达 16 只。该兔生长发育快，但饲料利用率较低，耐粗饲较差，耐寒力不强。

○ 德国花巨兔

德国花巨兔原产于德国，为著名的大型皮肉兼用型品种。

1. 外貌特征

德国花巨兔体躯被毛底色为白色，口鼻部、眼圈及耳毛为黑色，从颈部沿背脊至尾根有一锯齿状黑带，体躯两侧有若干对称、大小不等的黑斑，故也称“蝶斑兔”。体格健壮，体型高大，体躯长，呈弓形，骨骼粗壮，腹部离地较高。

2. 生产性能

德国花巨兔体型较大，成年体重 5～6 kg，体长 50～60 cm，胸围 30～35 cm。性情活泼，行动敏捷，善跳跃，繁殖力强，每胎平均产仔 11～12 只，高者达 17～19 只。仔兔初生重 75 g，早期生长发育快，40 日龄断奶重 1.1～1.25 kg，90 日龄体重 2.5～2.7 kg。

抗病力强，但产仔数和毛色遗传不稳定，母性不强，哺育力较差。

○ 弗朗德巨兔

弗朗德巨兔起源于比利时北部弗朗德一带(亦说起源于英国)，加之其体型较大，因此得名。数百年来，它广泛分布于欧洲各国，但长期被称为比利时兔，直至 20 世纪初，才正式定名为弗郎德巨兔。该兔是最早、最著名和体型最大的肉用型品种。

1. 外貌特征

弗朗德巨兔体型结构匀称，骨骼粗重，背部宽平，产肉率高，肉质良好。依毛色不同分为 7 个品系，即钢灰色、黑灰色、黑色、蓝色、白色、浅黄色和浅褐色。美国弗郎德巨兔多为钢灰色，且体型稍小，背偏平。

2. 生产性能

成年母兔体重 5.9 kg，公兔 6.4 kg。英国弗朗德巨兔成年母兔 6.8 kg，公兔 5.9 kg。法国弗朗德巨兔成年母兔体重 6.8 kg，公兔 7.7 kg。弗朗德巨兔对很多大型兔种的育成过程几乎都有影响，其不足之处是繁殖力低，成熟较晚。

○ 垂耳兔

垂耳兔(彩图 4)是著名的大型肉皮兼用品种，因头形似公羊，我国称之为公羊兔。该兔来源及育成史无确切记载。有报道说，垂耳兔首先出现于北非，后输入法国、比利时、荷兰、英国和德国。由于引入国选育方式不同，目前主要有法系、英系和德系 3 种，其中法系和德系在体型上较接近，因此，亦可分为法系和英系两大类型。

1. 外貌特征

公羊兔的主要特点是耳大而下垂，法系和英系相比，英系耳长大，两耳尖直线距离可达 60 cm，耳最长者可达 70 cm，耳宽20 cm。

体型以法系公羊兔较大。公羊兔毛色有白、黑、棕、灰、黄等。体质疏松，头粗糙，眼较小，颈短，背腰宽，臀圆。性情温顺，反应迟钝，不喜活动。

2. 生产性能

成年兔体重在 5 kg 以上，有的达 6～8 kg，少数可达 10～11 kg。胎均产仔 7～8 只，仔兔初生重 80～100 g，早期生长发育快。

○ 齐卡兔

1. 外貌特征

齐卡兔是德国的齐默尔曼博士培育而成的一系列专门化肉兔优秀品系。齐卡(ZIKA)配套系由大、中、小 3 个品种构成，大型品种是德国巨型白兔，中型品种为德国大型新西兰兔，小型品种为德国合成白兔。德国巨型白兔全身被毛纯白，红眼，两耳大而直立，头粗壮，体躯长大丰满。大型新西兰白兔被毛洁白，红眼，头型粗壮，耳短小，体躯丰满，呈典型的肉用砖块形。德国合成白兔被毛纯白，红眼，头清秀，两耳薄，体躯长，清秀。

2. 生产性能

由大、中、小 3 个品种的齐卡兔配套生产的商品杂交兔生产性能的德国标准为：年产商品活仔 60 只，胎产仔 8.2 只，28 天断奶重 650 g，56 天体重 2.0 kg，84 天体重 3.0 kg，日增重 40 g，耗料增重比为 2.8∶1。

○ 布列塔尼亚兔

布列塔尼亚兔是法国养兔专家贝蒂先生经多年精心培育而成的大型肉兔配套系，由 A、B、C、D 四系组合而成。

据资料介绍，该配套系祖代之一——A，成年体重 5.8 kg 以上，70 日龄体重 2.5～2.7 kg，28～70 日龄耗料增重比为 2.8∶1；

祖代之二——B，成年体重 5.0 kg 以上，70 日龄体重 2.5～2.7 kg，28～70 日龄耗料增重比为 3.0∶1；祖代之三——C，成年体重 3.8～4.2 kg，性成熟期 22～24 周，性情活泼，性欲旺盛，配种能力强；祖代之四——D，成年体重 4.2～4.4 kg，具有极强的繁殖力。该配套系具有较高的产肉性能、极高的繁殖性能和较强的适应性。

○ 伊普吕兔

伊普吕兔是法国克里莫公司经多年精心选育，采用多品种、多品系杂交培育而成的肉兔新品种。在 8 个品系中有纯白、八点黑、全黑等毛色。该兔具有较强的繁殖力，适应性强，抗病力强。年均产仔 6 胎以上，产活仔 9.2 只/胎，11 周龄活重 3～3.1 kg，3 周龄内耗料增重比为 2∶1，10 周龄时为 4∶1。该兔生长速度快，肉质鲜嫩，出肉率高，易于饲养。

❷ 皮肉兼用品种

○ 中国白兔

中国白兔又名菜兔，是我国劳动人民长期培育而成的，分布于全国各地，以四川成都平原饲养最多。

1. 外貌特征

中国白兔被毛多为纯白色，少数呈黑色、灰色、棕色。该兔体型较小，全身紧凑而匀称，头清秀，耳短小直立，嘴头较尖，无肉髯，被毛短而紧密，毛长 2.5 cm 左右，枪毛多。皮板厚实。

2. 生产性能

中国白兔为早熟小型品种，仔兔初生重 40～50 g；30 日龄断奶体重 300～450 g，3 月龄体重 1.2～1.3 kg，成年公兔体重 1.8～

2.0 kg,母兔 2.2～2.3 kg。该兔最大的特点是繁殖力强,一年可产仔 6～7 胎,胎均产仔 8～10 只,多者可达 15 只以上。抗病力强,耐粗饲,肉质鲜美,皮毛质量好,但体型小,生长速度慢,产肉性能低,皮张面积小,需要进一步改进和提高。

○ 青紫蓝兔

青紫蓝兔又名琴其拉兔、山羊青兔,原产于法国,是世界著名的皮肉兼用兔种。

1.外貌特征

被毛整体为灰蓝色,每根毛纤维自基部向上分为石盘蓝色、乳白色、珠灰色、雪白色和黑色五段颜色,夹有全黑或全白的纤毛。眼睛呈茶褐色或蓝色,眼圈和尾端、尾底为白色,耳尖、尾背呈黑色,后额三角区与腹部为灰色。

2.生产性能

青紫蓝兔可分为 3 个类型:标准型、美国型、巨型。标准型体型较小,体质结实紧凑,耳短小直立,成年公兔体重 2.5～3.4 kg,母兔 2.7～3.6 kg。美国型体型中等,腰臀丰满,成年公兔体重 4.1～5.0 kg,母兔 4.5～5.4 kg。巨型兔偏于肉用型,体大耳长;有的一耳竖立,一耳下垂;有肉髯;成年公兔体重 5.4～6.8 kg,母兔 5.9～7.3 kg。

青紫蓝兔性情温顺,体质健壮,耐粗饲,抗病力强,繁殖力强,年产 4～5 胎,胎均产仔 7～8 只。

○ 日本大耳白兔

日本大耳白兔又叫大耳白兔、白大耳兔,原产于日本,是由日本山崎光美氏等以中国白兔为基础选育而成的中型皮肉兼用品种。

1.外貌特征

日本大耳白兔以耳大、血管清晰著称,是比较理想的实验材料。全身被毛纯白紧密，眼睛红色，耳大而直立，耳根细，耳端尖，形似柳叶，颈和躯体较大，四肢粗壮，母兔颌下有肉髯。

2. 生产性能

日本大耳白兔可分为大、中、小 3 个类型。大型兔成年体重 5.0～6.0 kg，中型兔 3.0～4.0 kg，小型兔 2.0～2.5 kg。我国饲养较多的为大型兔。该兔每年繁殖 6～7 胎，胎均产仔 8～10 只，最多产仔 19 只。该兔成熟早，生长发育快，耐粗饲，耐寒性强，肉质好，皮张面积大，母性好，泌乳力强，常用做“保姆兔”。

○ 丹麦白兔

丹麦白兔又叫兰特力斯兔，原产于丹麦，属于中型皮肉兼用品种。

1. 外貌特征

丹麦白兔被毛纯白，柔软紧密，头较大，耳中等长，眼睛红色，嘴巴钝圆，额宽而隆起，颈部短粗，四肢较细。该兔体型匀称，肌肉丰满，整个体躯较其他兼用兔稍短而粗，母兔颌下有肉髯。

2. 生产性能

丹麦白兔早期生长发育快，仔兔初生重 45～50 g，40 日龄断奶体重 1.0～1.2 kg，3 月龄体重 2.0～2.3 kg，成年公兔体重 3.5～4.4 kg，母兔 4.0～4.5 kg。该兔耐粗饲，适应性和抗病力较好，性情温顺，繁殖力强，胎均产仔 7～8 只，最高达 14 只。

○ 虎皮黄兔

虎皮黄兔又名太行山兔，原产于河北省井陉、平山等县，由我国太行山区经 7 年选育完成的。

1. 外貌特征

虎皮黄兔分标准、中等 2 个类型。标准型全身毛色呈栗黄色，腹部毛色淡白，头清秀，耳短厚直立，体型紧凑，背腰宽厚，四肢健壮。中型全身被毛深黄色,臀两侧和后背略带黑毛尖,头粗壮,脑门宽圆,耳长直立,背腰宽长,后躯发达,体质结实。

2. 生产性能

标准型成年公兔体重平均为 3.87 kg,母兔平均为 3.54 kg;中型成年公兔体重平均为 4.3 kg,母兔平均为 4.3 kg。该兔耐粗饲,耐寒性、抗病力、适应性强,遗传性能稳定,繁殖力强,母性好,年产 5～7 胎;胎均产仔:标准型为 8.2 只,中型为 8.1 只。

○ 哈白兔

哈白兔是哈尔滨兽医研究所利用比利时兔、德国花巨兔、日本大耳白兔和当地白兔通过复杂杂交培育而成的大型皮肉兼用品种。

1. 外貌特征

哈白兔被毛洁白,毛密柔软,眼睛红色,大而有神,头大小适中,耳宽长直立,四肢健壮,结构匀称。

2. 生产性能

体型大,早期生长发育快,仔兔初生重 60～70 g,70 日龄平均体重 2.5 kg;成年公兔体重 5.5～6.0 kg,母兔 6.0～6.5 kg。该兔耐寒,耐粗饲,抗病力强,适应性强,产肉力高,全净膛屠宰率达 53.3%,饲料转化率高,耗料增重比为 3.35∶1,繁殖力强,胎均产仔 8～10 只,育成率达 85%以上。

○ 塞北兔

塞北兔是张家口农业高等专科学校塞北兔选育课题组利用法系公羊兔和比利时兔为亲本,经过二元轮回杂交、选择定型、培育提高 3 个育种阶段培育而成的大型皮肉兼用型品种。

1. 外貌特征

塞北兔毛色以黄褐色为主,其次为纯白色或黄色。头中等匀称,眼眶弓突出,眼大而有神,一耳直立一耳下垂,少量两耳直立或两耳均下垂。颈部粗短，成年兔颌下有肉髯。四肢粗短而健壮，体躯匀称。

2. 生产性能

仔兔初生重 60～70 g，30 日龄断奶体重可达 650～1 000 g，90 日龄体重可达 2.1 kg。成年兔体重平均 5.0～6.5 kg，高者可达 7.5～8.0 kg。饲料报酬高，育肥期耗料增重比 3.29∶1。性情温顺，耐粗饲，抗病力强，适应性强。繁殖力高，年均产仔 4～6 胎，胎均产仔 7～8 只，高者可达 15～16 只。

❸皮用品种

皮用品种是指以兔皮为主要产品的家兔品种，主要有力克斯兔、亮兔和香槟银兔等。目前我国饲养的主要是力克斯兔。

○ 力克斯兔

力克斯兔又称獭兔(彩图 5 至彩图 8)，原产于法国科伦地区，1919 年从普通家兔的一个突变种中选育而成，是一种世界著名的天然彩色的珍贵皮用兔。

1. 外貌特征

力克斯兔最大的特点是被毛短密，枪毛和绒毛一样长，被毛长度为 1.3～2.2 cm，以 1.6 cm 最为理想。力克斯兔头小嘴尖，额宽，眼大而圆，耳长中等直立，胡须弯曲，尾巴较短，肉髯明显，后爪宽大，前爪细小，四肢较短细，腹部紧凑，体型结构匀称俊美。美国獭兔协会承认的有 14 种颜色，它们是白色、黑色、加利福尼亚兔色、蓝色、红色、青紫蓝色、紫丁香色、巧克力色、卵白石色、海狸色、海豹色、山猫色、黑貂色、花斑色。

2. 生产性能

力克斯兔体重较小，成年兔平均体重 2.5～3.5 kg。繁殖性能较强,年繁 4～5 胎,胎均产仔 5～8 只;哺乳好,母性好,仔兔成活率较高。该兔虽然是皮用兔,但肉质较好,产肉率也较高。其缺点是体重小,对饲养管理条件要求较高,对潮湿和炎热抵抗力较差,对巴氏杆菌、疥癣病抵抗力较弱。

○ 亮兔

亮兔的来源及育成史不详。该兔被毛平齐光滑,具绢丝般的亮光,其色泽鲜艳,故而得名。

1. 外貌特征

亮兔毛色丰富多彩,其毛色有巧克力色、青铜色、黑色、蓝色、加利福尼亚兔色、棕色、红色和白色等,其中比较珍贵的为白色亮兔。被毛浓密柔软,枪毛生长较快,覆盖绒毛,毛长 2.2～3.2 cm(亦说 2.5～3.3 cm),具有较强的弹力。该兔体质健壮,背腰丰满,臀圆;头中等大小,两耳直立。

2. 生产性能

亮兔体型中等,成兔体重 4～5 kg,屠宰率 50%。幼兔生长发育较快,1 月龄体重 0.5 kg 以上,42 日龄断奶重平均 0.75 kg,高的可达 1.5 kg,3～4 月龄体重 2～2.5 kg。亮兔性成熟较迟,母兔 7 月龄、公兔 8～9 月龄初配,年产 4～5 胎,胎产仔 6～10 只,仔兔初生重 50～60 g。

目前,该品种各国饲养不多,仅美国等国作为毛皮兔饲养。

○ 香槟银兔

香槟银兔是最古老的皮用兔品种之一,早在 19 世纪以前已经普遍饲养。该兔原产于法国香槟省,加之被毛呈银灰色,因此于 1887 年定名为香槟银兔。

1. 外貌特征

香槟银兔被毛浓密。其毛色特征是绒毛基部为淡灰色,上部为蓝黑色、白色和黑色，枪毛均匀地分布于周身。由于枪毛尖端黑、白两色比例不同，故常有深灰或浅灰色之分。

2. 生产性能

香槟银兔体型长大，体质强健，耐热、耐寒，适应性强。成年母兔体重 4.3～5.4 kg，公兔 4.1～5 kg。

由于香槟银兔被毛质地优良，色泽艳丽，故世界上很多银灰色品种的育成，都曾引入过香槟银兔的基因。

❹毛用品种

毛用品种是指以兔毛为主要产品的家兔品种。毛用品种目前世界上只有一种，即安哥拉兔。

安哥拉兔原产于土耳其的安哥拉省。早在 1765 年人们就饲养安哥拉兔，它的长毛性状来源于可遗传的突变基因。安哥拉兔育成后逐渐传播到世界各地。该兔由于采用了不同的饲养管理方法和选育方法，形成了各不相同的品系，主要有英系、法系、德系、日系、丹麦系、匈系和中系等。近几年，我国又培育了新的长毛兔品系，其品质已经达到并超过世界著名的德系安哥拉兔。

○ 英系安哥拉兔

英系安哥拉兔是由法系兔引入英国后育成的。英系安哥拉兔头形圆小；鼻梁低，鼻端缩入；耳短、薄；被毛雪白，蓬松似棉球，密度较差；耳端有缨穗状长绒毛；额毛、颊毛较多；背毛长达 10～11 cm；毛质细致，枪毛少，一般在 2% 以下；年均产毛量 400～600 g。

该兔体型较小，成年兔体重 2.5～3.5 kg，繁殖力较强，年可产 4～5 胎，胎均产仔 4～6 只。该品系体质较差，抗病力低。

○ 法系安哥拉兔

法系安哥拉兔属于粗毛型品系。头稍尖，面长鼻高，耳朵大而直立，骨骼比较粗重。耳背部无长毛，俗称“光板”。额毛、颊毛和脚毛较少，腹毛亦较短。毛长 10～13 cm，最长者达 17.8 cm，粗毛含量高达 8%～15%。法系安哥拉兔因含粗毛多而著名；年均产毛量 900 g 左右，优秀母兔可达 1 200 g。

法系安哥拉兔体型较大，成年兔体重 3.0～4.0 kg；繁殖力较强，年可产仔 4～5 胎，胎均产仔 6～8 只；母兔泌乳性能好；抗病力和适应性较强。

○ 德系安哥拉兔

德系安哥拉兔头偏尖削，但也有短而宽的，两耳长而宽，四肢强壮，肢势端正，胸部和背部发育良好。被毛白色，密度大；被毛柔软，有毛丛结构，细毛排列整齐，毛纤维有明显的波浪形弯曲。面部无长毛，个别的有少量额毛或颊毛，大部分耳背无长毛，仅耳尖部有一撮缨穗状刷毛。四肢毛、脚毛、腹毛均很浓密。德系安哥拉兔属于细毛型品系，细毛占 90%以上，两型毛甚少，粗毛长 8～13 cm，细毛长 5.5～9 cm，细度平均为 13～15 μm；产毛量高，公兔平均产毛量 1 140 g(564～1 700 g)，母兔年均产毛量 1 351 g(928～1 808 g)。

德系安哥拉兔体型较大，成年体重平均 3.75～4.0 kg；繁殖性能较差，公兔雄性较强，母兔母性较差；年可繁殖 3～4 胎，胎均产仔 5～7 只；耐粗性和耐热性较差，抗病力较弱，对饲养管理条件要求高。

○ 日系安哥拉兔

日系安哥拉兔原产于日本，头呈方形，额毛、被毛丰厚，额毛有明显的分界线，耳端有一撮缨穗状刷毛。趾间和脚底密生绒毛。全身绒毛细而密，枪毛很少，绒毛占 90%以上，两型毛甚少，枪毛长 12～15 cm，绒毛长 5～9 cm。年均产毛量 500～800 g，高者可达 1 000 g。

该兔体型小于德系安哥拉兔，成年体重 3.0～4.0 kg。繁殖力强，年可繁殖 3～4 胎，胎均产仔 9 只，母性好，泌乳性能强。该品系兔适应性强，耐粗饲，适于北方地区饲养。

○ 中系安哥拉兔

中系安哥拉兔是我国人民将引进的法系和英系安哥拉兔进行杂交，并掺入了中国白兔的基因，经多年选育而成，主要饲养在上海、江苏、浙江等地，1959 年正式通过鉴定，命名为中系安哥拉兔。中系安哥拉兔又称全耳长毛兔，特征是全耳毛、狮子头，即整个耳被密生细长绒毛，头宽而短，耳中等，稍向两侧开张，额毛、脚毛丰盛，外观头部偏平，侧观不见其眼。该品系兔被毛柔软，绒毛较细，枪毛甚少，年均产毛量 250～350 g，高者可达 500 g。

该品系体型较小，成年兔体重 2.5～3.0 kg；繁殖力强，年产仔3～4 胎，胎均产仔 7～8 只，高者可达 11 只；哺乳性能好，成活率高；耐热，耐粗饲，适应性和抗病力强。

❺宠物兔品种

近年来，随着人们生活水平的提高，宠物兔的养殖逐渐兴起，宠物兔的种类也在不断增加。根据体重大小将宠物兔品种分为小型、中型、大型、巨型 4 个型，其中小型兔体重在 0.9～1.2 kg，中型兔 1.2～2.5 kg，大型兔 2.5～5 kg，巨型兔 5 kg 以上。

实际通常我们所饲养的家兔均可作为宠物兔饲养，除此之外，还有一些专门的观赏品种。

○ 荷兰垂耳兔

荷兰垂耳兔(彩图 9、彩图 10)原产于荷兰,属宠物兔,因两耳下垂而得名,属小型兔种。该兔性情温顺,体型娇小,圆润,被毛丰满,一般在 0.9～1.6 kg。毛色种类较多,有纯白色、黄色、杂色、铜铁色、橙色宽条纹等。

○ 长毛垂耳兔

长毛垂耳兔原产于美国,属中型宠物兔,体重 1.6～1.8 kg。该兔体型较小,眼珠黑色、头圆颈短、面扁平、耳长下垂,被毛长而浓密,长 3.8～5 cm。被毛颜色有黑、蓝、白毛蓝眼、白毛红眼、朱古力、浅紫、乳白色等。

○ 狮子兔

狮子兔原产于比利时、荷兰、美国,属中型宠物兔,因其颈部毛长浓密似雄狮鬃毛,因此叫狮子兔。成年体重 1.5 kg 左右,体长约 35 cm,是中型兔之一。鼻子扁平,前脚长,颈项、脸颊、头顶均有长毛,全身被毛浓密、蓬松,颜色有纯白、棕色、青色等多种。

○ 道奇兔

道奇兔原产于荷兰,又称荷兰兔、霍兰兔、老鼠兔、猫熊兔,属中型宠物兔。该兔体型较小,身体短圆,成年体重 2 kg 左右,体长约40 cm。道奇兔耳短,脸部有"V"字形的白色条带,延伸至下颌,鼻四周及颈前为白色,其他部位有黑色、蓝色、巧克力色、灰色、海龟绿和铜铁色等色,被毛短而光亮。

○ 海棠兔

海棠兔别名熊猫兔(彩图 11 至彩图 14),原产于法国,属宠物兔。该兔体型较大，成年体重 5～6 kg，体长 50～60 cm。熊猫兔体格健壮，体型高大，体长，呈弓形，骨骼粗重，腹部离地较高。体躯被毛白色，鼻、嘴、眼圈及耳毛黑色，从颈部沿背脊至尾根有一锯齿状黑色带，躯体两侧有若干对称、大小不等的蝶状黑斑，极其美观，酷似熊猫，故有“熊猫兔”之称。

熊猫兔活泼好动，行动敏捷，繁殖力极强，平均窝产仔 11～12 只，早期生长发育快，抗病力强，但母性不强，毛色遗传不稳定。

○ 安哥拉兔

一种说法，安哥拉兔原产于土耳其的首都安卡拉；另一种说法，安哥拉兔起源于英国，由法国人培育而成。因其毛细长，有点像安哥拉山羊而取名为安哥拉兔。详见毛用兔品种。

另外还有荷兰侏儒兔、波兰兔、泽西长毛兔、巨型花明兔（彩图 15）等。目前，国内宠物店销售的大部分是狮子兔、荷兰垂耳兔、安哥拉兔等几个品种。

第 3 章　家兔的生物学特性

❶ 家兔的起源与分类 ………………………………………… 32
❷ 家兔的外貌特征及主要解剖特点 ……………………………… 33
❸ 家兔的生活习性 ……………………………………………… 39
❹ 家兔的食性和消化特点 ………………………………………… 41
❺ 家兔的繁殖特点 ……………………………………………… 43
❻ 家兔的体温调节特点 ………………………………………… 45
❼ 家兔的生长特点 ……………………………………………… 46
❽ 家兔的换毛特点 ……………………………………………… 46

❶家兔的起源与分类

○ 家兔的祖先

家兔起源于野生穴兔。野生穴兔经人们长期驯养，不断地选育、杂交及突变而形成了各种不同的类型及品种，发展了对人类有益的特性，但仍保留着野生穴兔的某些习性。据记载，约在公元1 000年以前，穴兔被驯化为家兔，而真正成为生产性动物，至今只有500余年的历史。

我国饲养家兔的历史悠久，但对兔种来源的说法不一，一种认为是通过丝绸之路从欧洲输入的；另一种则根据中国出土的文物认为起源于中国穴兔。

我国的野兔不是家兔的祖先，它是兔科中的另一属。

○ 家兔在动物分类学上的地位

家兔是哺乳动物，它在动物分类学上属于动物界脊索动物门脊索动物亚门哺乳纲兔形目兔科欧洲穴兔属穴兔种家兔变种。

❷家兔的外貌特征及主要解剖特点

○ 外貌

家兔整个体躯可分为头、颈、躯干和四肢 4 部分，各部分由不同部位组成。各部位名称如图 3-1 所示。

1. 头部

家兔的头较长，以眼为界，前方为面部，后方为颅部。面中部稍隆起，前端为卵圆形的鼻孔，鼻孔下方连接上唇。上唇中部有一深裂隙，将上唇分为相等两部分。头部两侧有 2 只大而近似圆形的眼球，其颜色因品种而异。颅顶部两侧有 2 只大耳翼，内有孔与耳道相通。

2. 颈部

家兔颈短，位于头和躯干之间，能自由活动。在颈与喉交接处有由皮肤隆起形成的褶皱，称为肉髯。

3. 躯干

家兔的躯干长而弯曲，由胸、腹、背 3 部分组成。胸部分前胸和侧胸，前胸位于两肩关节之间，侧胸位于两肩胛骨和肋骨处。发育良好的家兔胸部宽、深。腹部位于最后肋骨和胸骨后方，腹腔容积较大，这与其草食性有关。母兔腹下中线两侧有 3～6 对乳头，幼兔及公兔不明显。背部位于胸腹的背侧，由胸、腰、荐部脊柱和发达的

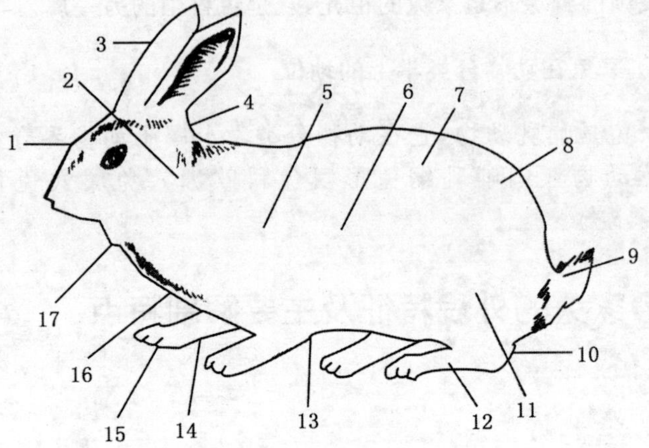

图 3-1 家兔各部位名称

1. 头;2. 颈;3. 耳;4. 后颈;5. 肩;6. 体侧;7. 背;8. 臀
9. 尾;10. 飞节;11. 股;12. 后脚;13. 腹;14. 前脚
15. 爪;16. 胸;17. 肉髯

背肌构成,呈弓形。躯干的末端有一短小的尾。尾根下方有肛门。母兔肛门下方有阴户。公兔肛门下方有阴茎,阴茎两侧有皮肤褶皱形成的阴囊。在交配期褶皱内可触摸到长圆形的睾丸。

4. 四肢

家兔的前肢较短小,由上臂、前臂和前脚 3 部分组成,上部以肩带与躯干相接,前脚有五趾,趾端有爪。后肢发达,肢节较长,由大、小腿和后脚 3 部分组成,上部以盆带与躯干相接。后脚有四趾,趾端有爪,第一趾退化。

○ 主要解剖特点

1. 骨骼

家兔的骨骼共有 275 块,骨间由软骨和韧带组成关节。骨和关节构成身体的支架，起支撑身体和保护内脏的作用。骨骼大致分头骨、脊柱、胸肋骨和四肢骨 4 大部分，各大部分又由许多块骨骼组成，大小、形态各异。

(1)头骨

家兔头部骨块多为板状扁骨，内有骨腔，容纳支持和保护脑、感觉器官和消化道的起始部分。头骨由颅骨和面骨组成。颅骨由枕骨、蝶骨、筛骨及顶间骨 4 枚单骨及顶骨、额骨、颞骨 6 枚对骨组成；面骨由犁骨、舌骨 2 枚单骨和前额骨、上颌骨、鼻骨、鼻甲骨、泪骨、颧骨、腭骨、下颌骨 16 枚对骨组成。对骨为两块左右对称的骨骼。

(2)脊柱

脊柱由颈椎 7 枚、胸推 12 枚、腰椎 7 枚、荐椎 4 枚、尾椎 16 枚借关节、韧带和椎间盘连接而成，呈 S 状，颈椎与胸连接处下凹，腰部凸起。

(3)胸肋骨

胸骨有 6 个骨节，前端为胸骨柄，后端为剑状软骨，中央为胸骨体，靠肋骨与脊柱相连接。肋骨 12 对，前 7 对肋骨的尾部与胸骨直接相连为真肋，第八对至第十对与其前方的真肋和胸骨相连称假肋，最后两对不与胸骨连接称浮肋。

(4)四肢骨

前肢骨骼由肩胛骨、锁骨、肱骨、尺骨、桡骨、腕骨、掌骨和指骨组成。它们分别构成肩关节、肘关节、腕关节和指关节。后肢骨由髋骨、股骨、小腿骨、跗骨、跖骨、趾骨组成，分别以髋、膝、跗、趾关节相连接。

2. 消化器官

消化器官主要包括口腔、咽、食道、胃、小肠(十二指肠、空肠、回肠)、大肠(盲肠、结肠、直肠)和肛门，是一条细长的管道，总长度约相当于兔体长的 12 倍。

(1)口腔

兔的口腔容积较小,由唇、颊、腭、舌、齿和唾液腺组成。口腔的前部有唇,上唇正中有一纵裂,使门齿外露。口腔的左右两侧壁为颊。口腔的顶部为腭,前部为硬腭,后部为软腭。兔的舌短而厚,分舌尖、舌体和舌根 3 部分,舌上分布有味觉感受器。兔齿共 28 枚,门齿发达,无犬齿,臼齿的咀嚼面宽阔,具横嵴,其半侧切齿、犬齿、前臼齿、后臼齿的齿式为 2/1,0/0,3/2,3/3。兔的唾液腺有 4 对,即腮腺、颌下腺、舌下腺和眶下腺。

食物进入口腔后,在牙齿的咀嚼和唾液酶的作用下,进行机械和化学消化,然后进入咽部。

(2)咽

咽位于口腔的后部,是消化系统和呼吸系统的共同通道。

(3)食道

食道前接咽部,后与胃的贲门相连,是一富有伸缩力的长管。

(4)胃

兔为单室胃,呈椭圆囊状,前接食道,后接十二指肠,横于腹腔前部,与食道相连处为贲门,入十二指肠处为幽门。胃黏膜分泌胃液。胃液的酸度较高,消化力很强,主要成分是盐酸和胃蛋白酶。健康家兔的胃经常充满食物。

(5)小肠

兔的小肠分为十二指肠、空肠和回肠,有肝管和胆管的开口。十二指肠呈“U”形弯曲,长约 50 cm,肠壁较厚。空肠长约 2 m 多,回肠约 40 cm。空肠和回肠由肠系膜悬吊于腹腔的左上部,肠壁较薄。

(6)大肠

兔的大肠分为盲肠、结肠和直肠。兔的盲肠发达,是一个粗大的盲囊。盲肠内壁有螺旋形的螺旋瓣。在回肠、盲肠交接处的肠壁膨大成一厚壁圆囊,外观灰白色,为兔特有的淋巴组织,称圆小囊,有压榨、吸收、中和保卫 3 种作用。盲肠的游离端变细,称蚓突。结肠以结肠系膜连接体壁背面,与盲肠盘曲于腹腔的右下部,于盆腔处移行为较短的直肠,最后开口于肛门。

(7)肝脏和胰脏

肝脏位于腹腔前部,膈之后。肝脏分为六叶,即左外叶、左中叶、右外叶、右中叶、方形叶和尾状叶。胆囊位于右中叶上。肝脏分泌胆汁,通过胆管和各肝叶的肝管输送到十二指肠。肝的侧面是进出肝脏的神经、血管、淋巴、肝胆管经过的部位,称为肝门。

胰脏散在于十二指肠襻间的系膜上,色粉黄。胰脏分泌胰液,通过胰导管输送到十二指肠。

3. 生殖器官

(1)公兔的生殖器官

公兔的生殖器官包括睾丸、附睾、输精管、副性腺、阴茎和阴囊。

睾丸:睾丸是产生精子和分泌雄性激素的腺体,其位置因家兔的年龄而异。初生公兔睾丸位于腹腔内,附着在腹壁上。1～2 月龄时睾丸下降到腹股沟管内;2.5～3 月龄阴囊较明显;3～4 月龄时睾丸下降到阴囊内。成年公兔的睾丸基本上在阴囊内,但因公兔的腹股沟管短而宽,终生不闭锁,睾丸仍能回到腹腔。

附睾:睾丸的前端有发达的附睾,是运送和暂存精子的场所。精子在运送过程中继续发育,并达到完全成熟。

输精管:附睾延续为输精管。输精管经腹股沟管上行入腹腔,左右两侧输精管在精囊腹侧开口,下接生殖道。

副性腺:副性腺包括精囊、精囊腺、前列腺、前列旁腺和尿道球腺。精囊位于膀胱颈部,为扁平囊状。精囊后方为 1 对精囊腺,为椭圆形的腺体。前列腺位于精囊腺的后方,为半球状腺体。前列旁腺较小,长为 3～6 mm,每侧有 2～3 个,为指状突起,位于精囊腺基部的两侧。尿道球腺在前列腺后方,呈暗红色，分两叶，每叶呈长柱状，位于尿道背侧，有 4 条输出管，开口于尿道背侧壁。

阴茎：阴茎呈柱状，主要由海绵体构成，前端细而稍弯，无膨大的阴茎头。静息时向后伸，长约 25 mm，勃起时可长达 40～50 mm，呈圆锥形。

阴囊：为容纳睾丸、附睾和输精管的起始部的囊状结构，有 1 对，位于腹部后方，肛门两侧。

(2)母兔的生殖器官

母兔的生殖器官包括成对的卵巢、输卵管、子宫和单一的阴道、阴门等。

卵巢：卵巢位于肾脏后方的第五腰椎横突附近的体壁上，左右各 1 个，呈椭圆形，粉红色。其大小因年龄而异。幼龄兔卵巢较小，表面光滑，成年兔卵巢较大，表面有凸出的滤泡，长为 1.0～1.7 cm，宽为 0.3～0.7 cm，重为 0.3～0.5 g。

输卵管：输卵管位于卵巢和子宫角之间，由输卵管系膜悬挂于腰下，左右各 1 条，长 9～15 cm。其前端膨大呈漏斗状，主要作用是接纳由卵巢排出的卵子。输卵管前半部较粗，称壶腹部；后部较细，称峡部。

子宫：兔为双子宫动物，有左右 2 个子宫，2 个子宫颈并列开口于阴道，子宫体很短。输卵管与子宫间、子宫角与子宫体间分界不明显。

阴道：阴道位于直肠的腹侧，子宫之后，膀胱的背侧，长 7.5～8.0 cm。阴道的后部形成前庭，其腹侧有尿道开口，前庭的后口形成阴门。阴道是母兔交配的器官、胎儿的产道和尿液排出的通道。

阴门：家兔的阴门由阴唇和阴蒂组成。阴门两侧突起形成阴唇。阴唇背、腹侧形成阴唇联合，背侧阴唇联合呈尖形，腹侧呈圆形，并在此处有一小突起，长约 2 cm，称阴蒂。

❸家兔的生活习性

家兔由野生穴兔驯化而来，在人类长期驯化过程中，既发展了某些对人类有益的优良特性，也保留了野生穴兔原有的一些生活习性。

○ 昼伏夜行

野生穴兔由于体小力弱，御敌能力差，为了生存，常常白天静伏洞中，晚上出来活动觅食。经驯化后的家兔仍保留着这一习性，白天安静、贪睡，采食量较少；晚上活动频繁，反应灵敏，采食量占全天采食量的70%～75%，饮水量占全天饮水量的60%左右。因此，在饲养管理上应注意白天创造一个安静的环境，让其充分休息，晚上供给充足的草料和饮水。

○ 胆小怕惊

家兔胆小，对外界环境的变化非常敏感。一旦发现敌害、异物或听到噪声，便表现出精神紧张，或竖耳静听，或惊慌失措，或乱蹦乱跳，或发出很响的顿足声，引起“惊群惊场”现象。轻者使生长兔食欲下降，生长缓慢；重者使孕兔出现流产、早产和分娩兔停止分娩、难产或咬死、吃掉小兔以及采食量和泌乳量下降等现象。

○ 喜干怕湿

耐寒怕热，家兔娇小嫩弱，对疾病的抵抗能力差，如兔舍阴暗、潮湿、污秽时发病率较高。高温时，病原微生物、寄生虫等易于滋生繁殖，侵入兔体导致发病。此外，家兔被毛浓密，汗腺不发达，耐寒能力较强而耐热能力差。家兔生长最适宜温度为

15～20℃,但初生仔兔对温度的要求较高,窝内温度应为30～32℃。因此,在日常管理中,应保持兔舍的清洁、干燥,通风良好,避免炎热潮湿。

○ 穴居性

家兔保留着野生穴兔穴居的本能,一旦遇到土面或柔软的地面,便开始挖穴打洞,做窝产仔,造成不必要的损失。此外,在养兔生产中应合理选材,建造牢固的兔舍,以便于管理。

○ 啮齿性

家兔的门齿在不断生长,且上下门齿的增长速度不同,家兔必须通过啃咬硬物将门齿磨平,才能使上下颌齿面吻合。家兔的这种习性常常造成笼具或其他设备的损坏。因此,应常喂些硬物,如树枝、青干草等,若为粉料,可制成颗粒料或料砖。

○ 嗜眠性

嗜眠性是指家兔在一定条件下白天很容易进入睡眠状态。在此状态的家兔,除听觉外,其他刺激不易引起兴奋,如视觉消失,痛觉迟钝或消失。了解家兔的这一习性,对养兔生产实践具有指导意义。首先,在日常管理工作中,应保持兔舍及其周围环境的安静,白天不要影响家兔的睡眠;其次,可以利用这一特性,通过人工催眠完成一些小型手术,如刺耳号、去势、投药、注射、创伤处理等。人工催眠的具体方法是:将兔腹部朝上,背部向下仰卧保定在"V"形架上或者其他适当的器具上,然后顺毛方向抚摸其胸、腹部,同时用食指和拇指按摩太阳穴部位,家兔很快就会进入完全的睡眠状态。此时即可顺利地进行短时间的手术。若手术中间家兔苏醒,可按上述方法再进行催眠。手术完毕后,将兔恢复正常站立姿势,兔即完全苏醒。

○ 群居性差

成年家兔混群饲养时常发生争斗，特别是公兔之间或新组成的兔群中，这种现象更严重，有时被咬伤或咬死。一般来说，种兔特别是种公兔和妊娠、哺乳母兔宜单笼饲养，幼兔期若混群饲养，在性成熟前应分开单笼饲养，既可防止争斗，又可避免早配、乱配。

○ 嗅觉、味觉、听觉灵敏，视觉较差

家兔的嗅觉灵敏，常以嗅觉辨认异性和栖息领域，母兔通过嗅觉识别仔兔是否亲生。家兔舌部有 17 000 多个味蕾，能对多种味觉刺激发生行为反应，如通过味觉选择爱吃的食物。家兔的听觉也很灵敏，非常微弱的声音便会引起家兔的反应。原因是其外耳发达，可频频摆动或转向发声处，收集四周声音。家兔视觉较差，尤其是白色兔。

掌握这些特性，对家兔的科学饲养管理很有帮助，如在寄养仔兔时，可在仔兔身上涂抹保姆兔的尿液或乳汁；保持环境的安静、清洁。

❹家兔的食性和消化特点

○ 哺乳行为和吸吮行为

仔兔刚出生便寻找母兔乳头哺乳，母兔产完仔后，大部分仔兔已吃饱。因此，母兔是边产仔边哺乳的。4 日龄以内的仔兔吃饱后皮肤红润，腹部绷紧。12 日龄以内的仔兔除吃乳外，几乎都在睡觉。15 日龄以内的仔兔一般每天哺乳 1 次，多在 0～6 时哺乳。15 日龄以上的仔兔开始追逐母兔吸吮，但母兔仍每天定时喂乳 1 次。通常仔兔在出生后 16～24 h 内吃到乳汁的便能很好地存活和生长。

○ 食草性和耐粗饲性

家兔以草等植物性食物为主。家兔的上唇纵向裂开，门齿外露，便于啃食地面低矮植物，亦便于采食树枝、树叶；其次家兔有一发达的结肠和盲肠，似牛羊的瘤胃，有大量的微生物繁殖，是消化粗纤维的主要场所；再次圆小囊也有助于粗纤维的消化。当经回肠的食糜进入圆小囊时，在肌肉组织的压榨作用下，使消化了的产物被淋巴滤泡吸收。此外，圆小囊分泌碱性物质，使微生物能正常繁衍和活动，促进其对粗纤维的消化。

○ 食粪性

家兔有吃自己粪便的特性。通常家兔排出 2 种粪：一种为白天排出的颗粒状粪便称硬粪；另一种是夜间排出的团状粪便称软粪。排软粪时，兔就用嘴直接从肛门采食，稍加咀嚼便吞下，家兔偶尔吃少量硬粪。这种现象称为家兔的食粪性。

食软粪对家兔有着非常重要的意义。软粪与硬粪的成分差异很大(表 3-1)，软粪中各种氨基酸含量均明显高于硬粪。通过食软粪，重复利用了各种养分，重新合成了优质蛋白，提高了对营养物质的消化率。这一特性可延长家兔在缺食、缺水情况下的存活时间。

表 3-1 家兔软粪与硬粪的成分比较

成分	软粪	硬粪
干物质/g	6.9	9.8
粗蛋白/%	37.4	18.7
脂肪/%	3.5	4.3
灰分/%	13.1	13.2
纤维素/%	27.2	46.6
其他碳水化合物/%	11.3	4.9
烟酸/(μg/g)	139.1	39.7
核黄素/(μg/g)	30.2	9.4
泛酸/(μg/g)	51.6	8.4
维生素 B_{12}/(μg/g)	2.9	0.9

○ 蛋白质的利用率高

家兔对蛋白质的利用率较高，特别是对粗饲料中的蛋白质能够充分有效地利用。如家兔对苜蓿草粉蛋白质的消化率为 75%，而猪不足 50%；对全株玉米制成的颗粒料，家兔对其蛋白质的消化率为 80.2%，而马仅为 53%。这是因为家兔的胃和盲肠容积很大，分别占消化道容积的 34%和 49%。这样饲料在胃内有充分的时间进行机械和化学作用，进入盲肠的食糜可在微生物作用下分解而被利用。一部分可转化为菌体蛋白，通过软粪形式被家兔采食，软粪中的蛋白质被再利用，因此，家兔对蛋白质的利用率较高。

❺家兔的繁殖特点

○ 繁殖力强

家兔的繁殖力极强，表现为性成熟早，怀孕期短，胎产仔数多，且终年均可繁殖，不受季节影响。一般公兔 4～4.5 月龄，母兔 3.5～4 月龄性成熟，6 月龄左右便可配种，由于世代间隔短，一年内可繁殖 2 代。

○ 刺激性排卵

母兔达到性成熟后，虽每隔一定时间出现发情征候，但并不伴随排卵，只有在与公兔交配或相互爬跨等刺激下才发生排卵，这一现象称为刺激性排卵或诱导排卵。一般母兔在刺激后 10～12 h 排卵。掌握这一特点，可合理安排生产。同时，可用人工强制交配的方法使母兔同期排卵、同期受孕和同期产仔。

○ 不存在规律性的发情周期

家兔的这个特点与其刺激性排卵有关,没有排卵的诱导刺激,卵巢内成熟的卵子不能排出,也不能形成黄体,所以对新卵泡的发育不会产生抑制作用,因此,母兔就不会有规律性的发情周期。

在正常情况下,母兔的卵巢内经常有许多处于不同发育阶段的卵泡,在前一个发育阶段的卵泡尚未完全退化时,后一发育阶段的卵泡又接着发育,而在前后两批卵泡的交替发育过程中,体内的雌激素水平时高时低,因此,母兔的发情征候就有时明显有时不明显。但是,母兔不表现发情征候的时期,与自发排卵家畜的休情期完全不同,因为母兔卵巢内仍有处于发育过程中的卵泡存在。此时若进行强制性配种,母兔仍有受孕的可能。这一特点,对畜牧业生产是极其有益的,人们可以据此安排生产。

○ 胚胎在附植前后的损失率高

家兔的胚胎在附植前后的损失率较高。据报道,胚胎在附植前后的损失率为 29.7%,附植前的损失率为 11.4%,附植后的损失率为 18.3%。对附植后胚胎损失率影响最大的因素是肥胖。母体过于肥胖时,体内沉积大量脂肪,压迫生殖器官,使卵巢、输卵管容积变小,卵子或受精卵不能很好发育,以致降低了受胎率和使胎儿早期死亡。另外,高温应激、惊群应激、过度消瘦、疾病等,也会影响胚胎的存活。据报道,外界温度为 30℃时,受精后 6 天胚胎的死亡率高达 24%～45%。

○ 双子宫动物

母兔有两个完全分离的子宫,两个子宫有各自的子宫颈,共同开口于一个阴道,而且无子宫角和子宫体之分。两子宫颈间有间膜固定,不会发生像其他家畜那样在受精后受精卵由一个子宫角向另一个子宫角移行的现象。

在生产上偶有妊娠期复妊的现象发生，即母兔妊娠后，又接受交配再妊娠，前后妊娠的胎儿分别在两个子宫内着床，胎儿发育正常，分娩时分期产仔。

○ 假妊娠

排卵而未受精，往往引起母兔假妊娠。产生假妊娠的原因主要是公兔无效交配(未射精)或母兔相互爬跨，母兔受到刺激排卵后，由于黄体存在，继续分泌孕酮，使乳腺激活，子宫增大。经16～17 天，由于没有胎盘，加之黄体消失，孕酮分泌减少，假妊娠终止。此间母兔拒绝配种。假妊娠末期母兔产生临产行为，衔草做窝，拉毛营巢且分泌少量乳汁。

❻家兔的体温调节特点

家兔是恒温动物，正常体温为 38.5～39.3℃。家兔通过合成代谢，将从饲料中摄取的营养物质合成为自身所需的蛋白质、脂肪和糖原，通过分解代谢将它们分解放出能量。经测定，体重为 2.4 kg 的兔子，每千克体重每小时的产热量为 0.111 MJ。

家兔产生如此多的热量，当环境温度低时，对家兔是有益的，而当温度高时，必须将体内多余的热量散失。因家兔的汗腺不发达，散热的主要途径是通过呼吸、排泄和皮肤辐射。当环境温度高时，家兔脉搏加快，表层血管血流量增加，呼吸频率加快。如当外界温度由 20℃升至 35℃时，家兔的呼吸频率由每分钟 42 次增加到 282 次。当外界温度低时，家兔缩小皮肤血管内径，减少血流量，降低呼吸频率，以减少散热。

家兔对环境温度变化的适应，存在着明显的年龄差异。新生仔兔的体温调节能力差，体温随外界环境温度变化而变化。10 日龄才初具体温调节能力，30 日龄时对外界环境温度变化的适应能力增强，此时被毛已基本长成。

家兔的适宜环境温度因年龄而异，初生仔兔适宜窝内温度为 30～32℃，成年兔适宜温度范围为 5～30℃，最适温度为 15～20℃。

❼家兔的生长特点

仔兔刚出生时闭眼，无毛，出生后 3～4 日龄开始长毛，30 日龄左右被毛形成；10～12 日龄眼睛睁开，出巢活动并随母兔试吃饲料，21 日龄左右即可正常吃料。

仔兔初生时体重较小，为 50～68 g，但出生后增重速度较快。如比利时兔 1 周龄体重可增加 1 倍以上；13 周龄时增加 50 倍；20 周龄时增加 80 倍，约为成年体重的 82%。

家兔性成熟较早，小型品种在 3～4 月龄，中型品种在 4～5 月龄，大型品种在 5～6 月龄。体成熟年龄比性成熟推迟 1 个月左右。

❽家兔的换毛特点

兔毛的生长、老化、脱落及新毛补充的过程称为家兔的换毛。

在幼兔期，发育正常的仔兔 30 日龄左右全部乳毛长成。30～100 日龄为生长期的第一次换毛期；130～190 日龄为生长期的第二次换毛期，一般称这 2 次换毛为年龄性换毛。

成年期的家兔每年春、秋两季各换 1 次毛，称季节性换毛。春季换毛在 3～4 月份，秋季在 9～10 月份。春季换毛时，由于青绿饲料充足，毛囊代谢机能旺盛，被毛生长较快，换毛期短，枪毛多，绒毛少，被毛稀疏。秋季饲料更换，毛囊代谢机能减弱，被毛生长缓慢，换毛期较长，绒毛多，枪毛少，被毛浓密。此外，换毛期的长短还受家兔的健康状况及营养水平的影响。兔体健壮，营养水平高，换毛期短，反之则长。正常的换毛期为 30～45 天。

还有不定期换毛和病理性换毛 2 种。前者多发生在老龄兔，主要是由于毛球的生理状态和营养不足而产生。后者是因家兔患病、长期营养不足、皮肤代谢失调等引起的局部或全身性的脱毛。

换毛时，头部由鼻端开始，体躯部从脊背处以长条形开始，以后似长波纹层层向外扩展。

家兔在换毛期间对营养物质的需要量增加，公兔的性欲降低，配种能力减弱，母兔发情不明显，受孕率降低。因此，此期应加强饲养管理，提供充足的营养物质，特别是蛋白质饲料和青绿饲料，创造良好的环境条件，使被毛在较短的时间内换齐。

第4章　家兔繁育

❶ 选种与选配 …………………………………………………… 48
❷ 配种 ……………………………………………………………… 53

❶选种与选配

○ 生产性能的评定

1. 繁殖性能

表示繁殖性能高低的常用指标是受胎率、产仔数、产活仔数、断奶仔兔数、断奶成活率、21天泌乳力、初生窝重和断奶窝重等。

受胎率是指一定时期内公兔所配母兔怀胎数占所配母兔总数的百分比，即

受胎率＝(怀孕母兔数/所配母兔数)×100％

产仔数是指母兔所产仔数量的多少，包括活仔和死仔兔。

产活仔数是指在称测初生窝重时存活仔兔数量的多少，只包括活仔兔。

断奶仔兔数是指断奶时仔兔的成活数。

断奶成活率是指断奶时仔兔数占产活仔数的百分比，即

断奶成活率＝(断奶仔兔数/产活仔兔数)×100％

21天泌乳力用以测定母兔泌乳能力的高低(用g表示)，用3周龄仔兔窝重表示，即

21天泌乳力＝21天仔兔窝重－初生窝重

初生窝重是指仔兔出生后喂奶前所称每窝仔兔的重量。

断奶窝重是指仔兔断奶时全窝仔兔重量，包括寄养的仔兔。

2. 产肉性能

产肉性能包括生长速度、增重耗料比、胴体重、屠宰率、肌肉品质等。

生长速度是指一定时间内增重的多少。例如，日增重＝(期末体重－期初体重)/天数。

增重耗料比是指单位增重所消耗的饲料量，即

增重耗料比＝测定期耗料量/测定期增重

胴体重目前的表示方法尚不统一，常用的一种是屠宰后去掉头、脚、血、毛皮、内脏后所称得的重量，即全净膛重；另一种是在全净膛的基础上加上肚的重量，即半净膛重；还有一种方法是在全净膛的基础上加上心、肝、肾及内脏可食部分的重量。

屠宰率是指胴体重占宰前活重的百分比，即

屠宰率＝(胴体重/宰前活重)×100％

肉品品质主要指肌肉的营养含量、颜色、口感、耐保存性等特性。

3. 产毛性能

产毛性能常用年产毛量、产毛率、毛料比、毛品质等指标表示。

年产毛量是指从1月1日到12月31日每只成年毛兔所产兔毛的多少，用g表示。对大群饲养场，其计算公式为：

每只毛兔年产毛量＝成年毛兔总产毛量/成年毛兔数量

产毛率是指单位体重产毛的多少，即

产毛率＝(实际年产毛量/年实际体重)×100％

料毛比是指产单位重量毛所消耗的饲料量，即

料毛比＝统计期内消耗的饲料重/统计期内剪毛量

毛品质是指毛的长度、细度、强度、伸度、结块率、粗毛率等。

4. 毛皮品质

毛皮品质用毛的细度、长度、密度、整齐度、颜色、生长情况及皮张的面积、厚度、韧性、完整性等指标表示。良好的毛皮应具备绒毛长短适中（一船长度为 1.3～2.2 cm），细密，平整，毛色光亮纯正，针毛少且不突出于绒面，板皮面积（体躯长×胸围）在 1 000 cm^2 以上，无残损，薄厚适中。

○ 家兔选种

1. 选种原则

对于任何用途和品种的家兔，选种时首先应符合该品种特征，体质健壮，适应性强；其次是生产性能高，发育良好，繁殖性能高，抗病力强；第三要求其他性状优良。

2. 对不同用途、性别家兔的要求

(1)对不同用途种用家兔的要求

肉用兔：对成年兔要求体型大，肌肉丰满，体躯发育良好；对生长兔，要求生长发育速度快，饲料利用率高，肉质好，屠宰率高；对种用兔要求繁殖率高，母性强，仔兔成活率高。

皮用兔：要求体型大，体躯发育良好，被毛短、平、细、密、美、牢、轻、柔、质地良好。

兼用兔：一般为皮肉兼用兔，既考虑其产肉性能又要注意皮用性能，即体型大，生长速度快，饲料报酬高，产肉多，肉质好，同时还应具备板皮面积大、被毛品质好等优点。

毛用兔：要求体型大，体质健壮，被毛生长快，丰满，毛纤维长，枪毛少，毛色纯白。

宠物兔：要求外观美丽奇特、清洁干净，被毛光顺，反应灵敏，性情温顺，健康无病。

(2)对不同性别家兔的要求

种公兔:要求外貌符合品种特征,体质健壮,体型较大,雄性强,配种能力强。淘汰反应迟钝、雄性差、隐睾、有残疾的个体。对种公兔的选择尤其严格。

种母兔:要求体重大小适中,肥度合适,受胎率高,产仔数多,仔兔健壮,泌乳能力强,乳头在 4 对以上,并发育良好,母性强。淘汰有生殖道疾病、长期拒绝哺喂仔兔、过肥或过瘦的个体。

3. 家兔的选种方法

家兔的选种方法可分为表型选择与基因型选择、个体选择与家系选择、单性状选择与多性状选择几种。

(1)表型选择与基因型选择

表型选择是根据家兔本身的某个性状表现的优劣进行选择的一种方法,又称个体选种法。这种方法直观、简单,容易掌握,是很多种兔场经常采用的选种方法,对一些中、高遗传力的性状可取得较好的选种效果,如体型外貌、70 日龄前生长速度、耗料增重比、屠宰率、肌肉品质、产毛性能等,但对低遗传力的性状选种效果较差,如成活率、产仔数、日增重等。

基因型选择主要包括系谱选择、同胞选择、后裔选择等。

系谱选择:系谱选择是根据个体的双亲及其祖先的表型值进行选择的一种方法。例如,在 2 只个体表现基本相同的肉兔间选留 1 只种兔时或刚出生的仔兔本身还没有记录,可查阅其父母及祖父母的记录,将父母及祖父母记录资料优秀的后代留种。系谱选择着重考虑 2～3 代以内的祖先,因离当代越远,对当代的影响越小。

同胞选择:同胞选择是根据全同胞或半同胞姐弟、兄妹进行选种的一种方法。因为同胞之间的遗传基础较为一致,在选择时有较大的把握性。此法适用于遗传力较低或本身无法进行记录的性状。

后裔选择:后裔选择是根据种兔后代表现进行选种的一种方法。当经过上述多种选种方法进行选择后留下的种兔已有后代且后代已有生产记录时，可结合后代的表现进一步对种兔进行一次选择。这种方法需要时间长，但也最可靠，一般在选择种公兔时使用。

上述的选种方法不是孤立存在的，生产上往往几种方法一起使用或针对不同性状、用途、年龄选择适宜的选种方法。

(2)个体选择与家系选择

根据个体表型值进行选择叫个体选择；根据家系的平均表型值进行选择称为家系选择。对遗传力高的性状用个体选择有较高的可靠性，例如，肉用兔的育肥性状、肉品品质、胴体品质；毛用兔的产毛量、兔毛质量、生长速度；皮用兔的毛皮品质、体型大小、生长速度等。家系选择适合于中低等遗传力的性状，因为家系平均表型值更接近平均育种值，可用此法选择的性状主要有仔兔初生重、断奶重、成活率、胴体重等。

(3)单性状选择与综合选择

单性状选择可用上述的几种方法，但生产上往往是同时选择几个性状。对多个性状的选择可用顺序选择法、独立淘汰法或综合选择指数法。

顺序选择法是将被选择的第一个性状规定一最低限(下限)，在下限以上的留种，下限以下的作为商品用兔。将这一性状选择好后再用同样的方法选另一性状，依此类推，直至达到目的。此法不适合用来同时选择两个呈负相关的性状，如产仔数与初生个体重、产仔数与断奶个体重等，因提高了产仔数，初生个体重和断奶个体重就下降，同样初生个体重和断奶个体重增加，产仔数就要降低。

独力淘汰法是将所要选择的几个性状逐个规定其最低限，只要其中一项低于这一下限就不能留种。这种方法容易将某一性状特别优秀的个体淘汰掉。

综合选择指数法是为了避免上述缺点，将所选择的性状按照其经济价值的大小，确定一个加权值与相应的性状表型值相乘，计算出一个综合指数，按指数的大小进行留种。计算公式为：

$$I = a_1P_1 + a_2P_2 + a_3P_3 + \cdots + a_nP_n$$

式中：I 为综合选择指数；a 为各性状的系数，$a = W/\bar{P}$，W 为该性状的加权值，$\bar{P}$ 为该性状的群体平均值；P 为该性状的个体表型值。

○ 家兔选配

选配就是有目的地为种兔选择配偶，以期获得优良后代。常用的选配方法有同质选配和异质选配 2 种。

1. 同质选配

同质选配分为表型同质选配和基因型同质选配。表型同质选配就是将具有性状相同或性能表现一致的优秀公母配对，以达到生产出优秀后代的目的。这种方法不考虑是否双方有亲缘关系，只看重其个体表现，如体重大的公兔与体重大的母兔交配和生长速度快的公、母兔间的交配等。基因型同质选配是选择有亲缘关系的优秀公、母兔进行交配，以期达到基因的高度纯合，生长出纯种的优良后代。一般交配双方的共同祖先的代数在 6 代以内纯合速度较快。

2. 异质选配

异质选配是将具有不同优良性状的公、母兔配对，以期获得具有双方优良性状的后代。例如，对毛用兔将具有毛长特点的母兔与毛密度高的公兔交配，目的是生产出高产毛量的后代；将繁殖率高的母兔与生长速度快的公兔交配，以生产出数量多、生长快的肉用兔。

❷配种

○ 初配年龄、配偶比例及利用年限

家兔在 3.5～4.5 月龄达到性成熟，但此时离体成熟还有一段

距离，只有接近体成熟时方能配种。因此，母兔的初配年龄平均为5～6月龄，体重在3 kg以上；公兔较母兔晚0.5～1个月。初配年龄还与品种、生长发育情况密切相关，不同品种的初配时间不同，生长发育良好的种兔初配年龄适当提前。

公兔的精液产生需要一定的时间和过程，并非源源不断，因此，当使用频率过高或配种间隔时间太短，精液量将减少，精液品质下降，受胎率降低，仔兔生命力差，公兔体质明显下降，出现早衰现象。因此，为保证精液品质，提高受胎率及仔兔成活率，延长公兔的使用年限，应合理掌握公母比例。一般情况下每只公兔可负责8～10只母兔，在人工控制配种下公母比例可扩大到1∶(15～20)，一天交配1～2次，连续利用2天休息1天。

兔的寿命平均为7～8年，最长的可达12～13年，生产上可利用的繁殖年限公兔为4～5年，母兔为3～4年。如果加强饲养管理，合理利用，种兔的体质较好，可适当延长利用年限。但过于衰老，受胎率、产仔数、仔兔成活率均较差。

○ 发情鉴定

正常情况下母兔每月发情2次，每次持续2～3天。母兔发情时食欲降低，行动不安，在笼内来回窜跳，后肢经常拍打笼底，外阴部潮红、肿胀、湿润，其颜色由粉红逐渐变为老红和黑紫色，掌握配种的时间口诀是“粉红早，黑紫迟，老红色的正当时”。

○ 配种方法

家兔的配种方法主要有自然交配、人工控制交配、人工授精。

1. 自然交配

将公母按照一定的比例混养在一起，任其交配。这种方法省工省力，母兔的受胎率也较高。但因公兔的频繁交配容易造成体质下降，同时，还会因个别种兔的生殖道疾病传染全群，种公兔的利用率也较低，不能准确进行记录，故这种繁殖方法目前较少使用。

2.人工控制交配

平时将公、母兔分开饲养，待母兔发情时，将其放入公兔笼内，让公兔与之交配，当公兔的阴茎插入母兔阴道后，经前后几次抽动，便可射精，待公兔从母兔背部滑下，应迅速抓住母兔，在其臀部猛击一下，使肌肉收缩，防止精液倒液。还可用人工辅助的方法，即将发情母兔放入公兔笼中，饲养员一手固定住头颈，一手将母兔臀部抬高，让公兔与之交配。配种前将笼内的障碍物取出，并保证笼底平整。人工控制交配法可准确记录公母和配种日期，充分利用优秀种公兔，减少种公兔的饲养量。这种繁殖方法目前使用较普遍。

3.人工授精

采用一定的方法，借助器械将公兔精液采出，再用输精器械将精液输入到母兔阴道。这种方法可大大减少种公兔的饲养量，充分利用优秀种公兔，防止生殖道疾病的传播，降低饲养成本。但需要一定的设备和技术，适合于大规模的种兔场。人工授精主要包括采精、精液处理和输精等环节。

(1)采精

采精所用的主要器械是假阴道，它由外壳、内胎、集精杯等部分组成。外壳为内径 2 cm 左右的半硬质橡胶管，长 6～7 cm；内胎用去掉盲端的避孕套代替；集精杯用玻璃制成或用青霉素瓶代替，其外径与外壳内径相同。也有用羊的假阴道改造而成。所有用具使用前应用肥皂水反复清洗，再用清水洗干净，最后用生理盐水洗刷，按如图 4-1 和图 4-2 所示安装。安装时在内胎与外壳之间充满温水（水温约 45℃），并用玻璃棒在内胎涂抹凡士林，待胎内温度达到 39～40℃时可采精。

正式采精时，先选择一只发情的母兔作台兔，放入公兔笼内，操作者一手抓住母兔耳朵和颈部皮肤，另一手紧握假阴道置于母

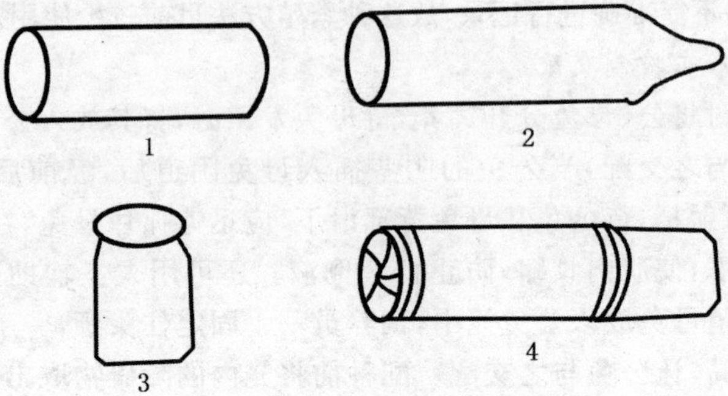

图 4-1 直管式假阴道

1. 橡胶管;2. 避孕套;3. 集精杯;4. 假阴道

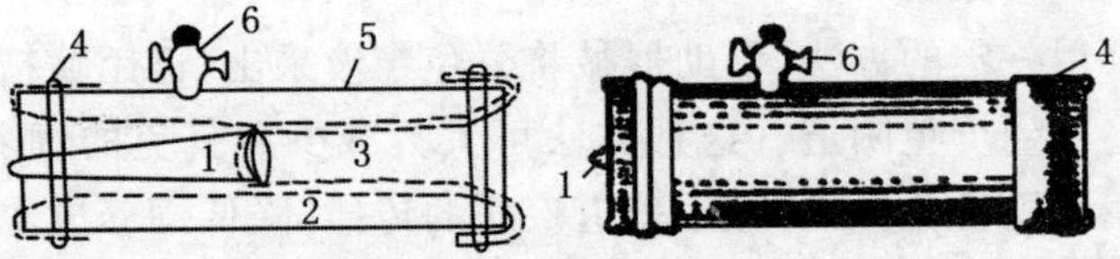

图 4-2 活塞式假阴道

1. 集精杯;2,3. 橡胶管;4. 橡胶圈;5. 外壳;6. 活塞

兔腹下两后腿之间,将后躯抬高,并使假阴道口稍低,集精杯端稍高,使公兔阴茎顺利插入,待公兔前后抽动几次后并向一侧滑下时,说明已射精,此时应迅速竖起假阴道,防止精液流出,之后取下集精杯,进行精液处理。

台兔也可用一张鞣制的兔皮盖在持假阴道的手臂上,但公兔需经一段时间的训练。

(2)精液处理

精液品质检查:主要检查射精量、颜色、pH 值、活力、密度、畸形率等。正常的精液量约为 1 mL,乳白色或灰白色,不透明;pH

值接近 7；35～37℃下进行显微镜检查，70%以上的精子呈直线运动；密度在 500 万个/mL 以上，畸形精子在 20%以下。

精液稀释：稀释精液常用的方法是直接用注射用生理盐水；也可用 5%葡萄糖溶液；还可用经煮沸后的鲜牛奶，加入适量的抗生素，将精液稀释 3～5 倍，保存在 15～25℃环境中，用纱布盖好，避免灰尘和阳光直射，1～2 天内输完。

(3)输精

输精器可用羊的输精器，也可自制，如用 1 mL 注射器，头端接一导尿管等，如图 4-3 所示。

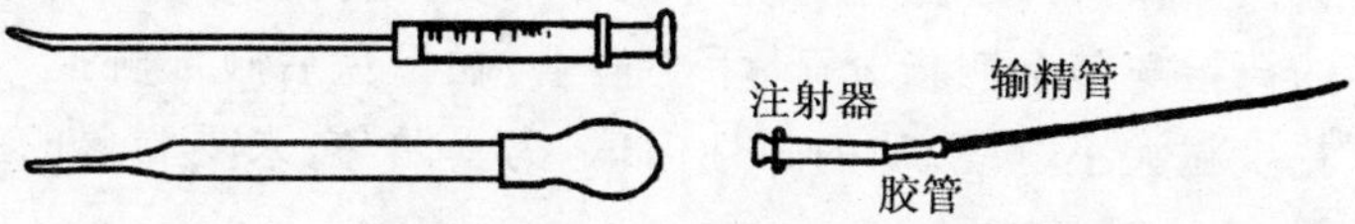

图 4-3　输精器

输精时的操作方法有多种，如倒提式、仰卧式、爬卧式等。采用倒提式时由双人操作，保定者一手抓住母兔耳朵及颈皮，另一手抓住臀部皮肤，使头向下，尾朝上；输精者用一手食指和中指夹住母兔尾根并往外翻，使外阴充分暴露，另一手持输精器缓慢插入阴道 7～8 cm，将精液推出。仰卧式也由双人操作，即保定者将母兔平放于桌上，输精者按上述方法将精液输入母兔阴道。爬卧式由一人操作，操作者左手提起兔尾，右手持输精器向背部方向插入阴道，将精液输入。输精结束后应将所有器械及用具彻底洗刷消毒，待下次再用。

无论采用哪种输精方法都应注意：在输精同时需进行诱导排卵，常用的方法是用结扎输精管的公兔与之交配或注射促排卵素(2 号或 3 号)、人绒毛促性腺激素、黄体生成素等。每次的输精量不能少于 0.5～1 mL，输精后应在母兔臀部拍打一下，防止精液外流。

○ 妊娠检查

妊娠检查是家兔繁殖过程中的一个重要环节,母兔配种后尽早进行妊娠诊断,对怀孕母兔加强管理,未孕母兔及早配种,可有效提高繁殖率。妊娠检查的常用方法有摸胎法、试情法、称重法、超声波诊断法等。

1.摸胎法

摸胎法是用手隔着母兔腹壁触摸胚胎的一种方法,此法在养兔生产中常用。摸胎的适宜时间是在配种后 8～10 天,早晨空腹时进行。操作者一手抓住母兔耳朵和颈皮,头向里,尾部朝外;另一手的拇指与其余四指分开,手心向上,在母兔后腹部触摸,若感觉有花生粒大小、可滑动的弹性肉球,为受胎兔;未受胎兔的腹部较柔软,无上述感觉。

使用摸胎法时应注意:将粪球与胚胎区别开来,粪球表面粗糙,缺乏弹性,不随时间的延长而变化;将子宫瘤与胚胎区别开来,子宫瘤个体大小不一,差异较大,胚胎大小基本一致。摸胎时不能数个数,以摸到为止,否则易引起流产。不同胎次,胚胎大小及位置有差异,初产母兔胚胎较小,位置靠后;经产母兔胚胎较大,位置稍靠前。

2.试情法

母兔配种后 5～7 天,再将其放入公兔笼内,若接受交配则为空怀;若拒绝交配,则为妊娠。这种方法的准确性较差,不宜推广。因母兔交配后 5～7 天即使没受孕也不一定发情,拒绝交配是正常的,所以,若判断为怀孕则为错误的。

3.称重法

将配种前及配种后 12 天的母兔分别称重,若体重增加明显,则为受孕;若体重变化不明显则应重配。这种方法较繁琐,检查的时间较晚,准确性较差,生产上应用的较少。

4.超声波诊断法

随着科学技术的发展,超声波的应用领域逐渐扩大,利用B超进行早期妊娠诊断具有准确可靠、对家兔无损伤作用的特点,是今后的发展方向。但因成本较高,在目前生产条件下难以普及。

○ 分娩

家兔的怀孕期平均为31天,范围为28～33天。生产上应根据配种日期及分娩前母兔的表现,判断其分娩日期。

分娩前应做好准备工作,对兔笼及用具进行彻底清扫消毒,产仔箱洗刷消毒后垫上柔软的垫料放入兔笼内。特别注意产仔箱不应有其他异味,否则母兔将惶恐不安,或将仔兔产在产仔箱外。保持安静,防止惊吓,避免捕捉,注意观察。产前还应准备充足的饮水。

分娩前的母兔乳房开始肿胀,并可挤出乳汁;外阴红肿,黏膜潮红湿润;情绪不安,食欲下降;临产前一天开始叼草、拉毛做窝。一般拉毛、叼草多的母兔母性较强,哺乳能力高。对初产母兔和产前不拉毛做窝的,应当人工辅助拉毛,以诱导母兔拉毛。

分娩多在晚上,分娩前2～3 h母兔频繁出入产仔箱,情绪非常紧张不安。产仔时,母兔呈蹲坐姿势,弓背,头弯向腹下迎接胎儿产出。正常情况下每2～3 min产仔1只,全部产出需20～30 min,分娩过程中应供给充足的温水,防止因母兔口渴而食仔兔。若在产仔时遇到惊吓,母兔常中止产仔或将仔兔吃掉,因此,此阶段更应注意安静。

产仔完毕后应立即让母兔饮水,并立即清理产仔箱内的脏物,更换湿垫草,清点仔兔数,称重,并准确记录。

○ 泌乳

母兔妊娠后乳腺开始发育,初期较慢,到分娩前1周发育加快,妊娠 28～29 天开始分泌乳汁,到产后 18～21 天达到泌乳高峰,至产后 45 天泌乳停止。家兔乳汁中含蛋白质 13%～14%,脂肪 11%～15%,乳糖 0.9%～2.0%,灰分 1.8%～2.3%,钙 0.3%～0.7%,磷 0.2%～0.4%。泌乳高峰期每天的泌乳量为 200 mL。

仔兔每天哺乳 1 次,在清晨进行,每次哺乳的持续时间为 2～5 min,哺乳期为 3～5 周。仔兔每哺食 2 g 乳汁体重可增加 1 g。所以计算母兔泌乳力的粗略方法是 21 日龄窝重减去初生窝重再乘以 2。

○ 提高母兔受胎率的繁殖措施

1. 重复配种

为了保证母兔妊娠和防止假孕,在第一次配种或输精后 6～8 h 再重复配种或输精 1 次,可提高母兔的受胎率和产仔数。据试验,重复配种受胎率可达 95%～100%,产仔数增加 20%～30%。因为第一次配种可达到刺激排卵和受胎的双重目的,第二次交配使第一次配种后排卵而未受胎的母兔受孕,从而保证了受胎率。

2. 双重配种

同一只母兔与两只血缘关系不同的公兔交配,中间的时间间隔不超过 20～30 min。此法可增加不同来源精子间的竞争,增加其他卵子的选择性,提高受胎率和产仔数。但应注意母兔与第一只公兔交配后应将母兔迅速放回原笼,将第一只公兔的气味散失掉,否则第二只公兔不但不配,反而会将母兔咬伤。

3. 血配

母兔产仔后 1～2 天就配种,也有的产后 14～16 天配种,受胎率很高,同时因缩短了胎间距,增加了年产胎次,总产仔数增加。但因频密繁殖母兔消耗体力太多,除多加青绿多汁饲料外,还应掌握适度,以年产 8～10 胎为适。

4. 人工催情

对于长期不发情或发情不正常的母兔要采取人工催情的方法促使其发情，方法主要有公兔催情法、按摩催情法、药物和激素催情法等。公兔催情法是将不发情的母兔放入公兔笼内，让公兔追逐、爬跨，再放回原笼，经 2～3 次后母兔就会正常发情；按摩催情法是用手轻轻按摩母兔外阴部或以交配频率轻拍阴部，经 4～5 min后大部分母兔开始举尾，表示接受交配，此时让公兔交配受胎率提高；常用的催情药物是口服维生素 E 或将其加入饲料中；常用的催情激素有孕马血清促性腺激素、绒毛膜促性腺激素等，连用 2～3 天，母兔可发情。

5. 家兔的同期发情

母兔发情的同期化称为同期发情。同期发情的主要目的是使母兔在相同的时间或基本相同的时间(1～2 天)内发情，同时产仔。其优点在于便于规模化生产，充分利用优良种公兔的精液，更有效地组织选种选配，提高工作效率，提高母兔繁殖率，并可为家兔胚胎移植创造条件。同期发情的方法有抑制排卵、促进排卵、破坏母兔黄体等。

(1)抑制排卵

抑制母兔排卵，一直到所有黄体机能完全消失后，再消除抑制物，以达到同期发情的目的。常用的抑制物为孕激素，如孕酮、甲孕酮、甲地孕酮等。

(2)促进排卵

促进排卵分 2 种情况，一种为注射促性腺激素，使母兔同时排卵而受精；另一种情况是虽然同期排卵，但不配种，待黄体生成，使下次发情同期化。常用的促性腺激素有孕马血清促性腺激素、绒毛膜促性腺激素、促卵泡生成素、促黄体生成素等。

(3)破坏母兔黄体

将母兔黄体破坏，使之迅速发情，达到同期发情的目的。常用的为前列腺素。

6. 诱导发情

对于发情不明显或根本就不发情的母兔可实施诱导发情。常用的方法是增加母兔与公兔接触的机会和时间(每天 1 次),连续进行 2～3 天;将母兔保定,让公兔强行交配;注射激素,如孕马血清促情腺激素、促排 2 号等。

○ 育种记录

种兔场的每一只种兔都应有较为完整的记录,以作为选种留种和防止近亲交配的依据。育种记录的主要内容应根据性别、年龄、用途的不同而定。

1. 种母兔繁殖记录

种母兔繁殖记录应包括品种、出生年月、体重、乳头数、与配公兔、配种时间、预产期、产仔期、产仔数、初产窝重、泌乳力、断奶窝重等。

2. 种公兔配种记录

种公兔配种记录包括品种、出生年月、交配日期、与配母兔、配种时间、产仔期、产仔数、初产窝重、断奶窝重等。

3. 后备种兔记录

后备种兔记录主要包括品种、性别、出生年月、父亲、母亲、断乳体重、各阶段(90 日龄,120 日龄,150 日龄,180 日龄,210 日龄)体重、体长、胸围等指标。

4. 种兔血缘关系记录

种兔血缘关系记录包括:品种、性别、出生、乳头数、毛色、产地、同胞数、体重,父母亲的体重、毛色、特征,祖父母、外祖父母的体重、特征等。

第 5 章　家兔的营养与饲料

❶ 家兔的营养需要及饲养标准 …………………………………… 63
❷ 家兔的饲料 ………………………………………………………… 89
❸ 家兔的日粮配合 ………………………………………………… 110

❶家兔的营养需要及饲养标准

○ 营养物质与家兔营养

家兔在生长和生产过程中，必须从饲料中摄取需要的各种营养物质，将其转化为自身的营养。饲料中主要的营养成分如下：

- 饲料
  - 水分
  - 干物质
    - 无机物　（矿物质）
    - 有机物
      - 粗蛋白质
        - 纯蛋白质
        - 氨化物
      - 粗脂肪
      - 碳水化合物
        - 粗纤维
        - 无氮浸出物
          - 糖
          - 淀粉
      - 维生素

1. 蛋白质与家兔的营养

蛋白质是一类含氮有机物，是兔体的重要组成成分。据分析，成年家兔体内约含 18％的蛋白质，以脱脂干物质计，其粗蛋白质含量为 80％。家兔的肌肉、皮肤、内脏、血液、神经、结缔组织等均以蛋白质为基本成分。兔体内的酶、激素、抗体等的基本成分也是蛋白质。

蛋白质是家兔生命活动的基础。家兔体组织蛋白质通过新陈代谢不断更新,据报道,家兔的体蛋白质经6～7个月就被更新。

蛋白质也是兔产品的原料。家兔的肉、奶、皮、毛均以蛋白质为主要成分。例如,兔肉中含22.3%的蛋白质,兔奶中含13%～14%的蛋白质。

蛋白质的基本组成单位是氨基酸。蛋白质的品质高低取决于氨基酸的种类和数量及比例。组成家兔体蛋白的氨基酸有一些在体内能合成,且合成的数量和速度能够满足家兔的营养需要,不需要由饲料供给。这些氨基酸被称为非必需氨基酸。有一些氨基酸在家兔体内不能合成,或者合成的量不能满足家兔的营养需要,必须由饲料供给。这些氨基酸被称为必需氨基酸。家兔需要的20多种氨基酸中,必需氨基酸为:精氨酸、组氨酸、异亮氨酸、蛋氨酸、苯丙氨酸、苏氨酸、色氨酸、缬氨酸、亮氨酸、赖氨酸、甘氨酸(快速生长所需)11种。其中赖氨酸、蛋氨酸、精氨酸是限制性氨基酸,对家兔的营养作用非常重要,其含量高,其他氨基酸的利用率也高。

家兔能有效地消化、利用饲料中的蛋白质,优质蛋白质的消化率达79%。饲料中的蛋白质在口腔中几乎不发生任何变化,进入胃后,在胃蛋白酶的作用下分解为较简单的胨和脲,蛋白胨、脲以及未被消化的蛋白质进入小肠。小肠是消化蛋白质的主要器官。在小肠中,在胰蛋白酶、糜蛋白酶、肠肽酶的作用下,蛋白质最终被分解为氨基酸和小分子肽,被小肠黏膜吸收进入血液。未被消化的蛋白质进入大肠,由盲肠中的微生物作用继续分解为氨基酸和氨,一部分由盲肠微生物合成菌体蛋白,随软粪排出体外。软粪被家兔吞食,再经胃和小肠消化。被吞食的软粪中蛋白质总量和必需氨基酸水平较日粮高,干物质中粗蛋白质含量平均为24.4%。

每天家兔可从软粪中食入2 g菌体蛋白。这对成年家兔具有重要的作用,但对幼兔则无实际意义。

由上可知,蛋白质是家兔体内重要的营养物质,在家兔体内发挥着其他营养物质不可代替的营养作用。当饲料中蛋白质数量和质量适当时,可改善日粮的适口性,增加采食量,提高蛋白质的利用率。当蛋白质不足或质量差时,表现为氮的负平衡,消化道酶减少,影响整个日粮的消化和利用;血红蛋白和免疫抗体合成减少,造成贫血,抗病力下降;蛋白质合成障碍,使体重下降,生长停滞;严重者破坏生殖机能,受胎率降低,产生弱胎、死胎。据试验,当日粮粗蛋白质含量低至13%时,母兔妊娠期间增重少,甚至出现失重现象。对神经系统也有影响,引起的各方面的阻滞更是无法自行恢复的。当蛋白质供应过剩和氨基酸比例不平衡时,在体内氧化产热,或转化成脂肪储存在体内,不仅造成蛋白质浪费,而且使蛋白质在胃肠道内引起细菌的腐败过程,产生大量的胺类,增加肝、肾的代谢负担。因此,在养兔的生产实践中,应合理搭配家兔日粮,保障蛋白质合理的质和量的供应,同时,还要防止蛋白质的不足和过剩。

2. 碳水化合物与家兔营养

碳水化合物由碳、氢、氧三元素组成,在植物性饲料中占70%左右。按常规分析法分类,碳水化合物分为无氮浸出物(可溶性碳水化合物)和粗纤维(不可溶性碳水化合物)。前者包括糖、淀粉等,后者包括纤维素、半纤维素、木质素和果胶等。

碳水化合物是家兔体内热能的主要来源,每克碳水化合物在体内氧化平均产生16.74 kJ的能量。兔体主要依靠其氧化分解产生能量来满足生产和维持正常生命活动的需要。碳水化合物在体内可以转化成脂肪和糖原,作为营养储备于体内。碳水化合物也是合成乳脂和乳糖的原料。家兔对饲粮中粗纤维的消化率较低,其作为家兔能量来源的意义不大,但可使胃肠道有一定的充盈度，使家兔有饱感，并刺激胃、肠蠕动，提高消化能力。

碳水化合物中的无氮浸出物和粗纤维在化学组成上颇为相似，均以葡萄糖为基本结构单位，但由于结构不同，它们的消化途径和代谢产物完全不同。

无氮浸出物主要在胃和小肠中经消化酶的作用，最后被分解成葡萄糖，通过小肠黏膜细胞吸收进入血液，参与体内代谢。未被消化吸收的进入盲肠和结肠，在微生物的作用下，产生挥发性脂肪酸和气体；气体随粪便排出体外；挥发性脂肪酸被肠壁吸收，参与体内代谢。家兔与猪、禽不同之处是唾液中缺乏淀粉酶，因而在家兔口腔中不发生酶解作用。据报道，无氮浸出物在家兔体内的消化率为70%左右。

家兔体内不分泌纤维素酶，粗纤维在胃和小肠中不发生变化，对粗纤维的消化只能借助于盲肠和结肠微生物的作用。盲肠和结肠微生物具有较强的分解粗纤维的能力，在其作用下，粗纤维经过复杂的分解过程被分解为挥发性脂肪酸，经肠壁吸收，同时产生的气体由肠道排出。

家兔在体内代谢过程中，既可利用葡萄糖供能，又可利用挥发性脂肪酸，所以，家兔利用粗纤维的能力比猪、禽强，但不如其他草食动物马、牛、羊，这是由于其发达的盲肠和结肠位于消化道的末端。家兔日粮中粗纤维的水平尚无定论。美国推荐量为：生长兔12%，妊娠兔10%～14%，泌乳兔10%～12%，维持14%；法国的推荐量为：生长兔15%，种兔16%；日本的推荐量为：种兔8.4%。我国试验认为，肉兔日粮中14%～16%的粗纤维水平利于正常生产。据报道，肉兔日粮中粗纤维水平低于6%时，则会引起明显的肉兔腹泻。当高于20%时，生长率显著下降。

3.脂肪与家兔营养

饲料中的脂肪主要是提供能量，其产热量相当于碳水化合物的2.25倍。过量的脂肪储存在体内，是能量的最佳储存方式。在家兔体内形成的脂肪主要储存在肠系膜、皮下组织、肾脏周围以及肌纤维之间,有保护内脏器官和皮肤的作用。脂肪是脂溶性维生素的溶剂,维生素A、维生素D、维生素E、维生素K只有溶解于脂肪中才能被家兔吸收利用。

脂肪由甘油和脂肪酸组成。脂肪酸中的十八碳二烯酸(亚油酸)、十八碳三烯酸(亚麻酸)和二十碳四烯酸(花生油酸)在体内不能合成,必须由饲料提供,被称为必需脂肪酸。必需脂肪酸是组成细胞膜的成分和合成激素的前体。当日粮缺乏时,家兔表现为生长受阻、性成熟晚、睾丸发育不良、受胎率低、皮肤干燥、掉毛、瞎眼等症。

家兔胃液、胰液和小肠液中均含有分解脂肪的酶类。饲料中的脂肪50%~60%在小肠中分解为甘油和脂肪酸。少量脂肪随食糜进入大肠,被微生物分解为甘油和脂肪酸,并使部分不饱和脂肪酸加氢形成饱和脂肪酸。家兔能很好地利用植物性脂肪,消化率为83.3%~90.7%,对动物性脂肪利用较差。据报道,在母兔全价颗粒料中加入2%大豆油,可使仔兔窝重和饲料转化率提高,70日龄幼兔死亡率下降7.7%。

4.能量与家兔营养

家兔所需能量来源于饲料中3大有机物即碳水化合物、脂肪和蛋白质在体内进行生物氧化。3种有机物在体外测热器中测得的能值为:碳水化合物为17.36 MJ/g;脂肪为39.33 MJ/g;蛋白质为23.64 MJ/g。碳水化合物和脂肪在家兔体内氧化产生的热量与测热器测定的基本相同,而蛋白质在体内氧化不完全,部分形成尿素、尿酸随尿排出体外,每克产热较体外少5.44 MJ。

饲料中的能量以化学潜能的形式蕴藏在营养物质中,家兔营养物质的代谢必然伴随着能量的代谢,两者是家兔代谢的两种不同形式。饲料中的营养物质被家兔采食、消化、吸收、代谢形成产品的过程中,能量的变化形式如图5-1所示。

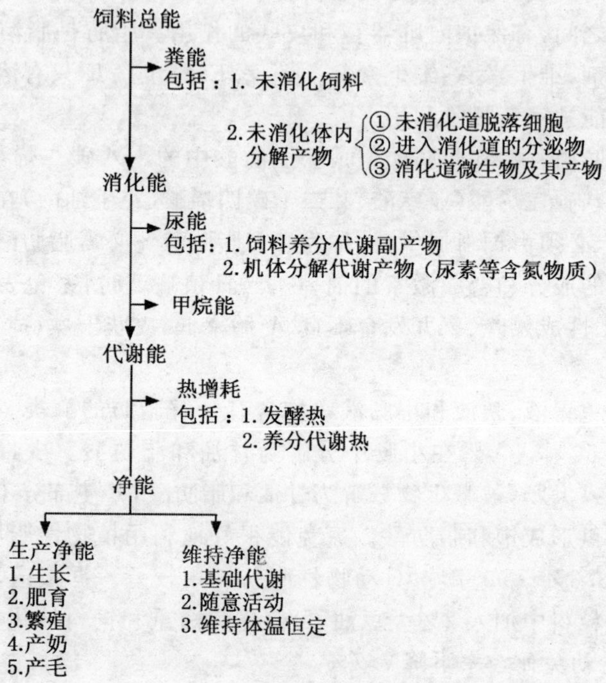

图 5-1　能量的变化形式

从饲料能量在体内的转化过程可见，饲料的能量在体内的转化要消耗一定的能量，仅粪能的消耗，成年兔占 60%，幼兔占 10%，真正可利用的净能不到 40%。在生产中，要注意减少能量消耗，提高能量利用率。

日粮的能量水平直接影响生产水平。能量不足会导致家兔健康恶化，能量利用率降低，体脂分解多导致酮血症，体蛋白分解导致毒血症。能量水平过高会导致体内脂肪沉积过多，种兔过肥影响繁殖机能。因此，要针对不同种类、不同生理状态控制合理的能量水平，保证家兔健康，提高生产性能。

5. 矿物质与家兔营养

矿物质是一类无机的营养物质，是兔体组织成分之一，约占体重的5%。根据体内含量分为常量元素（钙、磷、钾、钠、氯、镁和硫等）和微量元素（铁、锌、铜、锰、钴、碘、铝、硒等）。

(1)钙和磷

钙和磷是骨骼和牙齿的主要成分。钙对维持神经、肌肉兴奋性和凝血酶的形成具有重要作用。磷以磷酸根的形式参与体内代谢，在高能磷酸键中储存参与DNA、RNA以及许多酶和辅酶的合成，在脂类代谢中起重要作用。

钙、磷主要在小肠吸收，吸收量与肠道内浓度成正比，维生素D、肠道酸性环境有利于钙、磷吸收，而植物饲料中的草酸、植酸因与钙、磷结合成不溶性化合物而不利于吸收。

钙、磷不足主要表现为骨骼病变。幼兔和成兔的典型症状分别是佝偻病和骨质疏松症。另外，家兔缺钙还会导致痉挛，母兔产后瘫痪，泌乳期跛行。缺磷主要表现为厌食、生长不良。一般认为，日粮中钙水平为1.0%～1.5%，磷的水平为0.5%～0.8%，两者比例为2∶1，可以保证家兔的正常需要。

家兔能忍受高钙。据报道，日粮含钙4.5%，钙、磷比例12∶1时并未发生各种异常。其原因是家兔对钙的吸收代谢与其他家畜不同。家兔血钙受饲料钙水平影响较大，不被降血钙素、甲状旁腺素所调节。家兔钙的代谢途径主要是尿。当喂给家兔高钙日粮时，尿钙水平提高，尿中有沉积物出现。这表明家兔肾脏对维持体内钙平衡起重要作用。据报道，家兔只有高钙，且钙、磷比例1∶1或以上时，才能忍受高磷(1.0%～1.5%)，过多的磷由粪排出。家兔对植物性饲料中磷的利用率为50%左右，较其他家畜高。其原因是盲肠和结肠中微生物分泌的植酸酶能分解植酸盐而提高对磷的利用。

(2)钠、氯、钾

钠和氯主要存在于细胞外液而钾则存在于细胞内。3 种元素协同作用保持体内的正常渗透压和酸碱平衡。钠和氯参与水的代谢,氯在胃内呈游离状态和氢离子结合成盐酸,可激活胃蛋白酶,保持胃液呈酸性,具有杀菌作用。氯化钠还具有调味和刺激唾液分泌的作用。

植物性饲料中含钾多而钠和氯含量少,很少发生缺钾现象。当缺乏钠和氯时,幼兔生长受阻,食欲减退,出现异食癖等。一般生产中,家兔日粮食盐水平以 0.5%左右为宜。

家兔对钠和钾有多吃多排的特点,当限制饮水和肾功能异常时,采食过量氯化钠会引起家兔中毒。

(3)镁

家兔体内 70%的镁存在于骨骼和牙齿中,是多种酶的活化剂,在糖和蛋白质的代谢中起重要作用,能维持神经、肌肉的正常机能。家兔对镁的表观消化率为 44%～75%。镁的主要排泄途径是尿,和钙相似。

家兔缺镁导致过度兴奋而痉挛,幼兔生长停滞,成兔耳朵明显苍白和毛皮粗。当严重缺镁时,兔发生吃毛现象。据试验,肉兔日粮中含有 0.25%～0.35%的镁可满足需要。

(4)硫

硫在体内主要以有机形式存在,兔毛中含量最多。硫是蛋白质代谢中含硫氨基酸的成分,在脂类代谢中是起重要作用的生物素的成分,也是碳水化合物代谢中起重要作用的硫胺素的成分,又是能量代谢中起重要作用的辅酶 A 的成分。

当家兔日粮中含硫氨基酸不足时,添加无机硫酸盐,可提高肉兔的生产性能和蛋白质的沉积。硫对兔毛皮生长有重要作用,对于毛兔,日粮中含硫氨基酸低于 0.4%时,毛的生长受到限制,当提高到 0.6%～0.7%时,可提高产毛量。

(5)铁

铁是血红蛋白、肌红蛋白以及多种氧化酶的组成成分，与血液中氧的运输及细胞内生物氧化过程有着密切的关系。

缺铁的典型症状是贫血，表现为体重减轻，倦怠无神，黏膜苍白。但家兔的肝脏有很大的储铁的能力。

(6)铜

铜作为酶的成分在血红素和红细胞的形成过程中起催化作用。缺铜会发生与缺铁相同的贫血症。家兔对铜的吸收仅为5%～10%，并且肠道微生物还将其转化成不溶性的硫化铜。过量的钼也会造成铜的缺乏症状，故在钼的污染区，应增加铜的补饲。

(7)锌

锌作为兔体多种酶的成分而参与体内营养物质的代谢。缺锌时家兔生长受阻，被毛粗乱，脱毛，发生皮炎、繁殖机能障碍。据报道，母兔日粮锌的水平为2～3 mg/kg时，会出现严重的生殖异常现象；仔兔吃这样的日粮，2周后生长停滞；当每千克日粮含锌50 mg时，生长和繁殖恢复正常。

(8)锰

锰是骨骼有机质形成过程中所必需的酶的激活剂。缺锰时，这些酶活性降低，导致骨骼发育异常，如弯腿、脆骨症、骨短粗症。锰还与胆固醇的合成有关，而胆固醇是性激素的前体，所以，缺锰影响正常的繁殖机能。有试验报道，每天喂给家兔0.3 mg的锰，家兔骨骼发育正常，获得最快生长。家兔每天需要1～4 mg的锰。但每天喂给8 mg的锰时，生长降低，这可能是锰与铁的拮抗作用造成的。

(9)硒

硒是谷胱甘肽过氧化物酶的成分，和维生素E具有相似的抗氧化作用，能防止细胞线粒体的脂类氧化，保护细胞膜不受脂类代谢副产物的破坏；对生长也有刺激作用。

家兔对硒的代谢与其他动物有不同之处，对硒不敏感。这表现在，硒不能节约维生素 E，在保护过氧化物损害方面，更多依赖于维生素 E，而硒的作用很小；用缺硒的饲料喂其他动物，会引起肌肉营养不良，而家兔无此症状。

(10)碘

碘是甲状腺素的成分，是调节基础代谢和能量代谢、生长、繁殖不可缺少的物质。

缺碘具有地方性。缺碘发生代偿性甲状腺增生和肿大。

(11)钴

钴是维生素 B_{12} 的组成成分。家兔也和反刍动物一样，需要钴在盲肠中由微生物合成维生素 B_{12}。家兔对钴的利用率较高，对维生素 B_{12} 的吸收也较好。在实践中不易发生缺钴症。当日粮钴的水平低于 0.03 mg/kg 时，会出现缺乏症。

6. 维生素与家兔营养

维生素是一些结构和功能各不相同的有机化合物，它们既不是构成兔体组织的物质，也不是供能物质，但它们是维持家兔正常新陈代谢过程所必需的物质，对家兔的健康、生长和繁殖有重要作用，是其他营养物质所不能代替的。家兔对维生素的需要量虽然很少，但若缺乏将导致代谢障碍，出现相应的缺乏症。

根据其溶解性，将维生素分为脂溶性维生素和水溶性维生素两大类。

(1)脂溶性维生素

脂溶性维生素是一类只溶于脂肪的维生素，包括维生素 A、维生素 D、维生素 E、维生素 K。

维生素 A 又称抗干眼病维生素，仅存在于动物体内。植物性饲料中不含维生素 A，只含有维生素 A 源——胡萝卜素。胡萝卜素在体内可转化为具有活性的维生素 A。

维生素 A 的作用非常广泛。它是构成视觉细胞内感光物质的原料，可以保护视力；维生素 A 与黏多糖形成有关，具有维护上皮组织健康、增强抗病力的作用；维生素 A 对促进家兔生长、维护骨骼正常具有重要作用。

长期维生素 A 缺乏，幼兔生长缓慢，发育不良；视力减退，夜盲症；上皮细胞过度角化，引起干眼病、肺炎、肠炎、流产、胎儿畸形；骨骼发育异常而压迫神经，造成运动失调，家兔出现神经性跛行、痉挛、麻痹和瘫痪等。据报道，每千克体重每天供给 23 IU 的维生素 A 可保证幼兔健康和正常生长。种兔需要 58 IU。实际生产中，肉兔日粮中的水平要比上述最低水平高许多倍。

维生素 D，又称抗佝偻病维生素。植物性饲料和酵母中含有麦角固醇，家兔皮肤中含有 7-脱氢胆固醇，经阳光或紫外线照射分别转化为维生素 D_2 和维生素 D_3。维生素 D 进入体内在肝脏中羟化成 25-羟维生素 D，运转至肾脏进一步羟化成具有活性的 1,25-二羟维生素 D 而发挥其生理作用。

维生素 D 的主要功能是调节钙、磷的代谢，促进钙、磷的吸收与沉积，有助于骨骼的生长。维生素 D 不足，机体钙、磷平衡受破坏，从而导致与钙、磷缺乏类似的骨骼病变。维生素 D 过量也会引起家兔的不良反应。据报道，每千克日粮含 2 300 IU 的维生素 D 时，血液中钙、磷水平均提高，且几周内发生软组织有钙的沉积。而当每千克日粮中含有 1 250 IU 时，家兔偶尔发生肾、血管石灰性病变，10 周后才发生钙的沉积。

维生素 E 又称抗不育维生素，维持家兔正常的繁殖所必需。维生素 E 与微量元素硒协同作用，保护细胞膜的完整性，维持肌肉、睾丸及胎儿组织的正常机能，具有对黄曲霉毒素、亚硝基化合物的抗毒作用。

家兔对缺维生素 E 非常敏感。当其不足时，导致肌肉营养性障碍即骨骼肌和心肌变性，运动失调，瘫痪，还会造成脂肪肝及肝坏死。繁殖机能受损，母兔不孕、死胎和流产，初生仔兔死亡率增高，公兔精液品质下降。据试验推荐，每千克体重供给 1.0 mg

α-生育酚可预防缺乏症。

维生素 K，与凝血有关。维生素 K 具有促进和调节肝脏合成凝血酶原的作用，保证血液正常凝固。

家兔肠道能合成维生素 K，且合成的数量能满足生长兔的需要，种兔在繁殖时需要增加；饲料中添加抗生素、磺胺类药，可抑制肠道微生物合成维生素 K，而使需要量大大增加；某些饲料如草木樨及某些杂草含有双香豆素，阻碍维生素 K 的吸收利用，也需要在兔的日粮中加大添加量。日粮中维生素 K 缺乏时，妊娠母兔的胎盘出血，流产。日粮中 2 mg/kg 的维生素 K 可防止上述缺乏症。

(2)水溶性维生素

水溶性维生素是一类能溶于水的维生素，包括 B 族维生素和维生素 C。B 族维生素包括维生素 B_1（硫胺素）、维生素 B_2（核黄素）、泛酸（维生素 B_3）、烟酸（维生素 PP、尼克酸）、吡哆素（维生素 B_6，包括吡哆醇、吡哆醛、吡哆胺）、生物素、叶酸、维生素 B_{12}（钴胺素）、胆碱等。这些维生素理化性质和生理功能不同，分布相似，常相伴存在。它们以酶的辅酶或辅基的形式参与体内蛋白质、脂肪和碳水化合物的代谢，对神经系统、消化系统、心脏血管的正常机能起重要作用。家兔盲肠微生物可合成大多数 B 族维生素，软粪中所含 B 族维生素比日粮中高许多倍。在兔体合成的 B 族维生素中，只有维生素 B_1、维生素 B_6、维生素 B_{12} 不能满足家兔的需要。

维生素 B_1 又称硫胺素，是碳水化合物代谢过程中重要酶如脱羧酶、转酮基酶的辅酶。缺乏时，碳水化合物代谢发生障碍，中间产物如丙酮酸不能被氧化，积累在血液及组织中，特别是在脑和心肌中，直接影响神经系统、心脏、胃肠和肌肉组织的功能，会出现神经炎、食欲减退、痉挛、运动失调、消化不良等。研究认为，肉兔日粮中最低需要量为 1 mg/kg。

维生素 B_6 又称吡哆素，包括吡哆醇、吡哆醛和吡哆胺 3 种。维生素 B_6 在体内以磷酸吡哆醛和磷酸吡哆胺的形式作为许多酶的辅酶，参与蛋白质和氨基酸的代谢。

维生素 B_6 缺乏时，家兔生长缓慢，发生皮炎，脱毛，神经系统受损，表现为运动失调，严重时痉挛。家兔的盲肠中能合成维生素 B_6，软粪中含量比硬粪中高 3～4 倍。维生素 B_6 在酵母、糠麸及植物性蛋白质饲料中含量较高，一般不会发生缺乏症。生产水平高时，其需要量也高，应在日粮中补充。每千克料中加入 40 μg 维生素 B_6 可预防缺乏症。

维生素 B_{12} 是一种含钴的维生素，故又被称为钴胺素，是家兔代谢所必需的维生素。它在体内参与许多物质的代谢，其中最主要的是与叶酸协同参与核酸和蛋白质的合成，促进红细胞的发育和成熟，同时还能提高植物性蛋白质的利用率。

维生素 B_{12} 缺乏时，家兔生长缓慢，贫血，被毛粗乱，后肢运动失调，对母兔受胎及产后泌乳也有影响。一般植物性饲料中不含维生素 B_{12}，家兔肠道微生物能合成，其合成量受饲料中钴含量的影响。据试验，成年兔日粮中如果有充足的钴，不需要补充维生素 B_{12}，但对生长的幼兔需要补充，推荐量为每千克饲料 10 μg。

7. 水与家兔营养

水是生命之源，是家兔赖以生存的重要因素。家兔体内所含的水约占其体重的 70%。水是一种重要的溶剂，营养物质的消化、吸收、运送，代谢产物的排出，均在水中进行；水是家兔体内化学反应的媒介，它不仅参加体内的水解反应，还参加氧化-还原反应、有机物的合成及细胞的呼吸过程；水的比热大，对调节体温起重要作用；水作为关节、肌肉和体腔的润滑剂，对组织器官具有保护作用。

由于水容易得到，缺水对家兔造成的损害往往被忽视。事实上，家兔缺水比缺料更难维持生命。饥饿时，家兔可消耗体内的糖原、脂肪和蛋白质来维持生命，甚至失去体重的 40%，仍可维持生命。但家兔体内损失 5%的水，就会出现严重的干渴现象，食欲丧失，消化作用减弱，抗病力下降。损失 10%的水时，引起严重的代谢紊乱，生理过程遭到破坏，如代谢产物排出困难，血液浓度和体温升高。由于缺水造成的代谢紊乱可使健康受损，生长力遭到严重破坏，仔兔生长发育迟缓，母兔泌乳量降低，兔毛生长速度下降。当家兔体内水损失 20%时，可引起死亡。

家兔所需的水来源于饮用水、各种饲料中所含的水及代谢中产生的水。饲喂的青绿饲料中，虽然含有 70%以上的水，但仍不能满足家兔机体对水的需要，每天仍需供给足量的饮水，尤其是饲喂颗粒饲料时，更需大量地饮水。

○ 家兔的营养需要

家兔的营养需要是指家兔在维持生命活动及生产（生长、繁殖、肥育、产乳、产皮毛）过程中，对能量、蛋白质、矿物质、维生素等营养物质的需要。一般用每天每只需要这些营养物质的绝对量，或每千克日粮（自然状态或风干物质或干物质）中这些营养物质的相对量来表示。

家兔对营养物质的需要受家兔品种、类型、性别、年龄、生理状态及生产性能等因素的影响。一般家兔的营养需要分为维持需要和生产需要（繁殖、泌乳、生长、肥育、产毛）。

1. 家兔的维持需要

维持需要是指家兔不从事任何生产，维持正常的生命活动，即维持体温、呼吸、血液循环、分泌机能正常实现；支持体态、体组织更新；被毛与表皮的生长以及必要的自由活动对营养物质的需要。维持需要是家兔不进行任何生产而对营养物质的最低需要。只有在满足家兔的最低需要后，多余的营养物质才用于生产。从生理上讲，维持需要是必要的，从生产上讲，这种需要是一种无偿损失，而且在生产中很难使家兔的维持营养处于绝对平衡状态，只是把空怀母兔以及非配种用的公兔看成处于维持状态。

家兔的维持需要受家兔的品种、年龄、体重、性别、饲养水平、活动量及环境条件等因素的影响。幼龄兔维持需要高于壮年兔和老龄兔;公兔高于母兔。活动量越大,维持需要越大;生产力越高,维持需要量越小。家兔处于不运动以及最高、最低临界温度的中界温度区(15～25℃)时维持需要最低。

(1)能量需要

家兔维持能量需要时,能量一部分用于基础代谢消耗,即维持各器官机能的实现和一定的自由活动。也就是说家兔的维持能量需要是以基础代谢的能量需要为基础的,然后加上自由活动的能量需要。试验证明,基础代谢与家兔代谢体重(体重 $W^{0.75}$)成正比,即 $aW^{0.75}$。公母兔的基础代谢能量需要分别为(0.237 0±0.018 5)MJ 和(0.018 7±0.005 9)MJ。由于家兔的活动量大,维持需要约为基础代谢的 2 倍,即 $2aW^{0.75}$。a 为每千克代谢体重($W^{0.75}$)的需要量,W 为家兔的体重。

据报道,3 kg 重的成年兔,喂给 8.79～9.20 MJ/kg 的消化能,能满足肉兔的维持需要。

(2)蛋白质的需要

为了维持正常的生命活动,体内蛋白质处于动态平衡,不断更新。因此,家兔即使不喂蛋白质时,从粪尿中仍排出稳定数量的氮。粪氮称为代谢氮,尿氮称为内源氮。维持蛋白质的需要应为代谢氮和内源氮的总和。试验证明,内源氮与能量需要呈一定的比例关系,即每焦耳净能需 2 mg 内源氮,而且代谢氮与内源氮也有一定的比例关系,即代谢氮为内源氮的 60%。经推算,每千克活重,维持时可消化粗蛋白质的需要量为 1.7～2.2 g。美国 NRC 推荐家兔日粮中蛋白质含量为 12%即可满足维持的需要。

赖氨酸、蛋氨酸和精氨酸是限制性氨基酸,对家兔的作用非常重要。动物性饲料中含蛋氨酸较多,豆饼中含赖氨酸较多。由于家兔不太喜好动物性饲料,家兔日粮中添加蛋氨酸则显得更加重要。据美国试验并推荐,肉兔日粮中赖氨酸 0.65%、蛋氨酸 0.6%、精氨酸 0.6%,可满足肉兔的正常生理需要。

家兔对能量、蛋白质、矿物质及维生素的需要量见家兔的饲养标准。

2. 家兔的生产需要

(1)家兔繁殖的营养需要

繁殖是家兔生产的重要环节之一，要繁殖大量的健壮幼兔，就要保证种兔的正常繁殖机能。家兔的繁殖包括 2 个方面：种公兔配种和种母兔的发情、排卵、受精及妊娠。

种公兔的营养需要：种公兔的配种能力表现在体格健壮，性欲旺盛，精液品质良好，这些均与营养有关。试验证明，种公兔长期处于低营养水平下，会使促性腺激素分泌量减少，或睾丸间质细胞对促性腺激素反应能力低而影响精子的形成。但营养水平过高，会使公兔体膘过肥，性欲下降甚至不育。

一般种公兔为保持较好的精液品质，能量需要应在维持需要的基础上增加 20%，蛋白质的需要与同体重的妊娠母兔相同。同时还要注意矿物质和维生素的需要，如钙、磷与精液的品质有关，钙、磷比例应为(1.5～2)：1。除此之外，还要注意锌和锰的补充。维生素 A、维生素 C、维生素 E 对公兔繁殖机能有密切关系。因此，在繁殖季节，要注意日粮中的能量、蛋白质水平，可加入动物性蛋白质饲料，保证青绿饲料的供应。具体的需要量见饲养标准。

种母兔的营养需要：种母兔的繁殖过程分为配种准备期和妊娠期。

配种准备期的繁殖母兔有 2 种：一是初产母兔(后备母兔)；二是经产母兔。前者本身处于发育阶段，其营养需要要保证其健康，按其发情、配种、营养水平视其体况而定，一般在维持需要水平。对体况差的可稍高于维持水平。营养不足，可使其初情期延迟。但过高更有害，可使乳房发育不正常以及不育和利用年限缩短。经产母兔的营养需要主要是用于母兔恢复体况，营养不足也会导致发情不正常，受胎率低。但日粮营养水平提高后，可使母兔恢复正常。营养过高不仅造成饲料浪费，而且引起肥胖，卵巢脂肪浸润。一般保持七八成膘为宜，营养水平按维持需要为宜。

妊娠期的母兔体内物质和能量代谢发生变化，引起母兔对营养物质的需要显著增加。试验证明，妊娠母兔在整个妊娠期代谢率平均增长 11%～14%，妊娠后 1/4 期可增加 30%～40%，且后期储存养分为泌乳做准备。胎儿的生长发育前期慢，后期快，初生重的 70%～90%是在妊娠后期生长的。因此，母兔在妊娠前期的能量和蛋白质的需要比维持需要提高 0.3 倍，后期提高 1 倍。有试验证明，妊娠母兔喂给 10.46～12.13 MJ/kg 消化能的配合饲料，生长性能表现良好。对矿物质钙、磷、锰、铁、铜、碘及维生素 A、维生素 D、维生素 E、维生素 K 的需要量均有增加。据美国推荐，妊娠母兔日粮中应保持的钙最低水平为 0.45%。具体的需要量见饲养标准。

(2)家兔泌乳的营养需要

乳的形成过程是家兔全身性反应。乳腺形成乳时所需的各种原料，均由血液供应，而血液中的原料最终来源于饲料中的营养物质。因此，泌乳母兔的营养需要决定于母兔体重、仔兔只数、泌乳量、乳的养分含量及乳的合成率。试验证明，母兔每千克活重平均产乳 35 g，在所有的哺乳动物中，母兔乳最浓，为牛奶的 2.5 倍，即干物质含量最高(26.4%)，蛋白质含量 10.4%，乳脂 12.2%，矿物质 2.0%，消化能 8.4～12.6 MJ/kg，乳糖含量较低(为 1.8%)。因此，母兔泌乳时对营养物质的需要较高，能量和蛋白质的需要是维持的 4 倍。哺乳母兔的日粮中，粗蛋白质水平应不低于 18%。兔乳中含有大量的矿物质和维生素，其含量受饲料的影响较大，因此，泌乳母兔对其需要量也增加。具体的需要量见饲养标准。

(3)家兔生长的营养需要

生长是从断奶到性成熟的生理阶段。此阶段家兔机体进行物质积累、细胞数量增加和组织器官体积增大，从而整体体积增大，重量增加。绝对生长呈现慢-快-慢的规律，相对生长则由幼龄的高速度逐渐下降。在增重内容方面，水分随年龄的增长而降低，脂肪随年龄的增长而增加，蛋白质和矿物质沉积起初最快，随年龄的增加而降低，最后趋于稳定。因此，应根据家兔的生长规律给予不同的营养。生长早期注意蛋白质、矿物质和维生素的供给，满足骨骼、肌肉的生长所需。生长中期注意蛋白质的供给，生长后期多喂些碳水化合物丰富的饲料，以供沉积脂肪所需。

幼兔在生长阶段能量代谢非常旺盛，对能量的需要要根据增重及增重内容而定。沉积的脂肪越多，能量需要越多。试验证明，生长兔每增重 1 g 脂肪需要 0.081 2 MJ 的消化能，每增重 1 g 蛋白质需要 0.047 7 MJ 的消化能，扣除维持需要，用于生长的消化能的利用率为 52.2%。据勒伯斯试验证明，每千克配合饲料中含有 10.46 MJ 的消化能则可满足肉兔快速生长的需要。

生长兔蛋白质的需要随体重的增加而增加，供应量为维持需要的 2 倍。美国 NRC 研究推荐，生长兔日粮中 16% 的蛋白质可满足正常的需要。但同时要求赖氨酸和其他的几种必需氨基酸的含量满足需要。

矿物质占生长兔体重的 3%～4%。生长兔正处于骨骼生长期，对矿物质需要较多，特别是钙、磷。维生素 D 参与钙、磷的代谢，也不能缺少。生长兔对维生素 A 缺乏特别敏感。具体需要量见饲养标准。

(4)家兔肥育的营养需要

肥育是指在家兔屠宰前进行催肥饲养并提高屠宰率和肉品品质。肥育时家兔对能量、蛋白质等营养物质的需要因年龄、体重、增重速度和肥育阶段而不同。幼龄和肥育前期，家兔仍在长骨骼和肌肉，所以，每单位增重需能量较少，而蛋白质、矿物质和维生素较多。随年龄的增长和肥育期的进展，每单位增重需能量较多，而对蛋白质和矿物质等需要相对减少。肥育家兔的日粮中需有一定量的脂肪,用于改善适口性,促进营养物质的消化吸收。国外多数商用颗粒饲料的脂肪含量均为2%～4%。我国养兔科研单位近年来向兔场推荐,应在肉兔日粮中添加2%～5%的植物油。在肉兔日粮中添加动物性油脂,可能会产生不良的影响。近年来许多研究表明,在肉兔日粮中添加5%的牛油,不仅肉兔体重减轻,而且导致肉兔精神不振,屠体脂肪含量增加,蛋白质含量降低。

(5)家兔产毛的营养需要

产毛的能量需要包括合成兔毛时消耗的能量和兔毛本身所含能量2部分。毛的总能含量为22～24 MJ/g,能量沉积于毛的效率为代谢能的30%。每克兔毛中含有0.86 g的蛋白质,可消化粗蛋白质用于产毛的效率(兔毛中蛋白质÷用于产毛的可消化粗蛋白质)约为43%。每克粗毛需消化能70～75 kJ,可消化粗蛋白2.3 g。应注意含硫氨基酸的供给,日粮含硫氨基酸水平以0.84%为宜。另外,还要注意与毛纤维生长有关的矿物质如铜、硫的供应。

○ 家兔的饲养标准

饲养标准是根据养兔生产实践中积累的经验,结合物质和能量代谢试验的结果,科学地规定出不同种类、品种、年龄、性别、体重、生理阶段、生产水平的家兔每天每只所需的能量和各种营养物质的数量,或每千克日粮中各营养物质的含量。饲养标准具有一定的科学性,是家兔生产中配制饲料配方、组织生产的科学依据。但是,家兔的饲养标准中所规定的需要量是许多试验的平均结果,不完全符合每一个个体的需要,并且它也不是一成不变的,随着科学的进步,品种的改良和生产水平的变化需要不断修订、充实和完善。因此,在使用时应因地制宜,灵活应用。

目前,我国尚未制定家兔的饲养标准,现将国内部分单位及国外一些推荐家兔的饲养标准列于表5-1至表5-7,以供参考。

表 5-1 我国建议家兔营养供给量

营养指标	生长兔		妊娠兔	哺乳兔	成年产毛兔	生长肥育兔
	3～12 周龄	12 周龄后				
消化能/(MJ/kg)	12.12	11.29～10.45	10.45	10.87～11.29	10.03～10.87	12.12
粗蛋白/%	18	16	15	18	14～16	16～18
粗纤维/%	8～10	10～14	10～14	10～12	10～14	8～10
粗脂肪/%	2～3	2～3	2～3	2～3	2～3	3～5
钙/%	0.9～1.1	0.5～0.7	0.5～0.7	0.8～1.1	0.5～0.7	1.0
磷/%	0.5～0.7	0.3～0.5	0.3～0.5	0.5～0.8	0.3～0.5	0.5
赖氨酸/%	0.9～1.0	0.7～0.9	0.7～0.9	0.8～1.0	0.5～0.7	1.0
(胱氨酸+蛋氨酸)/%	0.7	0.6～0.7	0.6～0.7	0.6～0.7	0.6～0.7	0.4～0.6
精氨酸/%	0.8～0.9	0.6～0.8	0.6～0.8	0.6～0.8	0.6	0.6
食盐/%	0.5	0.5	0.5	0.5～0.7	0.5	0.5
铜/(mg/kg)	15	15	10	10	10	20
铁/(mg/kg)	100	50	50	100	50	100
锰/(mg/kg)	15	10	10	10	10	15
锌/(mg/kg)	70	40	40	40	40	40
镁/(mg/kg)	300～400	300～400	300～400	300～400	300～400	300～400
碘/(mg/kg)	0.2	0.2	0.2	0.2	0.2	0.2
维生素 A/IU	6 000～10 000	6 000～10 000	6 000～10 000	8 000～10 000	6 000	8 000
维生素 D/IU	1 000	1 000	1 000	1 000	1 000	1 000

表 5-2　安哥拉毛兔营养需要量——日粮营养含量

	幼兔	青年兔	妊娠母兔	哺乳母兔	产毛兔	种公兔
消化能/(MJ/kg)	10.46	10.04～10.46	10.04～10.46	10.88	10.04～11.72	10.04
粗蛋白/%	16～17	15～16	16	18	15～16	17
可消化蛋白/%	12～13	10～11	11.5	13.5	11	13
粗纤维/%	14	16	14～15	12～13	12～17	16～17
粗脂肪/%	3	3	3	3	3	3
(蛋氨酸+胱氨酸)/%	0.7	0.7	0.8	0.8	0.7	0.7
赖氨酸/%	0.8	0.8	0.8	0.9	0.7	0.8
精氨酸/%	0.8	0.8	0.8	0.9	0.7	0.9
钙/%	1	1	1	1.2	1	1
磷/%	0.5	0.5	0.5	0.8	0.5	0.5
食盐/%	0.3	0.3	0.3	0.3	0.3	0.3
铜/(mg/kg)	2～200	10	10	10	20	10
锌/(mg/kg)	50	50	70	70	70	70
锰/(mg/kg)	30	30	50	50	30	50
钴/(mg/kg)	0.1	0.1	0.1	0.1	0.1	0.1
维生素 A/IU	8 000	8 000	8 000	10 000	6 000	12 000
胡萝卜素/(mg/kg)	0.83	0.83	0.83	1	0.62	1.2
维生素 D/IU	900	900	900	1 000	900	1 000
维生素 E/(mg/kg)	50	50	60	60	50	60

表 5-3　安哥拉毛兔营养需要量——兔每天营养需要量

体重/kg	日增重/g	颗粒饲料采食量/g	消化能/MJ	粗蛋白/g	可消化蛋白/g
断奶至 3 月龄幼兔					
0.5	20	60～85	0.49	10.1	7.8
	25		0.58	11.7	9.1
	30		0.67	13.3	10.4
1	20	70～105	0.74	12.4	9.3
	25		0.83	14	10.5
	30		0.92	15.6	11.8
1.5	20	95～115	0.99	14.7	10.7
	25		1.08	16.3	12.0
	30		1.17	17.9	13.3
2	20	110～135	1.24	17.1	12.1
	25		1.33	18.6	13.4
	30		1.41	20.2	14.7
生产兔，4～6 月龄					
2.5	10	150～160	1.55	23	16
	15		16.2	24	17
3	10	155～165	1.39	25	17
	15		1.66	26	18
3.5	10	160～170	1.63	27	18
	15		1.7	28	19

表 5-4　美国《动物营养学》推荐的家兔饲养标准

营养物质	成兔、空怀母兔、妊娠初期	妊娠后期母兔、泌乳带仔母兔	生长兔、育肥兔
粗蛋白质/%	12～16	17～18	17～18
消化能/(MJ/kg)	11.42	12.30～14.06	12.30～14.06
粗脂肪/%	2～4	2～6	2～6
粗纤维/%	12～14	10～12	10～12
钙/%	1.0	1.0～1.2	1.0～1.2
磷/%	0.4	0.4～0.8	0.4～0.8

续表 5-4

营养物质	成兔、空怀母兔、妊娠初期	妊娠后期母兔、泌乳带仔母兔	生长兔、育肥兔
食盐/%	0.5	0.65	0.65
镁/%	0.25	0.25	0.25
钾/%	1.0	1.50	1.50
锰/(mg/kg)	30	50	50
锌/(mg/kg)	20	30	30
铁/(mg/kg)	100	100	100
铜/(mg/kg)	10	10	10
(蛋氨酸＋胱氨酸)/%	0.50	0.56	0.56
赖氨酸/%	0.60	0.80	0.80
精氨酸/%	0.60	0.80	0.80
维生素 A/IU	8 000	9 000	9 000
维生素 D/IU	1 000	1 000	1 000
维生素 E/IU	20	40	40
维生素 K/(kg/mg)	1.0	1.0	1.0
烟酸/(mg/kg)	30	50	50
胆碱/(mg/kg)	1 300	1 300	1 300
维生素 B_{12}/(mg/kg)	0.01	0.01	0.01
维生素 B_6/(mg/kg)	1.0	1.0	1.0

表 5-5　美国 NRC 推荐标准中兔的营养需要

(NRC,1977 年修订,每千克饲料中含)

营养成分	生长	维持	妊娠	泌乳
消化能/MJ	10.47	8.79	10.47	10.47
粗纤维/%	10～12	14	10～12	10～12
粗脂肪/%	2	2	2	2
粗蛋白质/%	16	12	15	17
钙/%	0.4		0.45	0.75
磷/%	0.22		0.37	0.5

续表 5-5

营养成分	生长	维持	妊娠	泌乳
镁/%	300～400	300～400	300～400	300～400
钾/%	0.6	0.6	0.6	0.6
钠/%	0.2	0.2	0.2	0.2
氯/%	0.3	0.3	0.3	0.3
铜/mg	3	3	3	3
碘/mg	0.2	0.2	0.2	0.2
锰/mg	8.5	2.5	2.5	2.5
维生素 A/IU	580		>1 160	
维生素 E/mg	40		40	40
维生素 K/mg			0.2	
烟酸/mg	180			
维生素 B_6/mg	39			
胆碱/g	1.2			
赖氨酸/%	0.65			
(蛋氨酸+胱氨酸)/%	0.6			
精氨酸/%	0.6			
组氨酸/%	0.3			
亮氨酸/%	1.1			
异亮氨酸/%	0.6			
(苯丙氨酸+酪氨酸)/%	1.1			
苏氨酸/%	0.6			

表 5-6　德国 W. Schlolant 推荐的家兔混合料营养标准

(每千克风干料含量)

营养成分	育肥兔	繁殖兔	产毛兔
消化能/MJ	12.14	10.89	9.63～10.89
粗蛋白/%	16～18	15～17	15～17
粗脂肪/%	3～5	2～4	2
粗纤维/%	9～12	10～14	14～16

续表 5-6

营养成分	育肥兔	繁殖兔	产毛兔
赖氨酸/%	1.0	1.0	0.5
(蛋氨酸+胱氨酸)/%	0.4～0.6	0.7	0.7
精氨酸/%	0.6	0.6	0.6
钙/%	1.0	1.0	1.0
磷/%	0.5	0.5	0.3～0.5
镁/mg	300	300	300
氯化钠/%	0.5～0.7	0.5～0.7	0.5
钾/%	1.0	0.7	0.7
铜/mg	20～200	10	10
铁/mg	100	50	50
锰/mg	30	30	10
锌/mg	50	50	50
维生素 A/IU	8 000	8 000	6 000
维生素 D/IU	1 000	800	500
维生素 E/mg	40	40	20
维生素 K/mg	1	2	1
胆碱/mg	1 500	1 500	1 500
烟酸/mg	50	50	50
吡哆醇/mg	400	300	300
生物素/mg	—	—	25

表 5-7　法国 F. Lebas 推荐的各类兔饲养标准

营养成分	4～12 周龄生长兔	泌乳兔	妊娠兔	成年兔(包括公兔)	肥育兔
饲料消化能/(MJ/kg)	10.47	11.30	10.47	10.47	10.47
粗纤维/%	14	12	14	15～16	14
粗脂肪/%	3	5	3	3	3
粗蛋白/%	18	18	15	13	17
(蛋氨酸+胱氨酸)/%	0.5	0.6	—	—	0.55
赖氨酸/%	0.6	0.75	—	—	0.7
精氨酸/%	0.9	0.8	—	—	0.9
苏氨酸/%	0.55	0.7	—	—	0.6

续表 5-7

营养成分	4～12周龄生长兔	泌乳兔	妊娠兔	成年兔(包括公兔)	肥育兔
色氨酸/%	0.18	0.22	—	—	0.2
组氨酸/%	0.35	0.43	—	—	0.4
异亮氨酸/%	0.6	0.7	—	—	0.65
(苯丙氨酸+酪氨酸)/%	1.2	1.4	—	—	1.25
缬氨酸/%	0.7	0.85	—	—	0.8
亮氨酸/%	1.5	1.25	—	—	1.2
钙/%	0.5	1.1	0.8	0.6	1.1
磷/%	0.3	0.8	0.5	0.4	0.8
钾/%	0.8	0.9	0.9	—	0.9
钠/%	0.4	0.4	0.4	—	0.4
氯/%	0.4	0.4	0.4	—	0.4
镁/%	0.03	0.04	0.04	—	0.04
硫/%	0.04	—	—	—	0.04
钴/(mg/kg)	1	1	—	—	1
铜/(mg/kg)	5	5	—	—	5
锌/(mg/kg)	50	70	70	—	70
铁/(mg/kg)	50	50	50	50	50
锰/(mg/kg)	8.5	2.5	2.5	2.5	8.5
碘/(mg/kg)	0.2	0.2	0.2	0.2	0.2
维生素 A/IU	6 000	12 000	12 000	—	10 000
胡萝卜素/(mg/kg)	0.83	0.83	0.83	—	0.83
维生素 D/IU	90	90	90	—	90
维生素 E/(mg/kg)	50	50	50	50	50
维生素 K/(mg/kg)	0	2	2	0	2
维生素 C/(mg/kg)					
维生素 B_1/(mg/kg)	2				2
维生素 B_2/(mg/kg)	6				4
维生素 B_6/(mg/kg)	40				2
维生素 B_{12}/(mg/kg)	0.01				
叶酸/(mg/kg)	1				
泛酸/(mg/kg)	20				

❷家兔的饲料

○ 家兔常用饲料及特性

我国传统的分类法根据来源和性质将饲料分类如下：

- 饲料
  - 植物性饲料
    - 精饲料
      - 谷实类饲料
      - 工业加工副产品
        - 饼(粕)类
        - 糠麸类
        - 糟渣类
    - 粗饲料
    - 青绿饲料
    - 多汁饲料
  - 动物性饲料
  - 矿物质饲料
  - 其他类饲料

根据国际饲料分类的原则，以饲料干物质中的化学成分含量及饲料性质为基础，将饲料分成以下 8 个大类：

①青绿饲料。

②粗饲料。

③青贮饲料。

④能量饲料。

⑤蛋白质饲料。

⑥矿物质饲料。

⑦维生素饲料。

⑧添加剂饲料。

1. 青绿饲料

青绿饲料是家兔的基础饲料，其营养特性是水分含量高，为 70%～90%，单位重量所含的养分少；粗蛋白质较丰富，按干物质计，禾本科为 13%～15%，豆科为 18%～20%；含有丰富的维生素，特别是维生素 A 源（胡萝卜素），可达 50～80 mg/kg；矿物质中钙、磷含量丰富，比例适当，还富含铁、锰、锌、铜、硒等必需的微量元素。青绿饲料柔软多汁，鲜嫩可口，还具有轻泻、保健作用。

我国青绿饲料种类繁多，资源丰富，主要包括天然牧草、栽培牧草、青饲作物、田边野草、野菜及水生饲料等。

(1)天然牧草

天然牧草主要有禾本科、豆科、菊科和莎草科 4 大类。按干物质计，它们的无氮浸出物含量为 40%～50%，粗蛋白质含量为：豆科 15%～20%，莎草科 13%～20%，菊科和禾本科为 10%～15%。粗纤维含量以禾本科较高，约为 30%，其他为 20%～25%。菊科牧草有异味，家兔不喜欢采食。

(2)栽培牧草

栽培牧草是指人工栽培的青绿饲料，主要包括豆科和禾本科 2 大类。这类饲料的共同特点是产量高，通过间套混种，合理搭配，可保证兔场常年供青，对满足家兔的青饲料四季供应有重要意义。

苜蓿：苜蓿又分为紫花苜蓿和黄花苜蓿。其中前者分布最广，是多年生豆科牧草，有“牧草之王”的美称。其产量高，品质好，适应性强，一年栽种可多年利用，寿命可达 20～30 年，第 2～4 年生长旺盛。含有必需氨基酸齐全的优质蛋白质，丰富的维生素和钙等，无论青饲还是制成干草均是家兔的好饲料。

三叶草：三叶草主要包括红三叶和白三叶。红三叶与苜蓿养分含量相似，粗蛋白质含量略低，有效能含量略高，宜在现蕾开花期刈割利用。白三叶再生性好，寿命在 10 年以上，其粗纤维含量低，茎细叶多，适口性好，饲用价值与苜蓿相当或略高，家兔特别喜食，食入率几乎 100%。刈割期为初花，每年刈割 3～5 次，可直接青饲，也可晒制成干草或加工成草粉制作颗粒饲料。

草木樨：草木樨主要包括二年生的白花草木樨和黄花草木樨，

是家兔的优良豆科牧草，具有较高的营养价值。其含有香豆素，有不良的气味，适口性差，保存不当霉变时，香豆素受霉菌作用转变成双香豆素，在家兔体内与维生素K发生拮抗作用。

紫云英：紫云英又称红花草，为二年生豆科牧草。其叶片幼嫩，营养价值高，是家兔最爱吃的青饲料之一。

黑麦草：黑麦草是一年生和多年生的禾本科牧草。其生长快，分蘖多，一年可多次刈割，产草量高，茎叶柔软多汁，适口性好，家兔爱采食。其营养价值属禾本科之首，以开花前的营养价值最高。

苏丹草：苏丹草是一种很有价值的高产优质的禾本科牧草。苏丹草宜在夏季抽穗到盛花期刈割利用。幼嫩苏丹草茎叶中含有氢氰苷，在家兔胃内分解为氢氰酸，导致家兔中毒；喂前应稍加晾晒至凋萎或青贮，可防止中毒。

青饲作物：利用农田栽种农作物，在其结籽前或结籽期刈割作为青饲料饲用，是解决青饲料供应的一条重要途径。常见的有青刈玉米、青刈大麦、青刈燕麦、青刈大豆苗等。青刈作物柔嫩多汁，适口性好，营养价值高，尤其是无氮浸出物含量丰富，一般用于直接饲喂或青贮。

(3)树叶类饲料

多数树叶均可作为家兔的饲料，如槐树叶、杨树叶、榆树叶、桑树叶、松针等，是很好的蛋白质和维生素来源。树叶的营养价值随产地、季节、部位、品种而不同。青干叶营养价值较高，青落叶、枯黄干叶营养价值较低。槐、榆、杨等树的叶子，按干物质计，粗蛋白质在20%以上。

松针粉含粗纤维较一般阔叶高，且有特殊的气味，不宜多喂。有的树叶含有单宁，有涩味，适口性不佳，必须加工调制后再喂，如核桃树叶、橡树叶、毛白杨叶等。秋后树叶中单宁含量增加，应提前采摘或少量配合饲喂。枯干后的树叶木质素显著增加，甚至不能利用。有的树叶有剧毒，如夹竹桃，要严禁饲喂。

(4)叶菜类饲料

野草、野菜类饲料种类繁多,是目前我国广大农村喂兔的主要饲料。家兔最喜欢吃的野草、野菜有蒲公英、车前草、苦荬菜、荠菜、艾蒿、蕨菜等。在采集时,要注意毒草,如菖蒲、苍耳、曼陀罗等,以防家兔误食中毒。

人工栽培的叶菜饲料如苦荬菜、聚合草、甘蓝和牛皮菜,株大叶密,适口性好,粗蛋白质高,粗纤维含量少,饲用价值较高。但要注意,聚合草株叶具较硬的粗毛,喂前先打浆。牛皮菜赖氨酸、蛋氨酸含量较低。

另外,人类食用剩余的蔬菜、次菜、菜帮以及其他菜叶如菜用瓜果、豆类叶子、作物的藤蔓和幼苗等也是一类值得注意开发的副产青饲料。菜叶按干物质计,其能值含量高,易消化。藤蔓一般粗纤维含量较高。

(5)水生饲料

水生饲料在我国南方种植较多,主要有水浮莲、水葫芦、水花生、绿萍等。这些都是家兔喜吃的青绿饲料。水生饲料生长快,产量高,具有不占耕地和利用时间长等特点。其茎叶柔软,适口性好,含水率高达90%～95%,干物质较少。在饲喂时,要洗净并晾干表面的水分后再喂。将水生饲料打浆后拌料喂给家兔效果也很好。

2.粗饲料

水分含量在45%以下及干物质中粗纤维含量在18%以上的饲料均属粗饲料,包括青干草、秸秆及秕壳等。这类饲料的共同特点是粗纤维含量高,难以消化,体积大而养分含量低,粗蛋白质及维生素含量低。但对于家兔来说,因其具有发达的盲肠和结肠,对粗饲料还能适应一些,粗饲料可占家兔日粮的80%。

青干草是青绿饲料经过日晒或人工干燥除去大量水分而制成的,是家兔的最基本、最主要的饲料。其养分较平衡,蛋白质品质及胡萝卜素丰富。青干草作为一种储备形式，可调节青饲料供应的季节性。在家兔的配合饲料中，干草粉是一种必需的原料，可促进家兔采食和维生素 D 的供应。

成熟的农作物收获籽实后的茎秆、叶片等统称为秸秆。外皮、荚壳及瘪谷粒等称为秕壳，两者称为藁秕饲料。这类饲料粗纤维含量高，可达 30%～45%，其中木质素比例大，一般为 6%～12%。因此，藁秕饲料适口性差，利用率低，有效能值小，蛋白质含量低且品质差，含有大量的硅酸盐，钙、磷含量及利用率低。一般秕壳的营养价值较秸秆高。藁秕饲料来源广，常用的主要有：玉米秸、麦秸、稻草、谷草、豆秸、稻壳等。

3. 能量饲料

能量饲料是指干物质中粗纤维含量在 18%以下、粗蛋白质含量在 20%以下及每千克消化能在 10.46 MJ 以上的饲料。能量饲料是家兔能量的主要来源，在家兔的饲养中占有极其重要的地位。能量饲料主要包括谷实类及其加工副产品（糠麸类）、块根、块茎类及瓜果类。

谷实类饲料：谷实类饲料大多是禾本科植物成熟的种子。其主要特点是：无氮浸出物含量高，一般占干物质的 66%～80%，其中主要是淀粉；粗纤维含量低，一般在 10%以下，因而适口性好，可利用能量高；粗脂肪含量在 3.5%左右，且主要是不饱和脂肪酸，可保证家兔必需脂肪酸的供应；粗蛋白质含量低，一般在 10%以下，而且缺乏赖氨酸、蛋氨酸、色氨酸；钙及维生素 A、维生素 D 含量不能满足家兔的需要，磷的含量高但多为植酸磷，利用率低，钙、磷比例不当。

谷实类饲料主要包括玉米、小麦、大麦、高粱、燕麦、稻谷等。家兔的适口性顺序为燕麦、大麦、小麦、玉米。高粱含有单宁，适口性差，饲喂时应限量。日粮中深色高粱不超过 10%，浅色高粱不超过 20%。玉米含能最高，但蛋白质含量低，品质差，特别是缺乏赖氨酸、蛋氨酸等。粉碎的玉米水分高于14%时易发霉，产生黄曲霉毒素，家兔很敏感。另外，玉米含有较多的不饱和脂肪酸，易酸败变质，不宜久储，饲喂时应注意。

糠麸类饲料：糖麸类饲料为谷实类饲料的加工副产品，其共同的特点是有效能值低，粗蛋白质含量高于谷实类饲料；含钙少而磷多，磷多为植酸磷，利用率低；含有丰富的B族维生素，尤其是硫胺素、烟酸、胆碱等含量较多，维生素E含量较少；物理结构松散，含有适量的纤维素，有轻泻作用，是家兔的常用饲料；吸水性强，易发霉变质，不易储存。

糠麸类饲料主要包括小麦麸（麸皮）和大米糠（稻糠）。

麸皮粗纤维含量较高，属于低能饲料。麸皮具有轻泻作用，质地膨松，适口性较好。母兔产后喂以适量的麦麸粥，可以调养消化道的机能。由于麸皮吸水性强，大量饲喂易引起便秘，饲喂时应注意。

稻谷在碾米过程中，除得到大米外，还得到其副产品——砻糠、米糠及统糠。砻糠即稻壳，坚硬难消化，不能作饲料用。米糠为去壳稻粒（糙米）制成精米时分离出的副产品，由果皮、种皮、糊粉层及胚组成。米糠的有效能值变化较大，随含壳量的增加而降低。粗脂肪含量高，易在微生物及酶的作用下发生酸败、发霉。酸败米糠可造成家兔下泻，因此，最好用新鲜的米糠喂兔。为使米糠便于保存，可经脱脂生产米糠饼。经榨油后的米糠饼脂肪和维生素减少，其他营养成分基本被保留下来。稻壳和米糠的混合物称为统糠，其营养价值介于砻糠和米糠之间，因含壳比例不同有较大的差异。

块根、块茎及瓜果类饲料：块根、块茎类饲料种类很多，主要包括甘薯、马铃薯、木薯等。从饲用角度来看，具有共同的特点，一般水分含量较高，为75%～90%，单位重量的鲜饲料中营养成分低。按干物质计，淀粉含量高，为60%～80%，有效能与谷实类相似，粗纤维和粗蛋白质含量低，分别为5%～10%和3%～10%，且有一定量的非蛋白态的含氮物质，矿物质及维生素的含量偏低。这类饲料适口性和消化性均好，是家兔日粮重要的能量来源，鲜喂时是家兔冬季不可缺少的多汁饲料和胡萝卜素的重要来源，对保证家兔健康、促进产奶量有重要的作用。鲜喂时由于水分高，容积大，能值低，单独饲喂营养物质不能满足家兔的需要，必须与其他饲料搭配使用。

甘薯又称红薯、白薯、地瓜、山芋等，是我国主要薯类之一，多汁味甜，适口性好，生熟均可饲喂。如果保存不当，易发芽、腐烂或出现黑斑，含毒性酮，对家兔造成危害。储存在 13℃条件下较安全。制成薯干也是保存甘薯的好办法，但胡萝卜素损失达 80%左右。

马铃薯又称土豆，盛产于我国北方，产量较高，与蛋白质饲料、谷实饲料混喂效果较好。马铃薯储存不当发芽时，在其青绿皮上、芽眼及芽中含有龙葵素，家兔采食过多会引起胃肠炎，甚至中毒死亡。因此，马铃薯要注意保存，若已发芽，饲喂时一定要清除皮和芽，并进行蒸煮，蒸煮用的水不能用于喂兔。

木薯为热带多年生灌木，在我国南方种植较多，分为苦味种和甜味种 2 大类。2 类均含氢氰酸，苦味种含量较多，尤其是皮中含量最高。氢氰酸对家兔有毒害作用，如食入量过多，可引起腹泻，可抑制呼吸作用，脑细胞缺氧引起中枢神经系统受损而导致死亡。去毒方法，可将薯皮削去，也可将木薯切片后在流水中浸泡或晒干后粉碎。

胡萝卜也为能量饲料，但其水分含量高，容积大，含丰富的胡萝卜素，一般多作为冬季调剂饲料，而不作为能量饲料使用。对产奶母兔、妊娠母兔及幼兔生长有良好的作用。

4. 蛋白质饲料

蛋白质饲料是指干物质中粗纤维含量在 18%以下、粗蛋白质含量为 20%及 20%以上的饲料，主要包括植物性蛋白质饲料、动物性蛋白质饲料、单细胞蛋白质饲料及其他。这类饲料粗蛋白质含量高，粗纤维含量低，可消化养分含量高，容重大，是配合饲料的精饲料部分。

(1)植物性蛋白质饲料

植物性蛋白质饲料主要包括豆科籽实、饼(粕)类及其他加工副产品。

豆科籽实主要有2大类：一类是高脂肪、高蛋白的油料籽实，如大豆、花生等；另一类是高碳水化合物、高蛋白的豆类，如豌豆、蚕豆等。豆类籽实蛋白质含量高，为20%～40%，较禾本科籽实高2～3倍。品质好，赖氨酸含量较禾本科籽实高4～6倍，蛋氨酸高1倍。一般大豆多用做饲料。大豆中含有多抗营养因子，如胰蛋白酶抑制因子、尿素酶、皂素等。这些物质影响家兔对饲料中蛋白质的利用及正常的生理机能，应用时应进行适当的热处理(110℃，3 min)，使抗营养因子失去活性。近几年，广泛进行了膨化大豆饲喂畜禽的研究。大豆在一定的压力、温度下进行干或湿膨化，使大豆淀粉糊化度增加，油脂细胞破裂，抗营养因子受到破坏。仔猪、生长猪利用膨化大豆可提高日增重和饲料转化率，在家兔方面的研究未见报道。

饼(粕)类饲料是豆科及油料作物籽实榨油后的副产品。压榨法制油的副产品称为饼，溶剂浸提法制油后的副产品称为粕。常用的饼(粕)为：大豆饼(粕)、花生饼(粕)、棉籽(仁)饼(粕)、菜籽饼(粕)、芝麻饼、胡麻饼、向日葵饼等。

大豆饼(粕)：大豆饼(粕)是目前使用量最多、使用最广泛的植物性蛋白质饲料。其粗蛋白质含量为42%～47%，且品质较好，尤其是赖氨酸含量，是饼(粕)类饲料最高者，可达2.5%～2.8%，是棉仁饼、菜籽饼及花生饼的1倍。赖氨酸与精氨酸比例适当，约为1∶1。异亮氨酸、色氨酸、苏氨酸的含量均较高。这些均可弥补玉米的不足，因而与玉米搭配组成日粮效果较好，但蛋氨酸不足。

矿物质中钙少磷多，总磷的 1/2 为难以利用的植酸磷。富含铁、锌。维生素 A、维生素 D 含量低。在制油过程中，如果加热适当，大豆中的抗营养因子受到破坏。但如果加热不足，得到的为生豆饼，蛋白质的利用率低，不能直接喂家兔。加热过度，会导致营养物质特别是赖氨酸等必需氨基酸变性而影响利用价值。因此，在使用大豆饼(粕)时，要注意检测其生熟程度。大豆饼有轻泻作用，不宜饲喂过多，饲粮中可占 15%～20%。

棉籽饼(粕)：棉籽饼(粕)是棉籽榨油后的副产品。由于棉籽脱壳程度及制油方法不同，营养价值差异很大。完全脱壳的棉仁制成的棉仁饼(粕)粗蛋白质可达 40%～44%，与大豆饼(粕)相似；而由不脱壳的棉籽直接榨油生产出的棉籽饼粕粗纤维含量达 16%～20%，粗蛋白质仅为 20%～30%。带有一部分(原含量的 1/3)棉籽壳的为棉仁(籽)饼(粕)，其蛋白质含量为 34%～36%。棉籽饼(粕)蛋白质的品质不太理想，精氨酸高达 3.6%～3.8%，而赖氨酸仅为 1.3%～1.5%，只有大豆饼(粕)的 1/2，且赖氨酸的利用率较差。蛋氨酸也不足，约为 0.4%，仅为菜籽饼的 55%。矿物质中硒含量低，仅为菜籽饼的 7%以下。因此，在日粮中使用棉籽饼(粕)时，要注意添加赖氨酸及蛋氨酸，最好与精氨酸含量最低、蛋氨酸及硒含量较高的菜籽饼(粕)配合使用，既可缓解赖氨酸、精氨酸的拮抗，又可减少赖氨酸、蛋氨酸及硒的添加量。

棉籽中含有对家兔有害的棉酚及环丙烯脂肪酸，尤其是棉酚的危害很大。棉酚主要存在于棉仁色素腺体内，是一种不溶于水而溶于有机溶剂的黄褐色聚酚色素。在制油过程中，大部分棉酚与蛋白质、氨基酸结合为结合棉酚，在消化道内不被吸收，对家兔无害；另一部分则以游离的形式存在于饼(粕)及油制品中，家兔如果摄取过量或食用时间过长，导致中毒，表现为家兔生长缓慢，繁殖性能及生产性能下降，甚至导致死亡。家兔对棉酚高度敏感，而且毒效可以积累，因此，只能用处理过的棉籽饼(粕)饲喂家兔，而且喂量不超过饲粮的5%～7%。棉籽饼(粕)的脱毒方法有很多种，如加热或蒸煮、加入硫酸亚铁粉末。铁元素与棉酚质量比为1∶1，再用5倍于棉酚的0.5%石灰水浸泡2～4 h，可使棉酚脱毒率达60%～80%。

花生饼(粕)：花生饼(粕)的营养价值较高，其代谢能和粗蛋白质是饼(粕)中最高的，粗蛋白质可达44%～48%。但氨基酸组成不好，赖氨酸含量只有大豆饼(粕)的1/2；蛋氨酸含量也较低；而精氨酸含量高达5.2%，是所有动、植物饲料中最高的。维生素及矿物质含量与其他饼粕类饲料相近似。花生饼(粕)的营养成分随含壳量的多少而有差异，脱壳后制油的花生饼(粕)营养价值较高，国外规定粗纤维含量应低于7%，我国统计的资料为5.3%。带壳的花生饼(粕)粗纤维含量为20%～25%，粗蛋白质及有效能相对较低。

花生果中也含有胰蛋白酶抑制因子，加工过程中120℃可使其破坏，提高蛋白质和氨基酸的利用率。但温度超过200℃，则可使氨基酸受到破坏。另外，花生饼(粕)易感染黄曲霉菌而产生黄曲霉毒素，其中以黄曲霉毒素B_1毒性最强。家兔中毒后精神不振，粪便带血，运动失调，与球虫病症状相似，肝、肾肥大。该毒素在兔肉中残留，使人患肝癌。蒸煮或干热不能破坏黄曲霉毒素。据报道，超量的维生素E对防止该毒素中毒有效。

菜籽饼(粕)：菜籽饼(粕)是油菜籽经取油后的副产品。其有效能较低，适口性较差。粗蛋白质含量在34%～38%，氨基酸组成的特点是蛋氨酸、赖氨酸含量较高，精氨酸低，是饼(粕)类饲料最低者。矿物质中钙和磷的含量均高，磷的利用率较高，特别是硒含量为1.0 mg/kg，是常用植物性饲料中最高者。锰也较丰富。

菜籽饼(粕)中含有硫葡萄糖苷、芥酸、单宁、皂角苷等不良成分，其中主要是硫葡萄糖苷，其本身无毒，但在一定温度和水分条件下，经过菜籽本身所含的芥子酶的酶解作用，产生异硫氰酸酯、噁唑烷硫铜和氰类等有害物质。这些物质可引起甲状腺肿大，从而造成家兔生长速度下降，繁殖力减退。单宁则妨碍蛋白质的消化，降低适口性。芥酸阻碍脂肪代谢，造成心脏脂肪蓄积及生长受到抑制。菜籽饼(粕)的脱毒方法有坑埋法、水浸法、加热钝化酶法、氨碱处理法、有机溶剂浸提法、微生物发酵法、铁盐处理法等。

亚麻籽饼(粕)：亚麻籽饼(粕)又称胡麻籽饼(粕)，其代谢能值偏低，粗蛋白质与棉籽饼(粕)及菜籽饼(粕)相似，为 30%～36%。赖氨酸及蛋氨酸含量低，精氨酸含量高，为 3.0%。粗纤维含量高，适口性差。其中含有亚麻苷配糖体及亚麻酶，在 pH 值 5.0、40～45℃及水的存在下，生成氢氰酸，少量氢氰酸可在体内因糖的参与自行解毒，过量即引起中毒，使生长受阻，生产力下降。

芝麻饼(粕)：芝麻饼(粕)不含对家兔有害的物质，是比较安全的饼(粕)类饲料。芝麻饼(粕)粗蛋白质含量 40%～45%；最大的特点是蛋氨酸高达0.8%以上，是所有饼(粕)类饲料中最高者，但赖氨酸不足，精氨酸含量过高。

葵花籽饼(粕)：其营养价值取决于脱壳程度。未脱壳的葵花籽饼(粕)粗纤维含量高达 39%，属于粗饲料。我国生产的葵花籽饼(粕)粗纤维含量为 12%～27%，粗蛋白质为 28%～32%。赖氨酸不足，低于棉仁饼、花生饼及大豆饼。蛋氨酸含量高于花生饼、棉仁饼及大豆饼。葵花籽饼(粕)中含有毒素(绿原酸)，但饲喂家兔未发现中毒现象。

糟渣类饲料：糟渣类饲料是酿造、淀粉及豆腐加工行业的副产品，常见的有玉米蛋白粉、豆腐渣、酱油渣、粉渣等。

玉米蛋白粉：玉米蛋白粉又称玉米面筋粉，是用玉米生产玉米淀粉时的副产品。其产量为原料玉米的 5%～8%。由于加工方法及条件不同，蛋白质的含量变异很大，在 25%～60%。蛋白质的利用率较高，氨基酸的组成特点是蛋氨酸含量高而赖氨酸不足。

豆腐渣、酱油渣及粉渣多为豆科籽实类加工副产品，与原料相比，粗蛋白质明显降低，但干物质中粗蛋白质的含量仍在 20%以上，粗纤维明显增加。维生素缺乏，消化率也较低。豆腐渣是家兔爱吃的饲料之一，以鲜喂为佳。这类饲料水分含量高，一般不宜存放过久，否则极易被霉菌与腐败菌污染变质。

酒糟、醋糟多为禾本科籽实及块根、块茎的加工副产品，无氮浸出物明显减少，粗蛋白质及粗纤维含量明显提高。

(2)动物性蛋白质饲料

动物性蛋白质饲料是用动物的尸体及其加工副产品加工而成，主要包括鱼粉、肉骨粉、血粉等。含蛋白质较多，品质优良，生物学价值较高，含有丰富的赖氨酸、蛋氨酸及色氨酸。含钙、磷丰富且全部为有效磷；还含有植物性饲料缺乏的维生素 B_{12}。由于家兔具有素食性，不爱吃带腥味的动物性饲料，一般只在母兔的泌乳期及生长兔日粮中添加少量(小于5%)的动物性蛋白质饲料。

鱼粉是优质的动物性蛋白质饲料，蛋白质含量为45%～65%，赖氨酸、蛋氨酸较高而精氨酸偏低，正好与大多数饲料相反，易在配制日粮时使氨基酸达到平衡。含有对家兔有利的“生长因子”，能促进养分的利用。目前，鱼粉的质量不稳定，主要问题是粗脂肪含量偏高，易酸败变质；伪造掺假，掺入尿素、糠麸、饼粕、锯末、皮革粉、食盐、沙砾等；含盐量过高，引起中毒；发霉变质，易感染霉菌等；堆放时间过长，管理不当引起自燃。在使用时要注意检测其质量。

肉粉及骨肉粉是不适于食用的动物躯体及各种废弃物经高温、高压灭菌、脱脂干燥而成。肉粉粗蛋白质含量为50%～60%。含骨量大于10%的称为肉骨粉，粗蛋白质含量为35%～40%。这类饲料赖氨酸含量较高，蛋氨酸及色氨酸较低。含有较多的B族维生素，维生素A、维生素D较少。钙、磷含量较高，磷为有效磷。注意发黑有臭味的不能饲喂。

血粉是以动物的血液为原料，经脱水干燥而成。粗蛋白质高达80%～85%，赖氨酸高达7%～9%，富含铁。但最大的缺点是适口性差，消化率低，异亮氨酸缺乏。在日粮中配比不宜过高。

(3)单细胞蛋白质饲料

单细胞蛋白质饲料主要包括酵母、真菌及藻类。以酵母最具有代表性，其粗蛋白质含量40%～50%，生物学价值介于动物性和植物性蛋白质饲料之间，赖氨酸、异亮氨酸及苏氨酸含量较高，蛋氨酸、精氨酸及胱氨酸含量较低。含有丰富的B族维生素。但饲料酵母有苦味，适口性较差，日粮中用量一般不超过10%。

5. 矿物质饲料

矿物质饲料一般指为家兔提供钙、磷、镁、钠、氯等常量元素的一类饲料。常用的有食盐、石粉、贝壳粉、骨粉、磷酸氢钙、磷酸二氢钙等。

食盐的主要成分是氯化钠，用其补充植物性饲料中钠和氯的不足，还可以提高饲料的适口性，增加食欲。喂量一般占风干日粮的0.5%左右，喂量不可过多，否则引起中毒。

石粉、贝壳粉是廉价的钙源，含钙量分别为38%和33%左右。

骨粉是常用的磷源饲料，磷含量一般为10%～16%，利用率较高，同时还含有钙30%左右。在使用时要注意新鲜性及氟的含量。

磷酸氢钙的磷含量18%以上，含钙不低于23%，是常用的无机磷源饲料。

6. 饲料添加剂

饲料添加剂是指在配合饲料中加入的各种微量成分。其作用是完善饲料的营养性，提高饲料的利用率，促进家兔的生长和预防疾病，减少饲料在贮存期间的营养损失，改善产品品质。

按使用效果，将饲料添加剂分为营养性添加剂和非营养性添加剂。前者包括氨基酸、矿物质和维生素添加剂；后者包括抑菌促生长剂、驱虫保健剂、抗氧化剂、防霉剂等。另外，还有近几年开始使用的中药添加剂及酶制剂等。

(1)氨基酸添加剂

目前,人工合成作为添加剂使用的主要是赖氨酸和蛋氨酸等。一般在家兔的全价配合饲料中添加0.1%～0.2%的蛋氨酸、0.1%～0.25%的赖氨酸可提高家兔的日增重及饲料转化率。

(2)矿物质添加剂

矿物质添加剂主要用于补充饲粮中微量元素的不足。使用这类添加剂必须根据饲粮中的实际含量进行补充,避免盲目使用。我国已颁布了10种饲料级矿物质添加剂的暂行质量标准,其中有铁、铜、锌、锰、碘、硒、钴等7种微量元素添加剂。在家兔的生产中使用的有硫酸铜、硫酸亚铁、硫酸锌、硫酸锰、碘化钾、氯化钴等。自然界中存在的一些天然矿物质如稀土、麦饭石、沸石、膨润土等,含有丰富的微量元素,具有营养、吸附、置换、黏合和悬浮作用。可吸收和吸附肠道中的有毒物质和有害微生物,近些年被用于家兔的饲料,一般添加1%～3%。

(3)维生素添加剂

在舍饲和采用配合饲料饲喂家兔时,尤其是冬春枯草期,青绿饲料缺乏时常需补充维生素制剂。目前,国外已列入饲料添加剂的维生素有15种。家兔有发达的盲肠,其中的微生物可以合成维生素K和B族维生素,肝、肾中可合成维生素C,一般除幼兔外,不需额外添加,只考虑维生素A、维生素D、维生素E。

非营养性添加剂不是饲料中固有的营养成分,其主要作用是维护机体健康,促进生长和提高饲料的转换效率等。该类添加剂为畜牧业的发展起到了重要作用。但是,由于其长期使用可能造成动物的耐药性及非营养性添加剂在体内的残留,当前畜产品安全和卫生已经引起全社会关注,影响畜产品卫生质量的很重要的一个因素即是非营养性饲料添加剂的这些问题。国家对饲料安全问题非常重视,农业部相继公布了12类173种允许使用的饲料添加剂和33种药物添加剂,还制定了“允许用做饲料药物添加剂的兽药品种使用规定”，指定了 33 种饲料药物添加剂的适用动物，明确了其最低用量、停药期、注意事项和配伍禁忌等。使用这类添加剂时应查阅相关资料，避免超量、超范围使用。

近年来，国内研究开发的中药添加剂种类很多，如黄芪粉、兔催情添加剂、兔增重添加剂、粉状松针生物活性物质添加剂等，具有益气健脾、养血滋阴、固正扶本、增强体质等功能，在家兔生产中正在发挥着越来越大的作用。

酶制剂主要是蛋白酶、淀粉酶、纤维素酶、植酸酶等，以单一酶制剂及复合酶制剂的形式改善家兔的消化机能，促进营养物质的消化吸收，提高家兔的生产性能。

家兔常用饲料营养成分及营养价值表见表 5-8 至表 5-10。

表 5-8　家兔常用饲料营养成分及营养价值　　%

饲料名称	干物质	粗蛋白质	粗脂肪	粗纤维	粗灰分	钙	磷	可消化粗蛋白	消化能/(MJ/kg)
蛋白质饲料									
大豆(籽实)	91.7	35.5	16.2	4.9	4.7	0.22	0.63	24.7	17.7
黑豆(籽实)	91.6	31.1	12.9	5.7	4	0.19	0.57	20.2	16.97
豌豆(籽实)	91.4	20.5	1	4.9	3.3	0.09	0.28	18	13.81
蚕豆(籽实)	88.9	24	1.2	7.8	3.4	0.11	0.44	17.2	13.51
菜豆(籽实)	89	27	—	8.2	—	0.14	0.54	—	13.81
羽扇豆(籽实)	94	31.7	—	13	—	0.24	0.43	—	14.56
豆饼(热榨)	85.8	42.3	6.9	3.6	6.5	0.28	0.57	31.5	13.54
豆饼(热榨)	90.7	43.5	4.6	6	—	—	—	38.1	14.77
菜籽饼(热榨)	91	36	10.2	11	8	0.76	0.88	31.0	13.35
菜籽饼(热榨)	90	30.2	8.6	12	—	—	—	20.7	12.72
亚麻饼(热榨)	89.6	33.9	6.6	9.4	9.3	0.55	0.83	18.6	10.92
大麻饼(热榨)	82	29.2	6.4	23.8	8.3	0.23	0.13	22	11.05
花生饼(热榨)	86.8	39.6	3.3	11.1	—	1.01	0.55	24.1	10.17

续表 5-8

饲料名称	干物质	粗蛋白质	粗脂肪	粗纤维	粗灰分	钙	磷	可消化粗蛋白	消化能/(MJ/kg)
花生饼(热榨)	90	42.8	7.7	5.5	—	—	—	37.6	15.82
棉籽饼(热榨)	86.5	29.9	3.9	20.7	—	0.32	0.66	18.0	10.08
棉籽饼(热榨)	93.3	39.7	6.6	13.3	—	—	—	32.1	12.43
葵花饼(热榨)	89	30.2	2.9	23.2	7.7	0.34	0.95	27.1	8.79
葵花饼(热榨)	91.5	30.7	9.5	19.4	—	—	—	26.3	10.66
芝麻饼(热榨)	94.5	39.4	8.7	6.7	—	—	—	33	14.94
豆腐渣	97.2	27.5	8.7	13.6	9.9	0.22	0.26	19.3	16.32
鱼粉(进口)	91.2	58.5	9.7	—	15.1	3.91	2.9	49.5	15.77
鱼粉(进口)	92.9	65.8	—	0.8	—	3.7	2.6	—	15.23
鱼粉(国产)	—	46.9	7.3	2.9	23.1	5.53	1.45	—	10.59
肉骨粉	94	51	—	2.3	—	9.1	4.5	—	12.97
蚕蛹粉	95.4	45.3	3.2	5.3	—	0.29	0.58	37.7	23.1
血粉	89.7	86.4	1.1	1.8	—	0.14	0.32	61	—
干酵母	89.5	44.8	1.4	4.8	—	—	—	32.9	11.17
全脂奶粉	76	25.2	26.7	0.2	—	—	—	25	21.71
能量饲料									
玉米(籽实)	89.5	8.9	4.3	3.2	1.2	0.02	0.25	7.6	14.48
大麦(籽实)	90.2	10.2	1.4	4.3	2.8	0.1	0.46	6.8	14.06
燕麦(籽实)	87.9	10.9	4.2	10.6	—	—	—	8.6	11.88
小麦(籽实)	90.4	14.6	1.6	2.3	8.6	0.09	0.29	12.8	12.93
小麦粗粉	89	17.4	—	6.5	—	0.1	0.89	—	13.39
小麦麸	89.5	15.6	3.8	9.2	4.8	0.14	0.96	10	11.92
荞麦(籽实)	85.2	10.4	2.3	10.8	—	—	—	7.5	12.51
高粱(籽实)	89	10.6	3.1	3	2.1	0.05	0.3	6.3	12.97
谷子(籽实)	88.4	11.6	3.4	4.9	3.3	0.17	0.29	8.4	14.9
稻谷(籼稻)	88.6	7.7	2.2	11.4	4.4	0.08	0.31	6.4	11.63
糙米	87	6.1	2.9	0.9	—	0.05	0.91	3.9	15.15

续表 5-8

饲料名称	干物质	粗蛋白质	粗脂肪	粗纤维	粗灰分	钙	磷	可消化粗蛋白	消化能/(MJ/kg)
甜菜渣(糖甜菜)	91.9	9.7	0.5	10.3	3.7	0.68	0.09	4.6	12.13
萝卜	8.2	1	0.1	1.1	—	—	—	0.4	1.3
胡萝卜	8.7	0.7	0.3	0.8	0.7	0.11	0.07	0.4	1.46
马铃薯	39	2.3	0.1	0.5	1.3	0.06	0.24	1.1	5.82
甘薯	29.9	1.1	0.1	1.2	0.6	0.13	0.05	0.1	4.64
啤酒糟	94.3	25.5	7	16.2	—	—	—	20.4	10.88
青绿饲料									
苜蓿	17	3.4	1.4	4.6	—	—	—	2	1.72
红三叶	19.7	2.8	0.8	3.3	—	—	—	2.1	2.47
白三叶	19	3.8	—	3.2	—	0.27	0.09	—	1.84
聚合草(叶子)	11	2.2	—	1.5	—	—	0.06	—	10
甘蓝	5g2	1.1	0.4	0.6	0.5	0.08	0.29	1.0	0.88
芹菜	5.6	0.9	0.1	0.8	—	—	—	0.7	0.75
油菜	16	2.8	—	2.4	—	0.24	0.07	—	1.46
玉米(茎叶)	24.3	2	0.5	1.6	—	—	—	1.3	2.47
粗饲料									
苜蓿(干草粉)	91.4	11.5	1.4	30.5	8.9	1.65	0.17	6.4	5.82
苜蓿(干草粉)	91	20.3	1.5	25	9.1	1.71	0.17	13.4	7.49
红三叶(干草)	86.7	13.5	3	24.3	—	—	—	7	8.73
红豆草(干草)	90.2	11.8	2.2	26.3	7.8	1.71	0.22	4.7	8.75
狗尾草(干草)	89.8	6.2	2.2	30.7	—	—	—	3.1	6.19
野豌豆(干草)	87.2	17.4	3	23.9	—	—	—	10.1	8.49
草木樨(干草)	92.1	18.5	1.7	30	8.1	1.3	0.19	12.2	6.65
沙打旺(干草)	90.9	16.1	1.7	22.7	9.6	1.98	0.21	8.8	6.86
青草粉	88.5	7.5	—	29.4	—	—	—	4.2	7.03
松针粉	—	8.5	5.7	26.4	3	0.2	0.98	—	7.53

续表 5-8

饲料名称	干物质	粗蛋白质	粗脂肪	粗纤维	粗灰分	钙	磷	可消化粗蛋白	消化能/(MJ/kg)
大豆秸秆	87.7	4.6	2.1	40.1	—	0.74	0.12	2.5	8.28
玉米秸秆	66.7	6.5	1.9	18.9	5.3	0.39	0.23	5.3	8.16
小麦秸秆	89	3	—	42.5	—	—	—	1.3	3.18
稻草粉	—	5.4	1.7	32.7	—	—	—	—	5.52
槐树叶(干树叶)	89.5	18.9	4	18	—	1.21	0.19	6.5	17.11
杨树叶	95	10.2	6.2	18.5	13.3	0.95	0.05	—	—
矿物质饲料									
石粉	—	—	—	—	—	35	—	—	—
骨粉	—	—	—	—	—	36.4	16.4	—	—
贝壳粉	—	—	—	—	—	33.4	0.14	—	—
蛋壳粉	—	—	—	—	—	37	0.15	—	—

表 5-9 家兔常用饲料主要氨基酸、微量元素含量(风干饲料)

饲料名称	赖氨酸/%	含硫氨基酸/%	铜/(mg/kg)	锌/(mg/kg)	锰/(mg/kg)
大豆	2.03	1	25.1	36.7	33.1
黑豆	1.93	0.87	24	52.3	38.9
豌豆	1.23	0.67	3.7	24.7	14.9
蚕豆	1.52	0.52	11.1	17.5	16.7
菜豆	1.7	0.4	—	—	—
羽扁豆	1.9	0.75	—	—	—
豆饼	2.07	1.09	13.3	40.6	32.9
亚麻饼	1.22	1.22	23.9	52.3	51
大麻饼	1.25	1.13	18.3	90.9	98.4
棉籽饼	1.38	0.91	10	46.4	12
花生饼	1.7	0.97	12.3	32.9	36.4

续表 5-9

饲料名称	赖氨酸/%	含硫氨基酸/%	铜/(mg/kg)	锌/(mg/kg)	锰/(mg/kg)
芝麻饼	0.51	1.51	37	94.8	51.6
豆腐渣	1.45	0.70	6.6	24.9	20.5
鱼粉	5.32	2.65	6.8	79.8	13.5
肉骨粉	2	0.8	—	—	—
血粉	8.08	1.74	7.4	23.4	6.1
蚕蛹粉	3.96	1.18	21	212.5	14.5
全脂奶粉	2.26	0.96	0.91	—	0.5
玉米	0.22	0.2	4.7	16.5	4.9
大麦	0.33	0.25	8.7	22.7	30.7
燕麦	0.32	0.29	15.9	31.7	36.4
小麦	0.32	0.36	8.7	22.7	30.7
麦麸	0.56	0.75	17.6	60.4	107.8
荞麦	0.69	0.33	5.8	22.9	19.8
高粱	0.2	0.21	1.3	11.9	15.7
谷子	0.22	0.16	10.4	35.8	18.3
稻谷	0.37	0.36	3.9	19.2	42
碎米	0.42	0.44	4.7	15.9	22.2
苜蓿粉(优质)	0.9	0.51	10.3	21.1	32.1
苜蓿粉(差)	0.6	0.44	18.5	17	29
红三叶草	0.35	0.24	21	46	69
红豆草	0.45	0.23	4.0	20.0	22.5
草木樨	0.54	0.25	8.8	27.5	38.5
沙打旺	0.7	0.09	6.7	14.6	66.2
青草粉	0.32	0.13	13.6	60.2	52.3
松针粉	0.39	0.16	—	—	—
大豆秸	0.33	0.13	9.6	23.4	32.5
玉米秸	0.21	0.24	8.6	20	33.5
槐树叶	0.69	0.18	9.2	15.9	65.5

表 5-10　家兔常用饲料每千克中维生素含量

mg

饲料名称	生物素	胆碱	叶酸	烟酸	泛酸	胡萝卜素	维生素 B_6	核黄素	硫胺素	维生素 E
鲜苜蓿	0.12	373	—	11.8	8.7	46.6	1.60	3.2	1.4	146
苜蓿干草(早花期)	—	—	—	—	—	—	—	—	—	—
苜蓿干草(盛花期)	—	—	—	—	—	10.6	—	—	—	—
红三叶干草	0.10	—	—	37.0	9.7	23.9	—	15.5	1.9	—
猫尾干草(中花期)	—	—	—	—	—	47.0	—	—	—	—
玉米(黄马牙)	0.06	452	0.36	30.4	6.7	2.2	5.24	1.3	2.0	23
高粱	0.41	622	0.20	40.8	11.2	1.2	4.62	1.2	4.2	11
燕麦	0.24	1 013	0.30	13.7	7.4	0.1	2.53	1.5	6.3	12
裸麦	0.33	—	0.62	20.5	9.0	10.2	2.59	1.6	3.0	15
小麦(硬粒春播)	0.12	854	0.41	57.8	10.1	10.3	5.14	1.4	4.3	12.8
小麦(硬粒冬播)	0.11	1 046	0.37	54.2	10.0	—	3.03	1.5	4.3	11.1
小麦(软粒冬播)	0.11	967	0.36	35.4	11.1	—	4.07	1.2	4.7	13.7

续表 5-10

饲料名称	生物素	胆碱	叶酸	烟酸	泛酸	胡萝卜素	维生素 B_6	核黄素	硫胺素	维生素 E
小麦麸	0.57	1 865	1.21	273.1	47.9	2.6	10.55	4.8	6.6	21
大麦	0.14	913	0.53	75.2	7.4	2.5	6.27	1.4	3.9	14
棉籽粉(溶剂脱脂)	0.59	2 752	2.79	40.6	13.9	—	6.29	4.8	6.2	14
亚麻籽粉(溶剂脱脂)	—	1 355	—	29.1	14.8	—	—	2.8	7.7	16
花生仁份(溶剂脱脂)	0.32	1 898	0.40	166.3	48.5	—	5.28	10.6	5.5	3
大豆粉(溶剂脱脂)	0.23	2 630	0.45	27.5	16.0	0.2	6.39	2.9	5.5	2
向日葵籽粉(不带壳溶剂脱脂)	—	3 596	—	225.2	24.8	—	15.98	4.2	—	11
甜菜(糖用干块根)	—	810	—	16.7	1.4	0.2	—	0.7	0.4	—
糖蜜(甘蔗)	0.70	744	0.11	40.6	39.2	—	6.50	2.8	0.9	5
乳粉(饲用全脂)	0.33	—	—	8.4	22.8	7.1	4.74	19.8	3.7	—
乳粉(饲用脱脂)	0.33	1 391	0.47	11.5	36.9	—	4.25	19.2	3.8	9

❸家兔的日粮配合

家兔在不同的年龄、不同的生理状态及不同生产性能下对营养物质的需求不同，单一的饲料很难满足这种需求，必须根据适当的饲养标准，采用多种饲料合理搭配，组成家兔的日粮。所谓日粮是家兔一昼夜(24 h)采食各种饲料的总和。日粮配合实际上就是确定日粮配方的过程。

○ 日粮配合的原则及注意事项

第一，根据家兔的类型、品种、年龄、生理阶段及生产性能，参考适当的饲养标准，结合本地区的生产实际经验，进行配合。不能照搬饲养标准。

第二，考虑经济的原则，在保证营养全价的前提下，尽量选用本地产量高、来源广、营养丰富、价格低廉的饲料进行配合。要注意开发当地的饲料资源。

第三，注意日粮的适口性。在设计配方时，应熟悉家兔的嗜好。家兔一般喜吃味甜、微酸、微辣、多汁、香脆的植物性饲料，不爱吃有腥味的动物性饲料，喜欢吃颗粒料而不喜欢吃粉料；对于能量饲料，家兔的喜好顺序为燕麦、大麦、小麦、玉米。选料时应考虑这些特点。如在日粮中加入1%～3%的糖蜜或糖渣；限制动物性饲料的用量不超过5%或加入香味剂以及炒熟后有香味的大豆粉来冲淡动物性饲料的腥味等。

第四，要尽量选用多种饲料进行配合。家兔对营养物质的需求是多方面的，任何一种饲料原料都不可能满足家兔对多种营养的需要。因此，在设计配方时要选用营养特点不同的多种饲料进行配合，发挥营养互补作用。一般饲料选用不少于3种。

第五，符合家兔的消化生理特点，日粮中精、粗比例要适当。家兔是草食动物，日粮中应有相当比例的粗饲料，使粗纤维含量为12%～15%，有利于保持和促进家兔的消化机能。特别是青饲料的搭配，一般为家兔体重的10%～30%。

第六，家兔有根据日粮能量浓度调节采食量的特点，要注意日粮中营养物质含量与能量的比例，避免采食饲粮不足和过量的现象。

第七，在保证营养全价的同时，要注意有效性、安全性和无害性。不用发霉变质及有毒有害的饲料配制日粮。

第八，根据季节及气温的变化，灵活配制日粮的能量及营养物质的浓度。如夏、秋季节青饲料充足，只设计精料补充料即可，而在冬、春季节，青饲料缺乏，日粮中应注意补充维生素，并适当补喂多汁饲料。

配好的日粮的营养水平要与选用的饲养标准基本符合，允许误差为±5%。

○ 日粮配合所需资料

1. 家兔的营养需要量或饲养标准

不同的国家和地区根据自己的实际制定了各自的饲养标准。每个兔场在配合日粮时，应结合本场实际生产水平及品种，参考与本场条件较接近的国家和地区的标准，进行配合。一般可在参照标准的基础上，上下浮动5%～10%。

2. 饲料营养成分及营养价值表

饲料营养成分及营养价值表是经化学分析及生物试验而制定的，在一定范围内是比较准确的。但是，由于不同地区的地理位置、气候条件、作物品种、收获期不同，有些饲料原料的营养价值会有很大的差异。因此，有条件的兔场，在进行日粮配合前，应对所用的饲料原料进行实际的分析检测，以获得更加准确的数据。

3.家兔的采食量

家兔的采食量受很多因素的影响,如季节、饲料营养浓度、家兔品种、性别、体重、生理阶段、生产水平等。一般而言,气温越低,饲料营养水平越低,体重越大,生产水平越高,采食量越大。根据生产中测定,不同生理状态的家兔日采食风干饲料量占体重的百分比分别为:空怀兔 3.5%～4.5%,妊娠兔 4.5%～6%,生长兔 5%～7%,泌乳兔 10%～15%。

4.z 饲料原料的大致比例

饲料原料的营养特点不同,在日粮中所占的比例不同。生产实践中,常用饲料原料的大致比例如下:

干草、树叶、糟粕、蔓类粗饲料	30%～50%
能量饲料如玉米等谷实类	25%～35%
糠麸类	10%～30%
植物性蛋白质饲料如豆饼等	5%～20%
动物性蛋白质饲料如鱼粉	0～5%
矿物质饲料如骨粉、石粉等	1%～3%
微量元素、维生素等添加剂	0.5%～1.5%
食盐	0.3%～0.5%

○ 日粮配合的方法和步骤

日粮配合的方法很多,下面以生长兔的日粮配合为例,介绍一种较常用、较简便的方法——试差法。

选择饲养标准,从中查出生长兔的营养需要列于表 5-11。

表 5-11 生长兔营养需要

消化能/(MJ/kg)	粗蛋白质/%	粗纤维/%	钙/%	磷/%	赖氨酸/%	含硫氨基酸/%
10.4	16	14	0.5	0.3	0.65	0.6

根据当地的资源选择饲料并查出或分析营养成分含量列于表5-12。

表 5-12　饲料营养成分

饲料名称	消化能/(MJ/kg)	粗蛋白/%	粗纤维/%	钙/%	磷/%	赖氨酸/%	含硫氮基酸/%
苜蓿草粉	5.82	11.5	30.5	1.65	0.17	0.6	0.44
麸皮	11.92	15.6	9.2	0.14	0.96	0.56	0.75
玉米	14.48	8.9	3.2	0.02	0.25	0.22	0.2
豆饼	13.54	42.3	3.6	0.28	0.57	2.07	1.09

1. 试配日粮

初步确定各饲料原料配比，并计算能量和蛋白质的水平，与标准进行比较，见表5-13。

表 5-13　初配结果

饲料名称	配比/%	消化能/(MJ/kg)	粗蛋白质/%
苜蓿草粉	35	5.82×0.35=2.04	11.5×0.35=4.03
麸皮	15	11.92×0.15=1.79	15.6×0.15=2.34
玉米	30	14.48×0.3=4.34	8.9×0.3=2.67
豆饼	19	13.54×0.19=2.57	42.3×0.19=8.04
合计	99	10.74	71.08
与标准比较		+0.34	+1.08

2. 分析与调整

试配结果与标准比较，能量和蛋白质均高，应进行调整。可用能量和蛋白质均低的麸皮代替部分豆饼。豆饼的粗蛋白质含量为42.3%，麸皮为15.6%，每替代1%，蛋白质净减0.423−0.156=0.267，因此，可用0.010 8/0.267≈4%的麸皮替代等量的豆饼。调整后的计算结果见表5-14。

表 5-14 调整后的结果

饲料名称	配比/%	消化能/(MJ/kg)	粗蛋白/%	粗纤维/%	钙/%	磷/%	赖氨酸/%	含硫氨基酸/%
苜蓿草粉	35	2.04	4.03	10.68	0.58	0.06	0.21	0.15
麸皮	19	2.26	2.96	1.75	0.03	0.18	0.11	0.14
玉米	30	4.34	2.67	0.96	0.01	0.08	0.07	0.06
豆饼	15	2.03	6.35	0.54	0.04	0.09	0.31	0.16
合计	99	10.67	16.01	13.93	0.66	0.41	0.7	0.51
与标准比较		+0.27	+0.01	−0.07	+0.16	+0.11	+0.05	−0.09

3. 调整钙、磷及氨基酸的含量

从以上的计算结果可见，消化能、粗蛋白质、粗纤维均符合标准，误差＜±5%。钙、磷略高，可不必调整。如果钙、磷不足，可用矿物质饲料补充。含硫氨基酸低于标准，可用纯度为98.5%的*DL*-蛋氨酸补充，用量为0.09%÷98.5%≈0.09%。再补加食盐0.5%。微量元素和维生素等添加剂可直接按说明添加，如该配方选用占日粮0.41%的复合添加剂，则最终的日粮配方见表5-15。

表 5-15 生长兔全价日粮配方

饲料名称	配比/%	营养水平	
苜蓿草粉	35	消化能/(MJ/kg)	10.67
麸皮	19	粗蛋白质/%	16.01
玉米	30	粗纤维/%	13.93
豆饼	15	钙/%	0.66
食盐	0.5	磷/%	0.41
DL-蛋氨酸	0.09	赖氨酸/%	0.7
复合添加剂	0.41	含硫氨基酸/%	0.6
合计	100		

如果家兔以粗、青饲料为基础日粮，以混合精料补充营养物质的不足。在日粮配合时，可以首先根据青、粗饲料的采食量及其营

养物质含量,计算出青、粗饲料组成的基础日粮提供的营养物质的量,与标准需要量比较,欠缺部分作为要配制的精料补充料的标准,设计其配方,方法如前所述。

○ 配合饲料的加工

家兔喜欢吃颗粒料,不喜欢吃磨得很碎的粉料,并且颗粒料与粉料相比还有很多优点,如可使淀粉糊化,易于消化和吸收;可破坏饲料中的抗营养因子及一些其他毒素;满足家兔啃咬坚硬食物的特性,有助于消化液的分泌,利于健康;颗粒料还便于储存和运输;避免家兔挑食,并减少饲喂过程中的粉尘污染。饲喂家兔的颗粒料一般要求直径为 3～5 mm,长度为直径的 1 倍为宜,水分应低于 14%,以防霉变。

○ 家兔的典型饲料配方

各地条件不同,饲料配方设计各有特点。表 5-16 至表 5-23 列出一些国内外典型配方以供参考。

表 5-16　生长肉兔饲料配方

(四川农业大学)　%

饲料	玉米	小麦	黄豆	菜籽饼	三统七糠	麦麸	蚕蛹	优质青干草粉	石粉	食盐	添加剂
配比	16.7	18	8	5.28	15	15	5	16	0.5	0.5	0.52

表 5-17　安哥拉生长兔、产毛兔常用配合饲料配方

(兰州畜牧研究所)

饲粮组成	断奶至 3 月龄兔			4～6 月龄兔		产毛兔	
苜蓿草粉/%	30	33	35	40	33	45	39
玉米/%	—	—	—	21	31	21	25

续表 5-17

饲粮组成	断奶至 3 月龄兔			4～6 月龄兔		产毛兔	
麦麸/%	32	37	32	24	19	19	21
大麦/%	32	22.5	22	—	—	—	—
豆饼/%	4.5	6	4.5	4	5	2	2
胡麻饼/%	—	—	3	4	4	6	6
菜籽饼/%	—	—	—	5	6	4	4
鱼粉/%	—	—	2	—	—	1	1
骨粉/%	1	1	1	1.5	1.5	1.5	1.5
食盐/%	0.5	0.5	0.5	0.5	0.5	0.5	0.5
添加成分							
硫酸锌/(g/kg)	0.05	0.05	0.05	0.07	0.07	0.04	0.04
硫酸锰/(g/kg)	0.02	0.02	0.02	0.02	0.02	0.03	0.03
硫酸铜/(g/kg)	0.15	0.15	0.15	—	—	0.07	0.07
多种维生素/(g/kg)	0.1	0.1	0.1	0.1	0.1	0.1	0.1
蛋氨酸/%	0.2	0.2	0.1	0.2	0.2	0.2	0.2
赖氨酸/%	0.1	0.1	—	—	—	—	—
营养成分							
消化能/(MJ/kg)	10.67	10.33	10.08	10.46	10.84	9.71	10
粗蛋白质/%	15.4	16.1	17.1	15	15.9	14.5	14.1
可消化粗蛋白质/%	11.7	11.9	11.6	10.8	11.3	10.3	10.2
粗纤维/%	13.7	15.6	16	16	13.9	17	15.7
赖氨酸/%	0.6	0.75	0.7	0.65	0.65	0.65	0.65
含硫氨基酸/%	0.7	0.75	0.7	0.75	0.75	0.75	0.75

注:苜蓿草粉的粗蛋白质含量约 12%,粗纤维 35%。

表 5-18 安哥拉妊娠兔、哺乳兔、种公兔常用配合饲料配方

(兰州畜牧研究所)

饲粮组成	妊娠兔			哺乳兔		种公兔	
苜蓿草粉/%	37	40	42	31	32	43	50
玉米/%	28	18	30.5	30	29	15	—

续表 5-18

饲粮组成	妊娠兔			哺乳兔		种公兔	
麦麸/%	18	8	12.5	15	20	17	16
大麦/%	—	17	—	5	—	—	16
豆饼/%	3	—	5	5	5	5	4
胡麻饼/%	5	5	—	4	5	6	5
菜籽饼/%	6	5	7	7	6	9	4
鱼粉/%	1	5	1	1	1	3	3
骨粉/%	1.5	1.5	1.5	1.5	1.5	1.5	1.5
食盐/%	0.5	0.5	0.5	0.5	0.5	0.5	0.5
添加成分							
硫酸锌/(g/kg)	0.1	0.1	0.1	0.1	0.1	0.3	0.3
硫酸锰/(g/kg)	0.05	0.05	0.05	0.05	0.05	0.3	0.3
硫酸铜/(g/kg)	0.05	0.05	0.05	0.05	0.05	—	—
多种维生素/(g/kg)	0.1	0.1	0.1	0.2	0.2	0.3	0.3
蛋氨酸/%	0.2	0.3	0.3	0.3	0.3	0.1	0.1
赖氨酸/%	—	—	—	0.1	0.1	—	—
营养成分							
消化能/(MJ/kg)	10.21	10.21	10.38	10.88	10.71	9.83	9.67
粗蛋白质/%	16.7	15.4	16.1	16.5	17.3	17.8	16.8
可消化粗蛋白质/%	13.6	11.1	11.7	12	12.2	13.2	12.2
粗纤维/%	18	15.7	16.2	14.1	15.3	16.5	19
赖氨酸/%	0.6	0.7	0.6	0.7	0.75	0.8	0.8
含硫氨基酸/%	0.75	0.8	0.8	0.85	0.65	0.65	0.65

注:1. 苜蓿粉的粗蛋白质含量约 12%,粗纤维 35%。

2. 冬季无青绿饲料时,种公兔应每天加喂 100 g 胡萝卜。

表 5-19　河北易县中国北方原种兔场饲料配方

饲料组成	维持	生长	妊娠	泌乳
玉米/%	25	30	30	27
麸皮/%	20	15	20	20

续表 5-19

饲料组成	维持	生长	妊娠	泌乳
豆饼/%	5	10	12	15
洋槐叶/%	24	21.5	18	18
青干草/%	24	21.5	18	18
食盐/%	0.5	0.5	0.5	0.5
骨粉/%	1.5	1.5	1.5	1.5
含硒生长素/%	适量	适量	适量	适量
营养成分				
消化能/(MJ/kg)	9.24	9.96	10.34	10.34
粗蛋白/%	13.41	14.57	15.13	16.29
粗纤维/%	13.35	12.16	11.17	11.4
钙/%	1.18	1.12	1.04	0.76
磷/%	0.61	0.58	0.63	0.5
赖氨酸/%	0.36	0.46	0.52	0.6
(蛋氨酸+胱氨酸)/%	0.25	0.3	0.33	0.35

表 5-20　各类兔精料补充料参考配方　　%

饲料组成	生长兔			妊娠兔	哺乳兔	肥育兔
	3～8周龄	9～12周龄	12周龄后			
玉米	37	35	35	25	27.5	35
大麦	10.5	9.5	12.6	6	12.5	9.5
麸皮	22	20	6.5	19	6	20
豆饼	27	27	30.5	25	30.5	27
大豆(熟)				6.5		
草粉		5	12.4	23	12.5	5
骨粉	0.9	0.8	0.75	0.6	3	0.8
石粉	1.9	1.7	1.25	0.37	0.37	1.7
食盐	0.57	0.5	0.6	0.6	0.63	0.5
赖氨酸	0.28	0.25	0.19	0.15	0.19	0.25
蛋氨酸	0.3	0.25	0.31	0.28	0.31	0.25

注:南京农业大学和江苏农学院配方。

表 5-21　獭兔混合精料补充料配方与营养价值

（南京农业大学）

饲料组成/%		营养价值	
草粉	5	消化能/(MJ/kg)	12.97
玉米	35	粗蛋白/%	18.44
大麦	10	粗纤维/%	6.86
麸皮	26.5	钙/%	1.01
豆饼	20.5	磷/%	0.7
骨粉	0.8		
石粉	0.7		
食盐	0.5		

注：使用该配方时应满足 3 个条件。第一，添加适量微量元素和维生素预混料。第二，每天应另给一定量的青绿多汁饲料或与其相当的干草。每只兔每天青绿多汁饲料的平均供给量为：12 周龄以前 0.1～0.25 kg，哺乳兔 1～1.5 kg，其他兔 0.5～1 kg。第三，每只兔每天精料补充料喂量，根据体重和生产情况为 50～150 g。

表 5-22　法国的颗粒饲料配方

（适用于皮、肉兔，哺乳期）　%

饲料	含量	饲料	含量
小麦	19	甜菜渣	14
苜蓿粉	25	糖浆	6
大豆饼粉	9	碳酸钙	1
向日葵饼	13	矿物质盐和维生素	3
灰色谷糠	10		

表 5-23　美国(NRC)全价颗粒饲料配方　%

兔的类别	饲料组成	占日粮
生长兔(0.5～4 kg)	苜蓿干草	50
	玉米	23.5
	大麦	11
	小麦麸	5

续表 5-23

兔的类别	饲料组成	占日粮
	豆饼	10
	食盐	0.5
母兔和公兔维持(平均 4.5 kg)	干三叶草	70
	燕麦	29.5
	食盐	0.5
妊娠母兔(平均 4.5 kg)	苜蓿干草	50
	燕麦	45.5
	豆饼	4
	食盐	0.5
泌乳母兔(平均 4.5 kg)	苜蓿干草	40
	小麦	25
	高粱	22.5
	豆饼	12
	食盐	0.5

第6章　家兔的饲养管理

❶ 饲养管理的一般原则 …………………………………… 121
❷ 各类兔的管理技术 …………………………………… 125
❸ 不同季节的饲养管理 ………………………………… 147
❹ 家兔的一般管理技术 ………………………………… 152

根据家兔不同品种、年龄、性别、季节、生产目的，不同生长发育阶段的生理特点，采取科学的饲养管理措施，满足其对各种营养物质和生活条件的需要，是养好家兔的重要环节，也是提高产品数量和质量的关键。

❶饲养管理的一般原则

○ 饲养的一般原则

1. 青粗料为主，精料为辅

家兔属小型草食动物，具有特殊的消化粗饲料的解剖构造及生理功能。其小肠和大肠的总长度为其体长的10倍左右，盲肠长度可占全部肠道的11%左右，为体长的1.1%左右。盲肠内有大量低级脂肪酸，又由于圆小囊的厚壁能将食物中的纤维素进行压榨，并分泌碱性液体进入盲肠，为大量细菌和微生物的生存及繁殖提供了适宜的生活环境。这些盲肠微生物能分泌纤维素酶，把进入盲肠的纤维素分解成容易消化吸收的物质，所以，家兔能够消化大量的粗饲料。在家兔日粮配合中应以青粗料为主，营养不足部分适当补以精料。精料含量太高，日粮中纤维素含量减少（低于10%～14%），不仅会增加饲养成本，还会因不能维持消化道正常的生理机能引起肠炎、拉稀等；精料太少或单喂草，兔所需的营养物质得不到满足，母兔泌乳不足，体重下降，繁殖率降低；幼兔生长缓慢，抗病力差；毛兔产毛量降低，毛的品质差。

生产实践中，可根据具体情况灵活掌握。一般青粗料（以干物质计）占日粮的60%～80%，精料占20%～40%。夏秋季节保证青饲料的供应，每天喂量为250～750 g，适当补充些精料；冬春季节以青干草和多汁饲料为主，可增加混合料的给量。有条件的地方可采用多种饲料加工成全价颗粒料喂兔，也能取得较好的效果。

2. 饲料原料灵活多样

全价的日粮供给是提高兔生产性能、发挥遗传潜力的基础。饲料种类不同，营养物质的含量不同，这就要求在日粮配合时合理搭配，科学组方，取长补短。例如，在禾本科籽实及其副产品中，能量较高而蛋白质含量相对较少；饼粕及豆科籽实含蛋白质较多但价格较贵。不同饼粕营养物质含量也有差异，豆饼（粕）富含赖氨酸；向日葵饼和菜籽饼含硫氨基酸丰富；棉籽饼精氨酸较多；花生饼中精氨酸、亮氨酸和含硫氨基酸丰富。在以禾本科籽实和其加工副产品为主的日粮中，加入10%～20%的饼粕类饲料，可使几种必需氨基酸都被充分利用。

干玉米秸、花生壳及其加工副产品，由于其粗纤维含量高，在日粮中不宜多用。有研究表明，在以玉米、豆粕、亚麻饼、贝壳粉等为主要原料的肉兔全价颗粒日粮中，玉米秸粉用量范围为20%～40%，对生产性能、屠宰性能、繁殖性能无不良影响。

3. 定时定量，少喂勤添

家兔采食有多餐习性，一天可采食30～40次。为提高采食量的饲喂方法有自由采食或多餐限量采食，其中自由采食就是24 h

料槽内都有饲料，家兔可随时采食。这种采食方法节省劳动力，适用于大型养殖场的颗粒料。多餐限量饲喂则适合个体农村专业户的饲养，要坚持定时定量的原则。

定时定量就是每天的饲料要定饲喂次数、时间、顺序和数量。这样可使家兔养成定时采食、休息和排泄的习惯，有利于消化液的分泌。由于兔所处的生长发育阶段不同，应根据情况做相应安排，且不可轻易改变。一般讲，幼兔的饲喂次数多于中兔，中兔又多于成兔。给料量要相对稳定，不能忽多忽少。由于兔在夜间采食量大，要特别注意晚间饲料的充足供应。

4. 改变饲料，逐渐过渡

兔的采食、消化酶的分泌以及大肠内微生物的种类，在一定时期内与一定的饲料相适应。所以，无论饲料配方、类型或饲喂制度，都不可突然改变。更换或变更饲料要逐渐进行，使兔有一个适应和习惯的过程。完成饲料的过渡，一般分三阶段进行，每阶段 2～3 天。要特别注意春季枯草期向夏季丰草期的过渡和秋季向冬季、仔兔料向中兔料、新购兔饲料的异地过渡。如果过渡不当，会引起食欲下降或贪食过多，造成胃肠疾病，严重的应激刺激还会引起兔的强烈不适而导致死亡。

5. 适应习性，夜间饲喂

兔有昼伏夜出的生活习性，在夜间采食和饮水的时间较白天多。经测定，兔夜间采食及饮水量占昼夜总量的 60%～70%，夏季则可达 75%以上。在饲养管理中必须考虑这一特性，加强夜饲。大型兔场最好夜间有人值班，小型兔场则应注意添足夜间用草、料、水。俗话说“兔子早晨喂得少，中午喂得好，晚上要喂饱，再添加夜草”也是此理。

6. 饮水新鲜，卫生干净

水虽不能提供能量，其作用却不亚于其他营养物质。饮水不足，兔精神倦怠，食欲不振，生长缓慢，泌乳量减少，疾病增多，长期缺水还会引起死亡。兔的需水量和体重、生理状态(如哺乳、空怀)、季节和日粮构成有关,最好保证 24 h 不断水。兔的饮水量大致为:每采食 1 kg 干物质需水 2.0～2.3 kg,或饮水量占体重的 10%～14%,泌乳母兔加倍。夏季饮水可加 1.0%～1.5%的氯化钠;为预防兔球虫病,可饮高锰酸钾水。

水质也是一个重要问题。泥土水、死塘水、污染水及不符合饮用标准的水不能喂兔。自动饮水器自由饮水是最佳方式。

7. 防霉防腐,保证质量

饲料质量是保证家兔健康和饲喂效果的关键措施之一,霉烂变质的饲料含有大量的致病菌和毒素,易引起疾病,不能喂兔。实践中要做到"七不喂",即有毒有害饲料不喂,带泥、带水和粪尿污染饲料不喂,霉烂变质饲料不喂,喷洒过农药和冰冻与带露水饲料不喂,发芽马铃薯、黑斑病甘薯不喂,生的豆类饲料不喂,尖刺草不喂幼仔兔。

○ 管理的一般原则

1. 保持干燥,防潮防污

家兔有喜洁、爱净、爱干燥的习性。因此,在日常管理工作中,要经常清理兔舍,清除粪尿,清洗水槽和料槽,保持兔舍卫生干净,减少病原微生物滋生的条件,同时又要保持兔舍干燥通风,雨季应注意防潮。

2. 保持安静,防止惊扰

兔胆小怕惊,突然的响动或有其他动物出现,极易惊慌乱窜。母兔易引起流产,对哺乳、配种都有不利影响。所以,应尽量保持兔舍内外环境的安静,防止犬、猫、鼠、蛇的侵扰。

3. 夏防暑,冬防寒

兔被毛浓厚,汗腺退化,怕炎热。最适的环境温度为 15～25℃,临界温度为 5℃和 30℃。成兔在低温条件下,通过增加采食量和生长绒毛来保持体温恒定。当气温达 30℃以上时，采食量减少，繁殖力降低，35℃以上时，很容易中暑死亡。幼兔需要的环境温度较成兔高些，但冬季寒冷的气候容易造成冻伤甚至冻死。所以，日常生活中应夏季防暑，冬季采取防寒保暖措施。冬繁时最好在温暖的产房中进行，同时注意春秋防气温突变。

4. 分群管理，分笼饲养

为便于管理，应根据兔的性别、生理阶段分群管理。种公兔、妊娠母兔、哺乳母兔应单笼饲养；幼兔应根据性别分群。商品肉用幼公兔可不必去势直接育肥；皮肉兔因生长期较长，可去势后群饲。

5. 搞好卫生，防病灭病

家兔是讲究卫生的，有明显的采食—休息—排泄三点定位。日常管理中除保持笼舍干燥卫生，做到水净、草净、料净、环境净外，还应及时进行疾病防疫工作。要坚持防重于治的原则，及时预防和治疗各种疾病，做到无病早防，有病早治。饲养人员应每天观察兔的健康、食欲、粪便情况，看鼻孔周围有无分泌物，被毛是否有光泽，有无脱毛和肿块等。患病家兔及时隔离，笼舍、用具严格消毒，以消灭各种病原菌。

6. 适当运动，增强体质

适当的运动能使新陈代谢加强，食欲增加，体质健壮，减少母兔空怀和死胎。所以，笼养种兔特别是种公兔每周应放出运动 1 次，但要有切实措施防止逃跑。

兔的运动，夏季宜安排在早晨和傍晚进行，冬季宜安排在午间进行。

❷各类兔的管理技术

家兔因生长发育阶段和生产目的的不同，对外界环境和饲养管理条件的要求也各不相同，除遵循一般的饲养管理原则外，各类兔也有其特殊性。

○ 种公兔的饲养管理

种公兔饲养管理的目的是使公兔体质健壮，性欲旺盛，精液品质优良。种公兔管理的好坏，直接影响母兔的受胎率、产仔率及仔兔的生活力。所以，在管理方面有其特殊要求。

1. 饲养技术

种公兔配种能力和精液的数量与质量密切相关，而精液品质受日粮营养水平的影响。

(1)蛋白质

蛋白质水平直接影响精液的生成和激素、腺体的分泌功能。蛋白质不足，会使种公兔性欲差，射精量、精子密度和精子活力受到不良影响，导致配种受胎率降低。补充蛋白质类饲料如花生饼、大豆及豆饼、鱼粉等会使配种效果逐渐变好。所以，要求配种期种公兔的蛋白质水平不低于15%。在保证日粮蛋白质水平的同时，还应考虑氨基酸的平衡。

低蛋白水平日粮对精液品质的影响具有延续性和后滞效应，日粮蛋白水平提高的正面效应需20天左右的时间才能实现，所以，在配种期到来前应提前补充日粮蛋白质。

(2)维生素

维生素特别是维生素A、维生素E、B族维生素对公兔精液品质的影响很大。当维生素缺乏时，会导致生精障碍，睾丸精细管上皮变性，畸形精子增多，精液品质降低。生长公兔生殖器官发育不全，睾丸组织较小，性成熟延缓，配种受胎率降低。所以，应在保证精料的同时适当补充优质干草、多汁饲料(如胡萝卜和发芽大麦等)，丰草期可加大青绿饲料的给量。

(3)矿物质

矿物质特别是钙、磷，为精液生成所必需，对精子活力也有很大影响。钙、磷缺乏，精子发育不全，活力减弱，公兔四肢无力。微量元素硒也和繁殖性能有关。所以，日粮中应保持充足的矿物质。矿物质常采用添加剂的形式补给。

2. 管理技术

全面、充足的营养能保证种公兔旺盛的精力、健壮的体质和良好的精液品质，合理的管理技术也能保证公兔较长的利用年限和较高的配种能力。

家兔一般3～4月龄达到性成熟，6～7月龄才能达到配种年龄。种公兔一般在7～8月龄第一次配种，使用年限为3～4年，优良者最多不超过5年。

科学的使用方法是：青年公兔每天配种1次，连续2天休息1天；初次配种公兔实行隔日配种法，也就是交配1次，休息1天；成年公兔一天可交配2次，连续2天休息1天。适当的配种间隔十分必要，要充分保证，因为公兔配种负担过重，持续时间长，可导致公兔性机能衰退，精液品质下降，排出的精子中未成熟精子数增加，致使母兔受胎率低。配种任务过轻或长期不配，公兔性兴奋得不到满足，睾丸产生精子机能减弱，精子活力低，甚至产生畸形精子、死精子。

种公兔的配种能力和季节有很大关系，一般春秋季公兔性欲强，精液品质好，受胎率高；冬季次之，夏季最差。春秋季节是配种繁殖的最好时期，也是公兔的换毛季节，应增加饲料中蛋白质的供给。夏季气温高，特别是在30℃以上持续高温天气时，睾丸萎缩，曲细精管萎缩变性，会暂时失去产生精子的能力，此时配种不易怀胎，这就是常说的"夏季不育"。有资料报道，夏季睾丸的体积比春季缩小30%～50%。而此时睾丸受到的破坏，在自然条件下需1.5～2.0个月才能恢复，且恢复时间的长短与高温的强度和时间成正比。这样又容易形成秋季受胎率不高。消除"夏季不育"的唯一办法是给公兔创造良好的条件，免受高温侵扰。缩短恢复期则可通过增加营养水平（蛋白质、矿物质、微量元素和维生素等）；额外补加维生素 E，使日粮中维生素 E 达到 60 mg/kg，硒为 0.35 mg/kg，每千克日粮中含维生素 A 12 000 U，添加稀土为 50～100 mg/kg；或每 5～7 天肌肉注射 1 次促排卵 2 号或 3 号，连续 4～5 次等措施来实现。

由于公兔对环境比较敏感，应尽量减少刺激。交配时应将母兔放入公兔笼内或将公母兔放在同一运动场来进行。

保持合适的公兔比例结构是管理技术的重要内容，在大中型兔场，每只公兔固定配母兔 10～12 只为宜。在种公兔群中，壮年公兔和青年后备公兔应保持合适的比例，一般壮年公兔占 60%，青年公兔占 30%，老年公兔占 10%。

○ 种母兔的饲养管理

种母兔是兔群的基础。因为种母兔除了本身的生长发育和维持自身的生命活动外，还担负着繁育和哺乳仔兔的任务，母兔体质的好坏又直接关系到后代的生活力和生产性能，所以，种母兔的饲养管理，在整个养兔生产中尤为重要。根据母兔的生理状况，可分为空怀期、怀孕期、分娩期和哺乳期，各阶段需要相应的饲养管理技术。

1. 空怀期的饲养管理技术

空怀期是指从仔兔断奶到下次配种受孕的间隔期。由于母兔在哺乳期消耗了大量养分，体质瘦弱，此期母兔的主要任务就是恢复膘情，调整体况。饲养管理的主要任务是防止过肥或过瘦。对于体质较差的母兔，在保证青饲料的同时，适当增加精饲料的比例或给量，日加精料 50～100 g；对体况较好的母兔，注意增加运动，增大青绿、粗饲料的供给，这样利于减膘，增强体质；对于长期不发情的母兔，可实施异性诱情或人工催情，或用催情散（淫羊霍 19.5%、阳起石 19%、当归 12.5%、香附 15%、益母草 19%、菟丝子 15%),每天每只 10 g 拌于精料中,连服 7 天。

空怀期的母兔可单笼饲养,也可群养。但必须观察其发情情况,掌握好发情征候,适时配种。

空怀期的长短可根据母兔生理状况和实际生产计划合理安排。在农村,皮肉兔每年可繁殖 4～5 胎,长毛兔可繁殖 4 胎。对于仔兔断奶后体质瘦弱的母兔,应适当延长休产期。不要一味追求繁殖的胎次,否则将影响母兔健康,使繁殖力下降,也会缩短优良母兔的利用年限。

2. 妊娠期的饲养管理技术

妊娠期是指配种怀胎到分娩的一段时间。母兔妊娠期一般为 29～32 天。妊娠期母兔的营养需求有明显的阶段性。妊娠期可分为 3 个阶段:1～12 天为胚期;13～18 天为胚前期;19 天以后至分娩为胎儿期。胚期和胚前期以细胞分化为主,胎儿发育较慢,增重仅占整个胚胎期的 1/10 左右,所需的营养物质不多,一般按空怀母兔的营养水平或略高些即可,但要注意饲料质量。妊娠后期(20 天以后),胎儿处于快速生长发育阶段,重量迅速增加,其重量相当于初生重的 90%。胎儿生长强度大,说明需要的营养也多,所以,妊娠后期应增加精饲料的给量,同时特别注意蛋白质、矿物质饲料的供给。各阶段的喂量大致为:妊娠前期日喂青草 500～750 g,精料 50～100 g;15 天后逐渐加精料,20～28 天可日喂青草 500～750 g,精料 100～125 g;28 天后母兔食欲不振,采食量减少,宜喂给适口性好、易消化、营养价值高的饲料,以避免绝食,防止酮血症发生。

妊娠期的管理中心是保胎防流。流产一般多发生在妊娠15～25 天,此时要保持安静,不能大声喧哗。

怀孕后期要做好接产准备。一般产前 3 天(即妊娠 27～28 天)将消毒过的产仔箱放入母兔笼内,垫些软草,让其熟悉环境。对于血配母兔,产前强制断乳。母兔在产前 1～2 天要拉毛做窝,对于初产母兔，产前或产后可人工辅助拉毛。

母兔分娩多在黎明，一般产仔都很顺利。每 2～3 min 产 1 只，15～30 min 产完。个别母兔产几只休息一会儿。有的甚至会延长至第二天再产，这种情况大多是产仔时受惊吓造成的。

母兔有临产表现时，应加强护理，防止仔兔产于箱外。母兔产后将产仔箱取出，清点仔兔数，称初生窝重，剔除死胎、畸形和弱胎。

母兔产后由于失水、失血过多，腹中空瘪，口渴饥饿，应准备温的淡盐糖水或汤。产后母兔体力大量消耗，应保持环境安静，避光静养。

母兔分娩 1 周内应服用抗菌药物，可预防母兔乳房炎和仔兔黄尿病，提高仔兔成活率，促进仔兔生长发育。

在实际生产中，有的母兔妊娠期较长。如果超过预产期 3 天还不分娩就应该采取催产措施，而简单易行、又行之有效的方法是将母兔放入产仔箱，由其他仔兔吮吸乳头，一般情况下仔兔一边吮吸，母兔一边产仔。

3. 哺乳期的饲养管理技术

哺乳期是指自母兔分娩到仔兔断奶的时期，一般为 28～45 天。此阶段饲养管理的重点是保证母兔健康，提高泌乳量，保证仔兔正常发育，少得病，成活率高。

母兔分娩 1～3 天，乳汁较少，消化机能尚未完全恢复，食欲不振，体质较弱，消化能力低，这时饲料喂量不宜太多，以青饲料为主，日喂易消化的精料 50～75 g，5 天以后喂量逐渐增加，1 周后恢复正常喂量，精料逐渐增加到 150～200 g，达到哺乳母兔饲养标准。分娩 5 天时间内，日粮中精料量不宜太多，否则会引起消化不良，母兔易患肠毒血症和乳房炎。

随着时间的延长，母兔泌乳量逐步增加，18～21 天达到高峰，每天可泌乳 60～150 g，高产的达 150～250 g，最高可达 300 g 以上。21 天后泌乳量逐渐下降,30 天后迅速下降。高的泌乳量需要较多的养分供应,应增加饲料给量,除喂给新鲜优质青绿饲料外,还必须补给部分精料,如玉米、豆饼、鱼粉、食盐和骨粉等。如果饲料质量较差或喂量不足,不仅会影响母兔的健康和泌乳量,还会导致仔兔发育不良,生长缓慢,抗病力低,严重的患各种疾病或引起死亡。

母兔的泌乳量和胎次有关,一般第一胎较少,2 胎以后渐升,3～5 胎较多,10 胎前相对稳定,12 胎后明显下降。

母兔乳汁含蛋白质 10.4%、脂肪 12.2%、乳糖 1.5%和 2%灰分,营养丰富;母兔乳汁与仔兔健康密切相关。所以,在母兔分娩后要及时检查其哺乳情况,这可以通过仔兔的表现反映出来。若仔兔腹部胀圆,肤色红润光亮,安睡少动,则母兔泌乳力强;若腹部空瘪,肤色灰暗无光,乱抓乱爬,有时会"吱吱"叫,则母兔无乳或有乳不哺。若无乳,可进行人工催乳;若有乳不哺,可人工强制哺乳。

人工催乳的具体方法如下:

①夏季多喂蒲公英、苦荬菜;冬春季多喂胡萝卜等多汁饲料,充分满足饮水。

②芝麻一小撮,生花生米 10 粒,食母生 3～5 片,捣烂饲喂,每天 1 次。

③豆浆 200 g 煮沸,凉温,加入捣烂的大麦芽或绿豆芽 50 g,红糖 5 g,混合喂饮,每天 1 次。

④人工催乳片,每天 3～4 片,连喂 3～4 天。

⑤对产前不拉毛的母兔,人工辅助拉毛,分娩后尽量让母兔吃掉胎衣、胎盘。

若乳汁浓稠,阻塞乳管,仔兔吮吸困难,可进行通乳:

①热毛巾(45℃左右)按摩乳房,每次 10～15 min。

②活蚯蚓用开水泡成白色,切碎,拌红糖饲喂。

③暂时少喂精料，多喂青绿多汁饲料，保证饮水。

若产仔太少或全窝死亡又找不到寄养的仔兔，乳腺分泌量大，可进行收乳。具体方法如下：

①减少或停喂精料，少喂青饲料，多喂干草。

②饮 2%～2.5%的冷盐水。

③干大麦芽 50 g，炒黄饲喂或煮水喝。

人工强制哺乳适用于有乳不哺的母兔，具体方法为：每天早晨（或定时）将母兔提出笼外，伏于产仔箱中，让仔兔吸吮，每天 2 次，3 天后改变为 1 次，连续 3～5 天，一般即可达到目的。

泌乳母兔的管理按不同情况有相应的重点。家庭饲养条件下，日粮蛋白质水平应在 16%～18%，日喂青草 750～1 000 g，同时保证混合精料的数量和质量，给母兔每只每天补给骨粉 3～4 g，补加微量元素。在环境方面要保持安静和兔舍卫生，不随意捉捕、吼吓、追打母兔，不在母兔哺乳时随意挪动产仔箱或将母兔赶跑，母兔在场不拨弄仔兔。

○ 仔兔的饲养管理

自出生至断奶之间的兔都称为仔兔。仔兔出生后即寻找乳头，12 天内除哺乳外几乎都在睡眠，当母兔跳入槽内时仔兔立即醒来寻找乳头。哺乳时间一般为 2～3 min，仔兔哺乳时将乳头叼得很紧，哺乳完毕母兔跳出产仔箱时常将仔兔带出箱外又不能自己叼回，应特别注意。

1. 仔兔的生理特点

仔兔出生后脱离了母体的保护，环境发生了急剧变化，缺乏对外界环境的调节能力，适应性差，抗病力低，管理不善易得病且治疗困难。

（1）生长发育快

仔兔出生体重一般为 40～65 g，7 日龄时达 130～150 g，30 日龄时达 500～750 g。

(2)体温调节能力差

仔兔出生裸体无毛，体温调节能力不健全，随气温的变化体温也有变化。一般 4 天长出茸毛，10 天后的体温才能基本稳定，其最适的环境温度为 30～32℃。

(3)视觉和听觉不完善

仔兔出生后闭眼封耳，除了吃奶就是睡觉，8 天耳孔开张，12 天睁开眼睛。

(4)皮薄肉嫩，易受蚊虫叮咬或机械损伤

根据仔兔不同日龄，可分为睡眠期和开眼期 2 个生理阶段，在饲养管理上各有特点。仔兔期的工作重点是提高仔兔成活率和断奶体重。

睡眠期：睡眠期是指从出生到睁眼的时期，一般为 12～14 天。此阶段所需营养完全由母乳供给，此阶段饲养管理的关键是保证仔兔早吃奶，吃好奶。

虽然母兔的抗体在胎儿期已传递给仔兔，但由于母兔的初乳含蛋白质、高能量及仔兔所需要的多种维生素及镁盐，营养价值高，并且能促进胎粪排出，适合仔兔生长快、消化力弱的特点，所以，让仔兔早吃奶、吃足奶是减少死亡和提高成活率的主要环节。

一般母兔产后 1～2 h 就应给仔兔喂完第一次奶。若兔出生 5～6 h仍未吃上奶，就应查明原因。

开眼期：仔兔从开眼到断奶的时期为开眼期。仔兔开眼后，活泼好动，不仅在巢箱内跑来跑去，还可能跳出巢箱。所以，此阶段的管理要点是注意观察母兔哺乳及仔兔吃奶时间和次数，防止仔兔跳出箱外。对于体质瘦弱的仔兔，应加强管理，采取分段吃奶法即让弱兔先吃奶，尔后其他仔兔再吃奶的办法调节，力争使整窝兔生长均匀、健壮。

开眼的迟早和仔兔的发育、健康状况有关。发育良好又健康的仔兔开眼时间较早；反之则较迟。仔兔若 14 天后才开眼，说明营养不足，体质差，要精心护理。有的仔兔仅睁开一只眼，另一只眼常被眼屎粘住，应及时用脱脂棉蘸上温开水轻轻拭去眼屎，然后用手轻轻掰开眼睑，再点少许眼药水，一段时间后可恢复正常。处理不及时，易形成大小眼或致瞎。

断奶是仔兔饲养的又一关键步骤。我国仔兔大多在 35～40 日龄断奶，可根据具体情况进行调整。低水平条件下断奶时间为 35～40 日龄，集约化、半集约化条件下为 28～35 日龄断奶。仔兔断奶时体重为 500～600 g。断奶时间不能太早或太晚，太早仔兔发育受影响，死亡率高；太晚又影响下一周期的繁殖。

2. 影响仔兔成活率的因素及提高成活率的措施

仔兔发育的好坏和母兔妊娠后期的营养状况、分娩后泌乳情况以及整个发育过程的饲养管理密切相关。

(1)母兔妊娠后期的营养状况

仔兔成活率的高低，与初生重呈正相关，而初生重的 90%是在妊娠后期增长的。因此，保持妊娠后期母兔的营养，是保证仔兔正常生长，提高初生重的关键。

(2)母兔产前的准备工作

产前准备工作的好坏，维系着母兔和仔兔的后续生活，产仔箱柔软、干燥、卫生，可以使仔兔受环境温度的影响减少到最低程度；生产环境安静、舒适，可使母兔在生产中免受刺激，避免将仔兔产于箱外；产后及时供给饮水和一些适口的饲料，避免因口渴而食仔兔现象，减少仔兔不必要的伤亡。

(3)吃好初乳

初乳是母兔产后 1～3 天分泌的乳汁，与常乳相比，营养更丰富，含有较多的蛋白质、维生素、矿物质。其所含的镁盐可促进胃肠蠕动，排出胎粪。

虽然仔兔的抗体是通过胎盘而先天获得，不依赖初乳，但及时吃好初乳，对于提高仔兔抵抗力和成活率至关重要，应在仔兔出生后 6 h 之内检查是否吃到初乳。若没有吃，则查明原因，采取措施。

(4)调整仔兔

母兔乳头一般有 8 个，产仔多少不定，平均 5～6 只，多的可达 10 只以上，少的 1 只或产后全窝死亡。一般每只皮肉兔可哺喂 7～8只，长毛兔 4～5 只，优良母兔可以哺喂更多的仔兔。为了提高仔兔成活率，促进其发育均匀，可对母兔哺养的仔兔数量进行调整。其具体方法如下：

①寄养。母兔产仔太多超过其哺育能力或母兔患乳房炎不能哺养，可采用寄养。此法首先是找合适的“保姆兔”。保姆兔必须产期相近，产仔较少，性情温顺，泌乳力强，健康无病。寄养时仔兔的出生日期一般相差不超过 3 天。为防止保姆兔歧视所寄养的仔兔，应先将寄养仔兔放于巢箱内与原窝仔兔混杂 0.5 h 以上，并拨弄仔兔，使其充分混合且气味相投；也可以在母兔鼻端涂些清凉油或大蒜汁。有人将母兔尿涂于仔兔身上，这样很不卫生，不可取。种兔的寄养应尽量防止血统混乱，可选择不同毛色、不同品系或品种间相互寄养。

②弃仔。对母兔产仔较多，又找不到合适保姆兔，应主动弃仔。将那些发育不良、体小质弱的仔兔弃掉。此项措施应及早进行。

一分为二法：对产仔多，找不到保姆兔，而母兔体质健壮，泌乳力又强，应采用一分为二哺乳法，即将仔兔按体重大小分为两部分，分开哺乳。早上乳汁多，给体重小的仔兔哺乳；晚上给体重大的仔兔哺乳。此间应给母兔增加营养，仔兔应及早补料。

③人工哺乳。对产仔过多、患乳房炎或产后母兔死亡又找不到保姆兔者，可进行人工哺乳。人工哺乳费工费时，仅限于饲养规模较小的家庭兔场。其具体方法为：用 5～10 mL 玻璃注射器或

眼药水瓶，口处安一段 1.5～2.0 cm 自行车气门芯，眼药水瓶后扎一进气孔，即成了仔兔的哺乳器。用前煮沸消毒，用后及时冲洗干净。哺乳时应注意乳汁的温度、浓度和给量。若给予鲜牛、羊奶，开始时可加入 1～1.5 倍的水，1 周后混入 1/3 的水，半个月后可喂全奶。乳汁的温度应掌握在夏季 35～37℃，冬季 38～39℃。乳汁的浓度视仔兔粪尿而定。若仔兔尿多，窝内潮湿，说明乳汁太稀；若尿少，粪油黑色，说明乳汁太稠，要做适当调整。喂时将哺乳器放平，使仔兔吮吸均匀，每次喂量以吃饱为限，日喂 1～2 次。

(5)夏防暑冬防寒

由于仔兔调节体温的能力不健全，冬天容易受冻而死。所以，保温防冻是寒冷季节出生 7 天内仔兔管理的重点。兔舍要进行保温，巢箱内放置干燥松软的稻草或铺盖保温的兔毛，垫草整理成浅碗底状，中间低四边高便于仔兔相互靠拢，增加御寒能力。有条件的可设仔兔哺育室；家庭养殖量少，可将产仔箱放在热炕头，使母仔分开，并按时放入母兔哺乳。仔兔开眼前要防止吊奶。如果掉在外面或产在外面应及时捡回。冻僵但未冻死的仔兔做急救处理，方法是用热水袋包住仔兔，或将仔兔放入 42℃左右温开水中浸泡(头露在外面)，使体温恢复，当皮肤由紫变红，四肢频频活动时取出，软毛巾擦干后放回原窝。

夏天天气炎热，阴雨潮湿，蚊、蝇猖獗，仔兔出生后裸体无毛，易被叮咬，应将巢箱放在安全处，外罩纱布，按时放入母兔笼内哺乳，并进行通风、降温处理。

(6)预防疾病和非正常死亡

仔兔出生 1 周内易遭兽害，特别是鼠害，严重时死亡率达 70%～80%，所以，消灭老鼠是兔场及养兔专业户的一项重要任务。采用的方法主要有：放毒饵于洞穴；加强产仔箱的管理，将产仔箱放在老鼠不能到达的地方，喂奶时再放回母兔笼内；养猫也可消灭老鼠，但要防止猫吃兔。

出生 1 周内的仔兔易患黄尿病，原因是仔兔吸吮患乳房炎母兔的乳汁。患病仔兔粪稀如水，呈黄色，沾污后躯，身体瘫软如泥，窝内潮湿腥臭，严重时全窝死亡。杜绝此病必须加强母兔的饲养管理，发现患乳房炎，立即停止哺乳。对患病仔兔应及时救治，可口滴氯霉素眼药水，每次 2～3 滴，每天 2～3 次。

垫草中混有布条、棉线或长毛，会使仔兔在滚爬时缠绕颈部或(和)腿部，易造成不必要的非正常伤亡，应引起注意。

(7)及早补料

仔兔出生 16 天左右开始寻找新鲜嫩绿的青饲料或调制好的饲料，这时应及早补料。补料一开始可在产仔箱内进行，也可在补料槽内放入粉料施行。

仔兔料应营养全面，适口性好，易消化。营养水平为：蛋白质 20%，消化能 11.3～12.54 MJ/kg 粗纤维 8%～10%，加入适量酵母粉、生长素和抗生素添加剂。23～25 天可喂些营养价值高的嫩草。

仔兔补料一般每天 4～5 次，每只日喂量由 4～5 g 逐渐增加到 20～30 g，补料后应及时取走食槽以防仔兔在里面拉尿。补饲料持续喂到 35～45 日龄，再慢慢改喂生长兔料或育肥兔料。断奶前应坚持哺乳，并供给充足饮水。

(8)适时断奶

仔兔断奶的时间，因体况、体重等不同可做调整。毛兔、种兔、发育较差的仔兔或在寒冷季节，可适当延长哺乳期；商品兔、条件较好的兔场及有血配计划时，断奶时间可适当提前，但不能短于 28 天。一般情况下断奶时间为 35～42 天，血配 28～35 天断奶。

○ 幼兔的饲养管理

从断奶到 90 日龄的兔为幼兔。幼兔阶段生长发育迅速，消化机能和神经调节机能尚不健全，抗病能力差，再加上断奶和第一次年龄换毛的应激刺激，给幼兔的饲养管理提出了更高的要求。

1. 断奶关

幼兔的死亡大部分发生在断奶3周内，特别是第1～2周，其主要原因是断奶不当。正确的断奶方法应当是：根据仔兔的体质健壮状况，如果全窝仔兔发育均匀，体质健壮，可一次性断奶，即在同一天内将母、仔分开。若全窝仔兔发育不均匀，宜用分期断奶法，即先断体质健壮的仔兔，让体质弱的仔兔多哺乳几天，视情况酌情断奶。无论采用哪一种断奶方式，都应注意"断奶不离窝"的原则，使仔兔在原来的笼内生活，做到饲料、环境、管理三不变，尽量减少应激并发症。

仔兔断奶后，母兔在2～3天内应多喂些青饲料，减少精料饲喂量，必要时喂些炒黄的干大麦芽促其收乳，同时又要预防乳房炎的发生。

断奶幼兔的饲料应营养全面，易消化，适口性好。高能量、高蛋白、低脂肪的饲料对幼兔不利。日粮中粗纤维的含量不能低于12%，多汁料、青绿料的含量不宜太多。由于此阶段幼兔食欲旺盛，在饲喂制度上要有节制，少喂多餐。

幼兔日粮中可适当添加药物添加剂、复合酶制剂、黄腐酸，既可防病又能提高日增重。据河北省农业综合研究开发项目——高寒区农村肉兔高产综合技术研究表明，日粮中添加3%药物添加剂，日增重提高31.8%；添加200 mg/kg黄腐酸、0.5%复合酶制剂，日增重提高12%～17.5%；也有研究资料表明，幼兔日粮中添加纤维素酶，其日增重可提高16.88%～20.53%。

2. 环境关

幼兔生长快，抵抗力差，其所处环境应干燥、卫生、安静，和断奶前尽量保持一致。

幼兔多以群养，笼养时每笼4～5只；棚养时每10～12只为一群；冬季兔舍温度应保持在5℃以上；夏季应防暑降温。因为幼兔时期既长骨骼又长肌肉和被毛，要注意适当运动和日光浴。

3. 防疫关

幼兔阶段是多种传染病集中暴发的阶段。除了注射兔瘟、巴氏杆菌、魏氏梭菌疫苗外，还应注意波氏杆菌、大肠杆菌病的发生和流行，春末和夏初还要防球虫。

○ 育成兔的饲养管理

3月龄到初配这段时期的兔称为育成兔，也叫青年兔，留做种用的青年兔又叫后备兔。育成兔生长快，表现为肌肉和骨骼发育快。抵抗能力大大增强，采食量增大，死亡率降低。此时加强饲养管理，可相对增大体型，长毛兔能增加产毛量，力克斯兔能增加毛的密度。

3月龄后，公母兔相继达性成熟，应根据兔的体型外貌、生长速度等指标进行鉴定，优秀个体编入种兔群，后备公兔单笼饲养，母兔2～3只一笼。尔后继续进行生产性能测定。非种用兔去势后群养。

育成兔的管理比较粗放，以粗饲料为主，适当补充精料和矿物质就行。

○ 育肥兔的饲养管理

育肥是肉用和皮肉兼用兔生产的最后环节。育肥期的主要任务是增加营养积累，减少养分消耗，生产质优品好的肉质。所以，育肥家兔以精料为主，在消化吸收限度内，大量利用碳水化合物饲料，保证混合饲料的供给。育肥期间要限制家兔运动，保持兔舍温度，舍内光线不能太强，也可适当喂些车前子、茴香、芹菜叶以利消化。商品肉兔育肥大致有3种形式。

1. 快速育肥

快速育肥也称直线育肥。其主要技术措施如下：

①高营养。仔兔28天断奶后直接转入育肥兔群，喂全价颗粒

饲料，其中粗蛋白含量18%左右，粗纤维10%～12%，每千克饲料含消化能10.47 MJ以上。自由采食和饮水。

②高密度。每平方米育肥兔笼养兔18只左右，通过增加密度来减少运动量。

③控光。采取全黑暗或弱光育肥，以控制性腺发育，促进生长，保持安静，减少咬斗。

④控温控湿。温度保持在15～25℃，湿度在60%～65%，空气流通。

⑤高效率。育肥兔70～80天出栏，育肥期日增重45 g左右，耗料增重比小于3∶1，全进全出，年周转4.5次，笼舍利用效率极高。

快速育肥方法需配套的设备、技术和品种（或杂交组合、配套系），在养兔发达国家多采用。属高投入、高产出的生产经营方式。因目前我国农村家庭养兔尚不具备以上条件，可借鉴其中的某些技术和做法。

2. 中速育肥

中速育肥是采用精、粗料相结合育肥。一般仔兔刚断奶时即以精料为主，20天后精粗各半，以后以青粗饲料为主，最后10～15天增喂精料；也可自始至终采取精粗各半喂养。这种方法育肥，日增重25～28 g，3.5月龄出栏。中速育肥适于农村多青季节。

3. 传统育肥

仔兔断奶后就以青饲料为主，每天补一定混合料，等小兔长到1 kg以上时，基本上全部喂青草，交售前1～2周，每天晚上补加50～75 g混合料，主要是玉米、麸皮等，另加一些石粉和食盐。农村普遍采用此种育肥方法。育肥期日增重在20～25 g，4个月左右出栏。

家兔的育肥效果因品种不同而有很大差异。一般讲，肉用品种最好，皮用品种次之，毛用品种最差。所以，家兔育肥时应首选肉用品种，在肉用品种中宜选用比利时兔、新西兰兔、加利福尼亚兔、哈白兔、虎皮黄兔、塞北兔、大耳白兔、丹麦白兔等优良品种。杂交育肥有利于杂种优势发挥。杂交一代生活力强，生长快，商品率高，一般体重较纯种兔提高 8%～15%。

成年兔的育肥是指在繁殖、生产和生长发育过程中被淘汰的种兔、青年兔及毛兔等。育肥期一般为 13～35 天，育肥期尽量安排在 2 次换毛之间，育肥良好的可增重 1～1.5 kg，而且屠宰时还能获得优质皮张。

○ 皮用兔的饲养管理

皮用兔因有特殊的生产目的，对饲养管理也有特殊要求。

1. 幼兔饲养

对于皮用兔的幼仔兔，应前期补饲，后期限量。成年兔的皮张面积和幼兔时期的营养有很大关系，因为幼兔骨骼、肌肉、毛皮组织的发育决定了皮张的面积和毛密度。提高幼兔期饲养水平有利于增大皮张面积，促进毛囊发育，增加毛密度。在生产中，皮用兔的营养水平建议为：消化能 9.8～11.0 MJ/kg，粗蛋白质 16%～17%，粗纤维 14%。3 月龄后可适当降低配合饲料比例，但要保证优质青饲料和干草。为防止相互啃咬，实行单笼饲养并积极预防疥癣、霉菌性脱毛癣、皮下脓肿等疾病。

2. 合理配种，适时取皮

皮用兔的采皮时间一般不宜早于 6 个月，且冬皮质量最好，所以，应根据皮用兔的生长规律，统筹规划，确定合理的配种、产仔时间，保证最佳的取皮季节和时间。

○ 毛兔的饲养管理

毛兔的一般饲养管理与其他品种基本相似，但毛兔的主要生产目的是获得大量优质的兔毛。所以，与其他兔相比有其特殊性。

长毛兔周身覆盖着很厚的绒毛，较其他品种散热更困难，更怕热；其性成熟时间较肉兔和皮肉兔晚，繁殖力和泌乳力较低，一般母兔的初配年龄为7～8月龄，公兔8～9月龄，年繁殖3～4胎，每胎哺乳仔兔4～5只，仔兔40～50日龄断奶。

长毛兔的饲养管理有其自身的特点。

1. 营养需要量大

兔毛纤维是由蛋白质构成，它的化学成分除碳、氢、氧外，还含有氮和硫。兔毛纤维的蛋白质绝大部分以胱氨酸的形式存在。一只高产长毛兔，可年产毛1 000～1 500 g以上，毛中蛋白质绝对量超过2 kg，相当于肉兔长7 kg肉所需的蛋白质，对蛋氨酸和胱氨酸的需要量更高。因此，长毛兔的能量需要一般在10～11.3 MJ/kg，适宜的粗蛋白水平为17%～20%，含硫氨基酸0.7%～0.8%。实验表明，生长兔和泌乳母兔日粮中含硫氨基酸低于0.6%，成年毛兔低于0.5%时，则兔毛的生长受阻。毛兔日粮中添加适量钴、锌、铜等微量元素，对产毛量有明显的促进作用。

2. 饲喂量的调整

毛兔对营养的需要量和生理阶段有关，也随采毛和毛的生长周期而变化。采毛后第一个月采食量最大，对饲料的需要量也最大，第二个月兔毛生长快，要求营养充足，第三个月兔毛的生长趋缓，食欲减退，采食量下降。所以，应根据兔毛的生长周期调节喂料量。

3. 科学采毛

科学的采毛方法能提高兔毛的产量和质量，也有利于兔的健康。适当的采毛间隔，有利于毛兔发挥正常的生理功能，减少皮肤病的发生。采毛方法对毛纤维也有明显的影响，粗毛型兔宜拔毛，绒毛型兔宜剪毛。

长毛兔第一次采毛一般在出生后2～3个月进行，以后每隔10～12周采毛1次。母兔除妊娠期停止采毛外，产仔后即可采毛。但在母兔下次产仔时应有足够的时间长毛，以便拉毛覆盖仔兔,或在采毛时留下腹毛,以便产前拉毛絮窝用。

采毛的方法有:剪毛、拔长留短和拔光毛 3 种方法。

(1)剪毛

一般 80 天剪毛 1 次,一年剪毛 4 次,适用于大群饲养时的采毛。剪毛前应先梳毛,拔出枪毛。梳毛时先将兔放在桌(梳毛台)上,从背中线把毛向两侧分开,先梳一侧以去除异物,梳完一侧后用同样方法梳另一侧。梳毛的顺序为:颈部→背部→臀尾部→胸、腹、大腿内侧和脚→头部。梳下的毛整理分级待售。

剪毛的方法:将兔放于操作台上,左手固定耳朵,右手握剪。沿背中线将兔毛向左右分开,剪口向前,自臀部向前一行行地直剪至耳根。然后将被毛分成左右两边,逆毛向一排排地剪取。剪完背部、体侧、臀部的毛后,再剪头面及耳毛。操作时将兔皮绷紧,剪刀贴近皮肤,刀口稍侧起以免剪伤皮肤。特别是剪腹部毛或胸毛时更要小心,避免剪伤乳头或睾丸。剪毛时要一刀准,一刀剪下不再修剪。如有破伤,可擦抹碘酒。

(2)拔长留短

拔毛又称拉毛,是毛兔换毛期和冬季采毛的一种方法。一般每隔 30～40 天拔 1 次。其操作方法是先用稀齿梳子梳通兔毛,左手固定兔,右手的食指、拇指、中指将长而密的毛一小撮一小撮轻而快地往后拉下,切忌大撮大撮地粗暴拔毛,以防损伤兔皮肤。拉毛时先拉较硬的枪毛,后拉较长的绒毛,留下短毛继续生长。拔毛时从背部开始,顺毛方向拔取。拔毛具有采集的毛较长,品质好的优点。对粗毛型兔拔毛可提高粗毛率。冬季不宜拔光毛,以供毛兔防冷御寒。

(3)拔光毛

在晚春或夏季较温暖的季节采用拔光毛。除兔的头毛和脚毛外,全身被毛全部拔光。拔光毛可提高毛质量,新毛整齐,不缠结,不掉毛。拔毛可刺激皮肤,促进皮肤血液循环,增强机体抵抗力,减少皮肤病,促进健康。幼兔皮肤细嫩,所以,第一次采毛不宜采用此法。妊娠期、哺乳期和配种期的公兔不宜采用此法。

○ 宠物兔的饲养管理

宠物兔属于观赏型的兔子,要求任何时候外观美丽漂亮。多数宠物兔个体较小,抗病力稍差,如果饲养管理不当时,常会影响外观,有时会导致成活率降低,因此,要求更严格的饲养管理条件。

宠物兔也分为仔兔、幼兔、青年兔和种兔。各阶段的饲养管理技术与普通家兔基本相同,但为了保证外形美观、漂亮,还需采取一些特殊的饲养管理措施。

1. 选择适宜的宠物兔

宠物兔的大小不同,毛色、花纹多种多样,被毛长短不一,耳大小形态有别,要根据自己的喜好,选择适宜的外形。同时,对选择的兔还要求反应灵敏,活泼好动,肌肉紧实,肥瘦适中,被毛光顺,不零乱,不干枯,手摸柔软有弹性,无缺毛、掉毛现象;扒开被毛检查皮肤,应该完整,无红肿、外伤、疥癣或炎症,腿结实,爪完整。眼睛和鼻孔周围不应有分泌物,耳朵干净。肛门周围干净,无拉稀现象。

2. 科学喂养

(1)饲料搭配

种用宠物兔的仔兔、幼兔、青年兔、种兔的营养需要、饲料配方和饲喂见前述。商品宠物兔以娇小伶俐更迷人,所以在饲喂时在不影响健康的前提下,应尽量降低营养水平,因此饲料蛋白质、能量、钙、磷等稍低,粗纤维较高。因观赏用商品兔主要是幼兔和青年兔,所以,表 6-1 只提供了幼年、青年宠物兔的饲料配方,供参考。

(2)饲喂方法

饲喂宠物兔适宜的精料饲料形状是颗粒饲料,日喂 2 次,根据体重的不同,每天饲喂 50～150 g 不等(饲喂量为体重的 3%～5%)。其他时间饲喂青绿饲料,日喂 3 次,饲喂量占体重的10%～

30%。一天中，精料与青料交替饲喂。青绿饲料可选择苜蓿、胡萝卜等，尽量少喂含水量过高的菜类，如白菜、菠菜等。

表 6-1　商品宠物兔的参考饲料配方　　%

幼兔(45～90 日龄)		青年兔(90 日龄至性成熟)	
饲料原料	配比	饲料原料	配比
草粉	45	草粉	45
玉米	22.5	玉米	20.5
麸皮	16	麸皮	21
豆粕	15	豆粕	12
食盐	0.5	食盐	0.5
预混料	1	预混料	1

注：预混料中含有各种维生素、微量元素以及必要的酶制剂等。

3. 科学管理

(1)严格控制环境条件

选择适宜的兔笼：商品宠物兔笼的尺寸一般宽×深×高为 60 cm×40 cm×40 cm(图 6-1)，底下放一较兔笼底部稍大的塑料盘承接粪尿。正面有门供其出入，料槽、饮水器具可放到笼内(彩图 16)。平时将兔笼放到通风良好、冬暖夏凉的地方。

温度：多数宠物兔个体较小，抗寒能力差，尤其是仔兔期间，前一周的环境温度最好保持在 30～32℃。刚断奶的幼兔虽然抗寒能力较强，但在寒冷的季节，也要采取保温措施。

搞好卫生：饲养的商品宠物兔，每天清理 1 次粪尿，并对粪尿盘进行洗刷，且每周用 0.1%的高锰酸钾消毒 1 次。兔笼经常洗刷消毒。

(2)梳毛

梳毛可起到按摩的作用，促进血液循环，提高机体代谢率和健康水平，增进主人和兔子之间的感情交流，降低兔子的胆怯心理。对于长毛的宠物兔，为保证兔毛光顺，美观，每天梳理被毛。梳毛

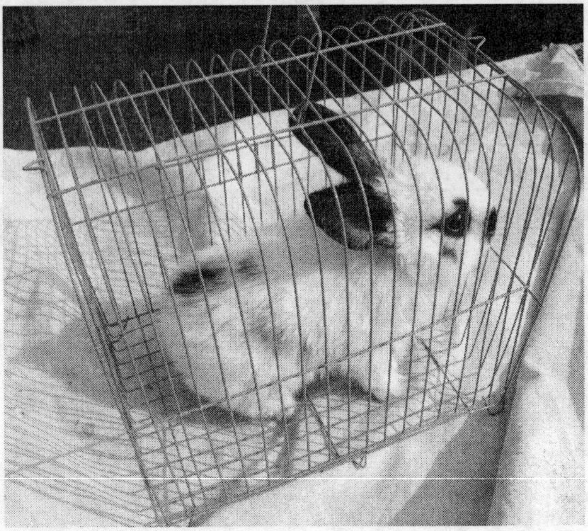

图 6-1　宠物兔笼

时将兔子抱到膝盖上，在兔子身上喷洒顺毛喷雾剂，以防兔毛乱飞和产生静电。从背中线把毛向两侧分开，先梳一侧，梳完一侧后用同样的方法梳理另一侧。梳毛的顺序为：颈部→背部→臀尾部→胸、腹、大腿内侧和脚→头部。每次梳理约 5 min。对短毛品种，也需进行梳理，方法相同。每周梳理 1 次。

(3)清洗耳朵

兔子耳朵污垢堆积过多后，容易生病，应经常清洗，特别是垂耳型的兔子。清洗时，用棉签蘸取清洗液，擦拭耳朵内侧，或将清洗液滴在耳朵上，再用棉签轻轻地擦拭。操作时动作要轻，防止损伤内部组织。

(4)剪指甲

为了防止兔子乱抓乱挠，破坏物品，也避免抓伤自己，应经常检查兔子的爪子，发现较长、较锋利时应进行修剪。修剪时，把兔子夹在两腿间，待其安定后，便可修剪。修剪时要将爪前端角质的部分修去(似剪指甲),不能剪到红色的部分,一般从血管的前端 2～3 mm 处剪去,再用小锉磨光滑即可。

(5)洗澡

一般的宠物兔每月洗澡 1 次。洗澡的水温要接近兔体温,用专用浴液;洗完后要迅速擦干,之后用吹风机吹干,避免着凉感冒。

宠物兔的其他饲养管理技术参看前述。

❸不同季节的饲养管理

○ 春季

气温渐升,阳光充足,青饲料相继供应,是繁殖和产毛的黄金季节,应抓住时机搞好春繁。但也有不利因素,如早春青绿饲料相对缺乏,多种传染病容易发生,气候多变,家兔换毛等。所以,应在克服各种不利因素的前提下满足家兔的营养需要,使兔尽快恢复体况,母兔早发情,早配种。无冬繁条件的兔场,一般可安排 2 月中旬开始配种,3 月上旬配完,春繁 2 胎。春季的饲养管理也很重要,应做好各项管理工作。

1. 保证饲料供应,抓好过渡

早春青绿饲料缺乏,应注意维生素类饲料的供应,如修剪掉的嫩树枝、冬贮的白菜、萝卜、生大麦芽、绿豆芽等。随着气温的回升,青绿饲料快速生长,但由于青饲料幼嫩多汁,适口性好,应控制喂量,把握质量,做到不喂霉烂变质或带泥沙、堆积发热的青绿饲料;菠菜、灰菜含有草酸能与肠道钙离子结合成不易被吸收的草酸钙,不利于钙的吸收和利用,应控制喂量;冬贮的花生秧、青干草等经过冬雪春雨,受潮发霉,同时萝卜、白菜保管不当也会腐烂变质,有引起兔饲料中毒的可能,应特别注意。家兔饲料由干草型向青草型的过渡要逐步进行,控制青饲料给量,做到青干搭配,避免兔贪食。

2. 搞好卫生，预防疾病

春天万物复苏，是多种传染病的暴发季节，这对养兔上造成一定的威胁，所以，要特别注意保持笼舍清洁卫生，做到勤打扫，勤清理，勤洗刷，勤消毒，达到笼舍内无积粪，无臭味，无污物。同时做好兔瘟、巴氏杆菌、魏氏梭菌和传染性口腔炎的预防工作。

3. 加强营养，搞好春繁

春天是家兔季节性的换毛期，要脱去冬毛，换上夏毛。长毛兔本身生长、长毛需要加上春繁任务，要求饲料中蛋白质充足，能量要保证，维生素要满足，日粮含硫氨基酸的含量达0.6%以上。

种公兔日粮中要注意维生素的供应，为防止公兔长期停配造成精液品质不良，可采取重配和复配来提高受胎率。

春季早晚温差大，幼兔易患感冒、肺炎等疾病，甚至引起死亡，所以，要特别注意幼兔的早晚保温。

○ 夏季

夏季气温高、湿度大，对家兔生长极为不利，防暑降温和防病灭病是工作的重点。

1. 防暑降温

防暑降温的操作方法灵活多样。室外笼舍可搭建凉棚或种植藤蔓植物，如丝瓜、葡萄等；舍顶或向阳墙面喷刷成白色，以利反光，减少吸热；舍顶喷水，舍内安装电扇，门或窗增设水帘等。阴天空气潮湿，会引起一系列的变化，如饲料水分含量增加，易发霉变质；兔舍空气潮湿，易使细菌及多种微生物滋生，引起疾病；所以阴雨天家兔的科学的饲养管理尤为重要，应引起重视。首先应该严格控制兔舍的进水量。舍内地面、兔笼尽量不要用水冲洗；兔子用的饮水盆和饮水器要固定好，注意不要被兔拱翻或损坏，使水洒出；自动饮水器要经常检查，发现漏水及时修补。如果空气的湿度很大，也可以在兔舍地面撒干的草木灰或用生石灰吸潮，但在撒吸湿剂之前，要把门窗关好，防止室外的潮湿空气进入室内。接粪板和兔舍的排粪沟要有一定的坡度，兔舍内的兔粪、兔尿应及时清除，尽量不使粪、尿在兔舍内滞留。同时，要经常检查兔舍的门窗，防止雨水浸入兔舍。由于潮湿的空气会加速饲料的霉变、饮水的质变。在饲喂家兔时，湿拌料要少喂勤添，尽量做到食槽每餐皆净，同时应适当多喂干草；每次饲喂颗粒料前应检查食槽剩余饲料是否霉变，是否有饮水器漏水到食槽的情况，遇到有饲料结块时应及时清除。还要经常检查饲料的品质，发现结块或霉变，及时清除。生产实践中有不少兔场使用罐头瓶做饮水器，要注意勤换饮水，因为罐头瓶口径较小，兔子嘴不能触及瓶底，如果经常向瓶内加水，总会有近 1/3 的水不能得到更新，再加上兔子在饮水时口中的饲料碎屑掉入瓶中，很容易引起细菌滋生，时间长了会诱发疾病。潮湿的空气，也会引起多种疾病。因为不卫生的饲料或不清洁的饮水，易引起兔的肠炎等疾病，所以，在潮湿季节的饲料添加 1%～3%的木炭粉可以预防腹泻，在饮水中加入 1%～1.5%的抗菌药可以预防肠炎。潮湿还会引起球虫病的暴发，导致家兔大批死亡，因此要定期投喂抗球虫药。

2. 预防疾病

搞好卫生、减少疾病是保证家兔安全度夏的重要措施之一。夏季蚊蝇滋生，鼠类活动频繁，给传染病的防治带来了难度。所以，要切实搞好饮食卫生、笼舍卫生和兔舍周围的环境卫生，消灭鼠害。每周用消毒药水喷洒消毒地面 1 次；3%～5%过氧乙酸喷洒笼舍；纱窗、纱门喷洒药物消灭蚊蝇。由于夏季兔体抵抗力下降，特别容易暴发球虫病，引起幼兔大批死亡。应采取综合措施进行防治。定期投喂抗球虫药，如氯苯胍、球虫宁、克球粉、敌菌净、抗球王等；同时及时处理粪便，堆积发酵；母仔分养，大小分群；控制兔舍湿度，保持兔舍干燥。

3.精心饲养,停繁停配

由于夏季气候炎热,家兔采食量少,应及时调整给料量,做到早餐早,午餐精而少,晚餐饱,加夜草。把80%的饲料量集中在早晨和晚上;粗料湿拌要少喂勤添,防止剩料腐败。同时要保持清洁干净的饮水,必要时可饮0.01%高锰酸钾水以防消化道疾病,1%~1.5%食盐水以防中毒;0.01%~0.02%稀碘水防球虫。

受高温天气影响,夏季母兔发情不规律,公兔精液品质下降,自然条件下应停止配种和繁殖。

○ 秋季

秋季温度适宜、饲料充足,是兔生长和繁殖的黄金季节。此期成年兔进入每年的第二次换毛季节,体质弱,采食量小,应加强饲养管理。

1.搞好秋繁

夏季高温效应的延续,使公兔精液品质不良。加之光照渐短,进入季节性换毛期,母兔发情不正常,造成秋季配种受胎率往往不高。所以,应从营养、催情、配种技术等方面采取措施,确保秋繁。实践表明,种公兔日粮中添加维生素A、维生素E和微量元素硒,能快速提高精液品质;人工补光,复配,早期妊娠诊断,及时补配,这些都能提高繁殖率。

2.加强饲养管理

秋季正是成年兔的换毛期,体质弱,食欲差,应注意日粮中蛋白质的含量,保证青绿饲料供应。深秋季节,昼夜温差大,应加强管理,关好门窗,防止兔舍小气候气温骤变。

3.做好饲料储备和变更

立秋之后,树叶开始凋落,农作物相继收获,应抓紧时机进行储存。饲料的储存量可按一冬和半春的需要量计算,并增加5%~10%的变异系数。饲草如果采收太晚,会木质化,可利用成分降低。同时饲料由青绿饲料向干草饲料过渡,要逐步完成,使兔有一段适应过程。

4. 预防疾病

秋季也是疾病的多发季节,应特别注意兔瘟、巴氏杆菌、魏氏梭菌疫苗的注射。若气温在 10℃以上且天气阴雨,还要防止球虫病的暴发。

○ 冬季

冬季风寒气冷,昼短夜长,青饲料缺乏,给养兔工作带来了很大困难。因此,做好冬季饲养管理工作是很重要的。

1. 防寒保温

因冬季气温低,防寒保温是冬季饲养管理的重点。入冬之前要关门窗,挂门帘,堵缝洞以减少散热量;增加饲养密度和取暖设施,如土暖气、沼气炉、生火炉、扣塑料大棚来增温保温,同时应保持舍内干燥。

2. 调整饲喂结构

由于天寒地冷,兔散热多,要对日粮配方及饲喂结构进行适当调整。适当增加能量饲料的比例(10%～15%),增加日饲喂量 15%～30%,加喂菜叶、胡萝卜、大麦芽等以补充维生素含量的不足。

3. 做好冬繁

冬繁是提高种用年限、增加经济收益的措施之一。实现冬繁的关键技术是保证温度和维生素类饲料,采取综合措施使兔舍温度保持在 5℃以上。生产中多采用母仔分离法(即将仔兔放于温暖处,定时哺乳)、半地下窝、地下窝法、塑料大棚法、火墙增温法、山洞冬繁法。同时注意补喂维生素类饲料,在多汁饲料不足的情况下,按标准量的 2 倍补加维生素添加剂。人工补光使光照时间达到 14～16 h。

4. 加强管理

冬季兔舍密闭性增加,通风不良,有害气体增多,易诱发呼吸道疾病。因此,在晴朗的中午,打开门窗,排出浊气。仔兔巢箱勤清理,勤换草,保持清洁干燥。

长毛兔最好不要在寒潮来临之前采毛。若采毛,要在笼内加设巢箱,垫上干草,以备家兔夜间栖宿之用。

室内生火取暖时,要设烟筒和通气孔,防止煤气中毒。

5. 整理兔群

秋末冬初要全面整理兔群,留良汰劣。对商品兔快速育肥,以提高产品质量。

❹家兔的一般管理技术

○ 捕捉方法

正确的捕捉方法为:先用手在兔的头部顺毛抚摸,使其安静;尔后一只手抓住两耳及与颈相连的颈皮,轻轻提起,另一只手托住兔臀部,使兔身体重心落在托兔手上,同时使兔的四肢向外,背向人胸部,防止兔抓伤人。

提耳法、提后肢、提前肢、提腰部的捕捉方法都是不正确的。

○ 雌雄鉴别

初生仔兔可根据阴部孔洞形状与肛门的距离来鉴别。凡阴部生殖孔扁平略大,距肛门较近者为母兔;生殖孔圆而略小与肛门较远者为公兔。开眼后的仔兔可根据生殖器的形状来鉴别,一般用左手抓住兔的双耳和颈部,右手托臀部且用食指与中指夹住仔兔尾巴,拇指轻轻向上推开生殖器,顶部呈“O”形、下端呈圆柱形为公兔;母兔则呈“V”形,下端裂缝延至肛门,无明显突起。

3 月龄以上青年兔的性别鉴定采用轻压阴部皮肤，张开生殖孔，中间有圆柱形突起者为公兔，有尖叶形裂缝朝向尾部者为母兔。

成年兔只要看有无阴囊，即可鉴别公、母。

○ 年龄鉴别

确切的年龄只能查看产仔记录及有关档案，在缺少记录的情况下，可根据体表及外形大致估计，一般 6 个月至 1.5 岁为青年兔，1.5～2.5 岁为壮年兔，2.5 岁以上的为老年兔。

1. 青年兔

眼睛明亮，门齿洁白、短小，排列整齐。趾爪白嫩，爪根粉红。其中红白长度相等多在 1 岁左右，红多白少多在 1 岁以下。爪短且藏于毛脚间。皮肤薄而紧密，行动灵活。

2. 壮年兔

牙齿呈白色，稍长、大、粗糙，较整齐；趾爪较长，白色稍多于红色；皮肤结实、紧密；行动敏捷，精神饱满；皮肤略厚紧密。

3. 老年兔

门齿暗黄，厚长、有破损，排列不整齐；眼无神；趾爪较长、粗糙、不整齐，大半露于脚毛外且质地老黄，爪尖钩曲；皮板厚而松弛。

○ 编号

为便于日常管理和生产性能记录、选种选配和进行科学试验，对种兔和试验兔应进行编号。编号的适宜时间为断奶前 3～5 天，适宜部位在耳内侧。为便于区别性别，可采用公左母右的编号方法，也可以公单号母双号。

编号时表示兔品种的号码放在第一位，以一个大写英文字母或汉语拼音字母表示，最好为该品种英文的第一个字母或汉语拼音的第一个字母。如新西兰兔用N或X表示，加利福尼亚兔用C或J表示，依此类推。一个兔场使用的代码应保持不变。

耳号上也有出生时间的信息，一般仅表示出生年、月或出生年或周。出生年用一位阿拉伯数字表示。如1990年用“0”表示，1991年用“1”表示，依此类推。出生月用两位数表示，1～9月份用01～09表示，11～12月份以实际数字表示；出生周也用两位数字表示，即01～52表示。具体打刺耳号的方法有针刺法、耳号钳法和耳标法。

1.针刺法

在兔耳内侧中间无血管处，用蘸水钢笔蘸取食醋研的墨汁，刺破表皮到达真皮即可。刺时用力要均匀，深浅一致，刺点匀称。该方法简单易操作，便于采用。

2.耳号钳法

用特制的耳号钳，按一定的号码顺序依次固定，在耳内侧无毛少血管处，碘酒消毒要刺部位，尔后涂上醋墨(加入少量食醋的墨汁)，用耳号钳夹住要刺部位，用力压紧，刺针即刺入皮肤。取下耳号钳，用手轻捏耳廓，使墨汁浸入针孔，数日后即可呈现蓝色号码。

3.耳标法

用带有记号的子母扣耳标，选择兔耳的少血管处，内外侧用碘酒消毒，尔后用力按下子扣，合好母扣即可。由于耳标上带有预先编好的记号，应及时做好记录。耳标法的操作简单，劳动强度较小，适合于较大的兔场。

○ 去势

去势是提高非种用公兔生产性能的措施之一。去势有利于提高毛皮品质，改善肉质。母兔去势手术繁琐，对生产性能有不利影响，所以，常进行的去势一般不包括母兔。

1. 线扎法

用丝线或橡皮筋结扎精索，切断睾丸的血液供应，10 天左右，睾丸及阴囊部分就会萎缩脱落，达到去势的目的。实施此法，在术后 1～2 天内，个别公兔会发生特有的炎症反应，阴囊和精索迅速增大 7～8 倍，3～5 天后肿胀即会减退，20 天左右睾丸会萎缩成硬块。

2. 刀割法

公兔腹部朝上，四肢分别保定好，用拇指、食指和中指捏紧固定好一侧睾丸，防止滑动，用 75%酒精或 2%碘酊消毒切口处，尔后用灭菌手术刀片或刮胡刀片，于阴囊中线处纵向切开 1 cm 小口，用力挤出睾丸，切断精索，摘除睾丸，再用酒精或碘酊消毒切口即可。

○ 公兔输精管结扎

兔人工授精时，需用结扎输精管的公兔进行性别刺激，促进母兔排卵，尔后输精。输精管结扎公兔也可用来诱导发情、妊娠诊断。

选体质健壮、性欲旺盛的青年公兔，腹部向上保定，睾丸挤入阴囊，用手固定精索，酒精或碘酒消毒切口处，用灭菌刀片切一 0.3 cm 长的小口，用镊子将精索拉出，切开精索结缔组织的总鞘膜，找出输精管，用线结扎两端，中间剪断，再将精索送入阴囊中，消毒刀口。一般不用缝合，2～3 天伤口自然愈合。手术中不要剪断精索中的血管；试情公兔单笼饲养，术后 14～15 天时，连续采精 2～3 次，至排出物全部为精清而无精子时方可正式使用。

○ 妊娠诊断

配种后的母兔是否受孕，需要进行妊娠诊断，以便查出空怀母兔，及时补配。

1. 摸胎检查

交配 1 周后，将母兔放于平地，术者左手抓住兔的双肩及肩胛部皮肤，头朝术者，右手拇指与其他四指呈“人”状，轻轻触摸腹部，若腹部柔软如棉，摸不到胚胎则未受孕；若摸到肥厚的子宫，并能触摸到滑动的肉球，表明已受孕。

受孕 10 天左右，胚胎一般为蚕豆大小，15 天拇指大小，20 天核桃大小，22～23 天可摸到胎儿头部。妊娠超过 15 天以上的母兔，通过增大的腹围即可看出。

摸胎时，动作要轻以免引起流产。注意区分胚胎和粪球：粪球呈椭圆形，指压没弹性，表面粗糙，数量较多；胚胎呈圆形，位置较固定，排列在腹腔后部，指压有光滑和弹性感。

2. 复配检查

初配后 7～8 天，将母兔放入公兔笼内或试情公兔笼内，若母兔拒绝交配并发出“咕咕”叫声，说明已受孕，否则未孕。

第7章 兔场建筑、设备及用具

❶ 场址选择 …………………………………………………… 157
❷ 兔舍建筑 …………………………………………………… 158
❸ 兔场的设备及用具 ………………………………………… 161

❶场址选择

选择场址应对地势、地形、土质、水源、交通、电力、防疫等因素进行综合考虑。不同经营方式、生产特点、管理形式的兔场对上述条件的要求不同。

○ 地势、地形、土质

兔场应建在地势高燥，地下水位在 2 m 以下，避风向阳，年温差较小，地面平坦或稍有坡度，排水良好的地方。土质以壤土或沙壤土为好。面积既要充足，又要合理充分利用，一般每饲养 1 只基础母兔需占地 0.8 m^2，如养 500 只基础母兔，约可占地 2 700 m^2。

○ 水源、电力

兔场的水质要好，参考人的用水标准。水源要充足，大型养兔场最好有自己的水塔。电力供应要正常，能保证正常的生产和照明。

○ 交通、防疫

兔场的交通既要方便又要远离主要干线，一般要求离干线、居民点、屠宰厂、畜牧场、畜产品加工厂在 500 m 以上。

❷兔舍建筑

○ 兔舍建筑的一般原则

建造兔舍应遵循适合家兔生活习性，满足家兔生长发育、生产、配种繁殖的需要，便于饲养管理和疾病防治，坚固耐用，成本低的原则。家兔耐寒怕热，建兔舍首先应考虑夏季如何防暑降温。因此，应选择保温性能好、导热能力差、无腐朽、质量可靠的材料，墙体有一定的厚度，一般为二四墙或三八墙，屋顶要厚，通风孔要充足，以备夏季通风。舍内要有足够的面积，以利于操作。地面、墙壁要平坦、光滑，便于消毒和洗刷。就地取材，充分利用当地资源，降低成本。

○ 兔舍类型

兔舍的形式多种多样，如有密闭式、半开放式、开放式、棚式、半地下式等，各兔场应根据本场的自然条件、人力、物力、财力和生产目的选择适宜的兔舍形式。

1. 密闭式

四周为墙，前后有窗，前窗大于后窗，屋顶成“人”字形或为拱形、平顶形，可设天窗。舍内可摆放 1～3 列兔笼(彩图 17)，兔笼沿兔舍长轴摆放，如图 7-1 所示。这种兔舍保温能力强，室内环境可人为控制，减少外界环境的影响，便于管理，防止兽害。但若粪尿处理不及时，舍内空气较差，有害气体浓度较高，尤其是冬季，通风和保温形成了矛盾。密闭式是目前使用最广泛的一种形式。

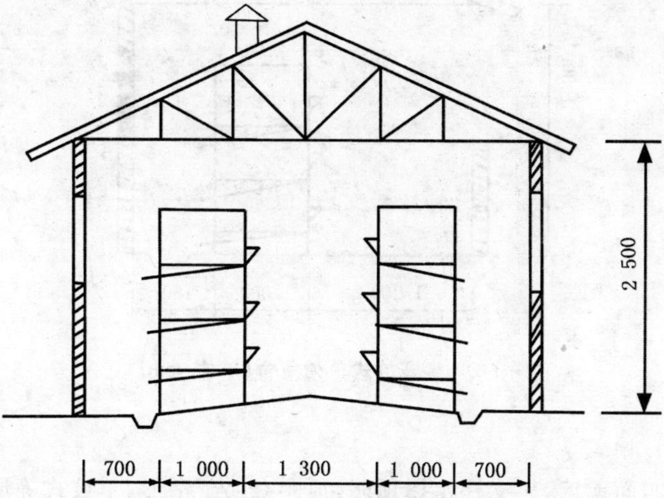

图 7-1　双列密闭式兔舍（单位：mm）

2. 半开放式

三面为墙，后墙有窗，前面仅有半截墙，上半截用铁丝网连接。屋顶形式有单坡式、双坡式、拱形和平顶等多种形式，可设天窗。冬季铁丝网处用塑料布遮挡，夏季去掉塑料布。舍内可放 1 列或 2 列兔笼，沿长轴摆放，如图 7-2 所示。这种饲养方式通风透光性好，投资小，便于管理，空气新鲜，但环境受外界影响较大，适合于较温暖且年温差较小的地区。

3. 开放式

兔舍的三面为墙，后墙有窗，前面为敞开式或用铁丝网连接。屋顶的形式见半开放式兔舍。这种饲养方式成本较低，空气新鲜，通风采光好，便于管理，但受外界环境的影响较大，适合于较温暖的地区。

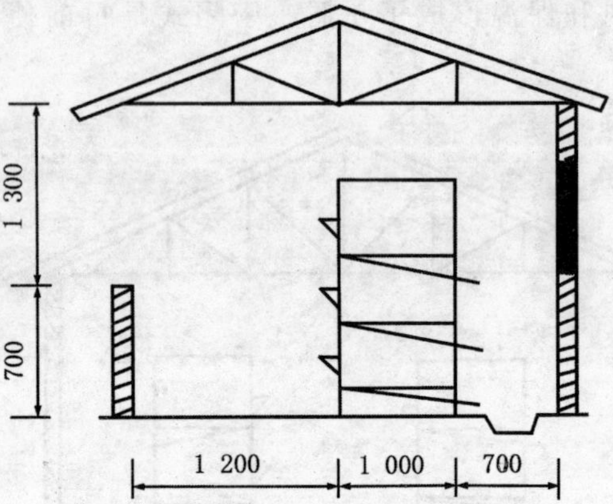

图 7-2　半开放式单列兔舍(单位:mm)

4. 棚式

四面无墙,靠支柱支撑顶棚,顶棚有"人"字形、单坡式等形式,如图 7-3 所示。这种方式投资很低,空气非常新鲜,采光好,建造快捷,但环境难以控制,冬季寒冷,夏季炎热,难于防止兽害,适合于气候温暖的地区,并注意防止野兽的侵袭。

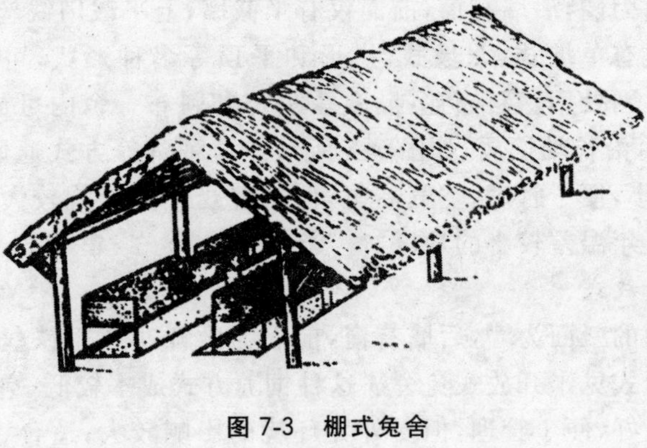

图 7-3　棚式兔舍

5. 半地下式

兔舍建在地上一半，地下一半，屋顶可为单坡式，并设天窗，地上部分的前后墙有窗，如图 7-4 所示。这种兔舍冬暖夏凉，温度较稳定，但夏季如不注意通风，湿度较大，且劳动强度大，适合于小规模的养兔场。

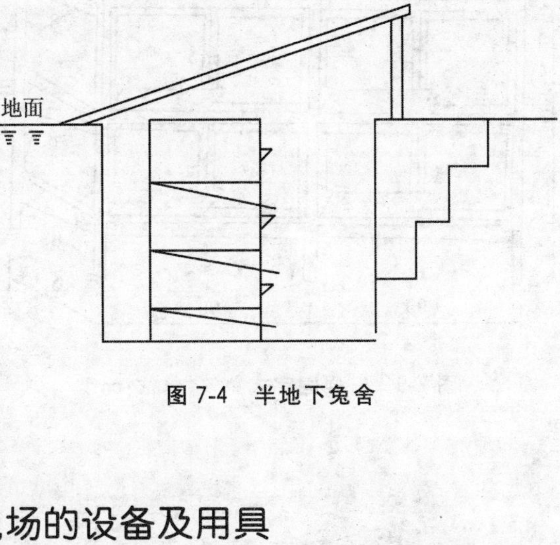

图 7-4　半地下兔舍

❸兔场的设备及用具

兔场的主要设备及用具有兔笼、饮水器、饲槽、产仔箱等。

○ 兔笼

兔笼是家兔赖以生存的直接环境，要求适合家兔生长、生产和繁殖的需要，坚固耐用，尤其耐啃咬，耐腐蚀性强，便于清理、洗刷、消毒，透光性好，便于操作，大小适中，耗材少，成本低。因此，其选材多为铁丝、砖、竹板等材料。兔笼的形式有单层、双层和三层。其中以三层笼较普遍（图 7-5 和图 7-6）。兔笼由支架、笼门、笼底、侧网及顶网、接粪板等部分组成。

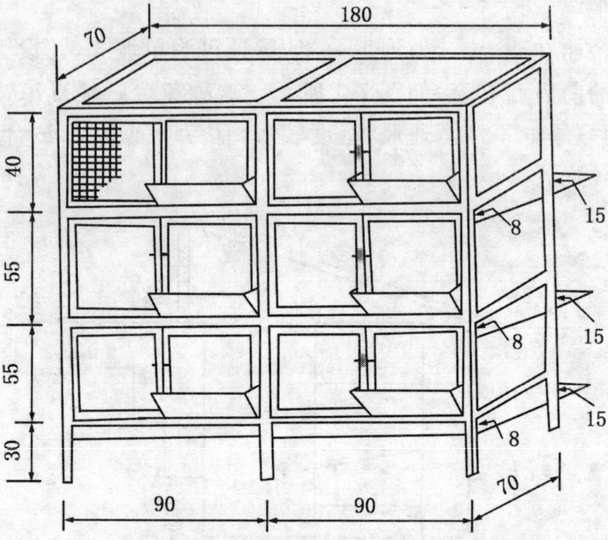

图 7-5　三层固定式兔笼(单位:cm)

图 7-6　三层叠层式金属兔笼

1. 支架

支架多用 3～3.5 cm 厚的角铁焊制而成，要求坚固，耐腐蚀，重量轻。

2. 笼门

笼门多开在前面，有单开和双开之分，一般为转轴式，左右或上下启闭。笼门长 30～40 cm，高与笼的前网相等或稍低。笼门上安装有草架、料槽、记录卡、饮水器等。

3. 笼底

笼底是家兔直接接触的地方，要求平坦而不滑，坚固耐用，耐腐蚀，有一定韧性，便于粪便漏下，不能有露头的钉子和其他的毛刺。网底的材料可为竹板、金属网等。竹板的宽度约为 2.5 cm，间隙为 1.2 cm。这种材料经济实惠，坚固耐用，底面平坦，耐啃咬，吸水性强，隔热性好，但应将板条钉平，钉子不能外露，否则将易引起骨折或脚伤。金属网的金属丝直径多为 2.4 mm，网孔20 mm×(150～200)mm 大小。这种材料坚固耐用，便于洗刷消毒，耐啃咬，但导热较快，抗腐蚀性较差，易发生脚皮炎。为了避免这种弊病，目前有的在铁丝的表面镀一层弹性塑料，取得了较好的效果。

4. 侧网、后网和顶网

侧网、后网和顶网多为 14 号铁丝点焊网，有的用砖砌成。侧网及后网网眼大小为 1.0 cm×1.5 cm，顶网网眼可适当加大。

5. 接粪板

多层兔笼层与层之间需有接粪板，接收由上层兔排泄的粪、尿和散落的饲料、毛屑等杂物。接粪板可用塑料板、镀锌铁皮等防水、防腐蚀性材料制成。大小尺寸依笼而定，前沿应超出下一层笼 6 cm 左右，以防上层粪、尿落到下层的饲槽和饮水中。

○ 饮水器

有多种形式，如瓶式饮水器、乳头式饮水器、瓷盆、水泥盆等。

1. 瓶式饮水器

瓶式饮水器由一瓶(可用特制或瓶口有一小豁口的酒瓶)和水槽组成,固定在笼门上,如图 7-7 所示。用时用水灌满瓶,倒扣在槽内,当槽内水位降到一定程度时,瓶中水会自动流出。这种饮水器成本较低,饮水干净卫生。但需要勤加水,适合于小规模养兔场。

2. 乳头式饮水器

乳头式饮水器由水箱、输水管、乳头等几部分组成,有国产和进口的。水箱是储存水的地方,用铁皮或塑料制成,其下部有一出水口与输水管相接。输水管负责将水箱内的水不断地运送到乳头,可用塑料管或铁管,其一端接水箱,另一端连乳头(图 7-8)。平时饮水器处于关闭状态,当兔用嘴叼咬时便可出水。这种饮水器多安装在笼的后网上,以兔饮水时较方便的高度为宜。使用乳头式饮水器干净卫生,减少水的浪费,省工省力,但成本稍高,有时用质量较差的饮水器容易漏水或不出水,平时应注意检查。

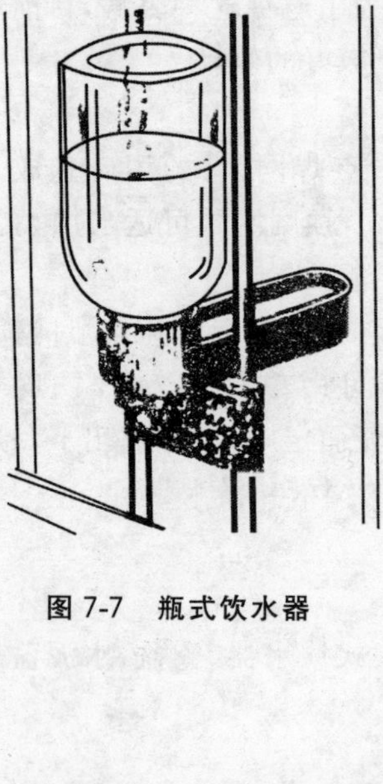

图 7-7 瓶式饮水器

图 7-8 乳头式饮水器

3. 饮水盆

饮水盆常用的有瓷盆和水泥盆，这种盆重量较大，不容易被踩翻，适合于小型养兔场。用时应经常刷洗，注意水的卫生。

○ 饲槽

饲槽是家兔采食用的工具。对饲槽的要求是便于加料和采食，坚固耐啃咬，便于消毒，防止饲料浪费。饲槽的制作材料可为铁皮、木板、塑料、竹、木、水泥等。饲槽的形状有多种多样，图 7-9 至图 7-12 分别为几种常见的饲槽形状，单位尺寸均为厘米，可供参考。

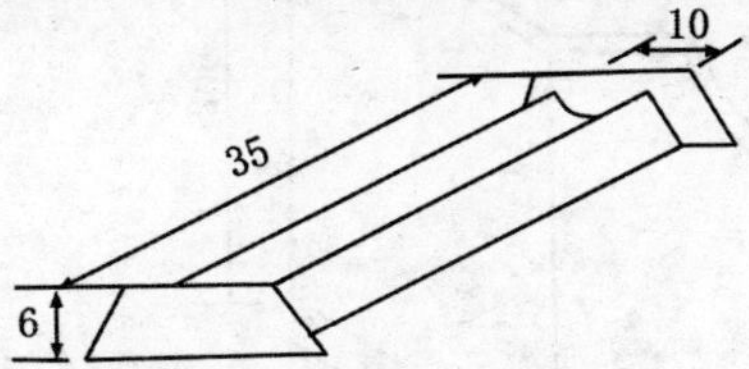

图 7-9　群兔饲槽

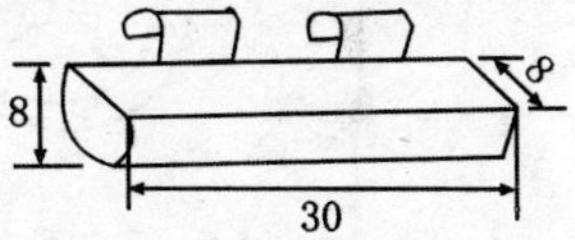

图 7-10　挂式饲槽

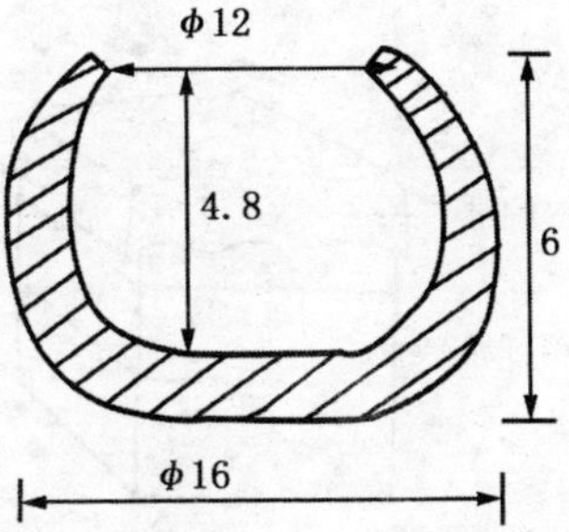

图 7-11　大肚饲槽

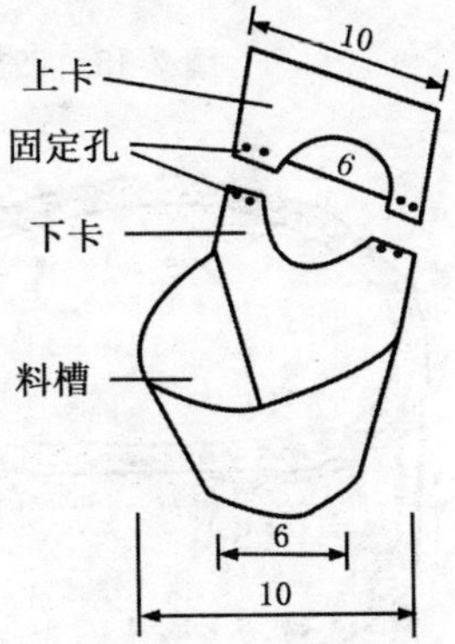

图 7-12　卡脖饲槽

○ 产仔箱

产仔箱是母兔产仔的地方，要求坚固，耐啃咬，保温性能好，光线较弱，容易清洗消毒，既保证母兔出入方便又不会将仔兔带出。

产仔箱主要由木材或金属制成。箱长为母兔体长的 70%～80%（约为 35 cm），宽度为胸宽的 2 倍（约为 30 cm），深约 30 cm，底部垫有柔软的垫料。产仔箱的主要形式见图 7-13 至图 7-15。

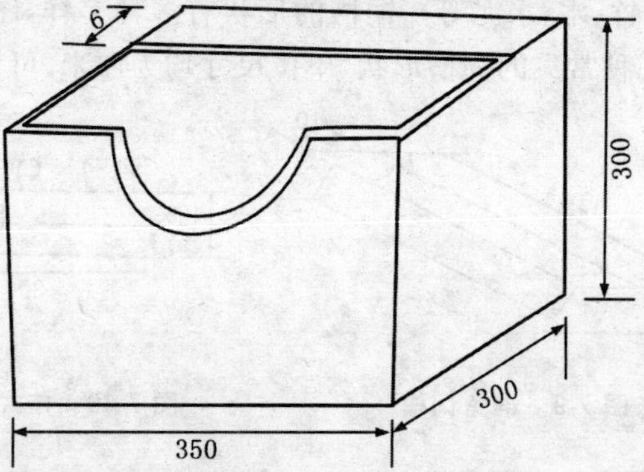

图 7-13　凹槽式产仔箱（木制）（单位：mm）

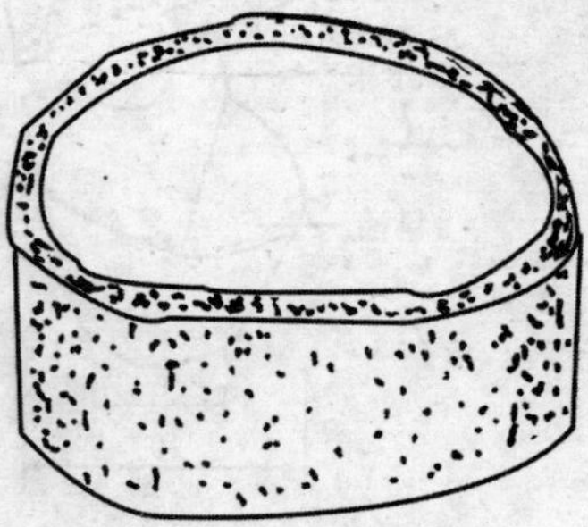

图 7-14　圆口产仔箱（水泥）

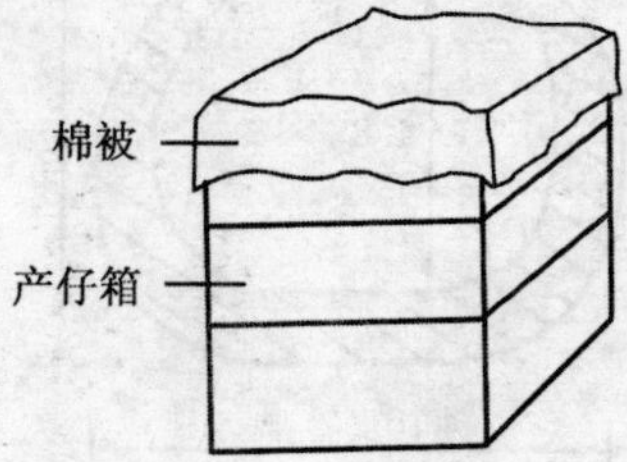

图 7-15　平口产仔箱（木制）

第 8 章　兔产品的加工与利用

❶ 兔肉的加工与利用 ………………………………………… 167
❷ 兔皮的加工与利用 ………………………………………… 175
❸ 兔毛的加工与利用 ………………………………………… 183
❹ 家兔副产品的加工与利用 …………………………………… 187

俗话说:"兔子虽小,全身是宝。"兔肉、兔皮、兔毛、各种屠宰副产品以及兔粪尿都各有其用途。为了提高养兔生产的经济效益,应广开门路,积极开展家兔产品的综合利用。

❶兔肉的加工与利用

兔肉是高级瘦肉食品,是肉食品加工业的重要原料之一,也是我国大量出口创汇的拳头商品。我国出口的兔肉远销欧、美、日等10多个国家和地区,居世界贸易量的第一位。

○ 兔肉的营养特点

1. 兔肉营养丰富,质量好

兔肉属高蛋白、低脂肪、低胆固醇的肉类。经化验分析,鲜兔肉中粗蛋白质含量平均高达21%,比猪肉、鸡肉都高。兔肉中含多种氨基酸,尤其是人体内不能合成的必需氨基酸含量丰富,这对儿童的生长发育是很有益处的。兔肉中脂肪含量最低,而且兔肉中脂肪的品质优于猪肉和鸡肉。兔、猪、鸡3种肉中的胆固醇含量又以兔肉含量最低。胆固醇不溶于水,也不溶于稀酸和稀碱,不能皂化,在食品加工过程中几乎不受到破坏，能在胆管中沉积后形成胆结石；能在血管壁上沉积，使动脉发生粥样硬化，是导致心脑血管疾病的重要原因之一。因此，常吃些兔肉可预防高血压、冠心病、动脉硬化等。兔肉是中老年人特别是心脑血管疾病患者的一种保健食品。

2. 兔肉肉质鲜嫩，味道鲜美

兔肉中蛋白质保持水分的能力强，肉质鲜嫩多汁。

3. 兔肉消化率高

兔肉肌纤维细嫩，烹调时不但熟得快，而且食后消化得快，消化率高，食后 2 h 就可消化，消化率高达 85%，对胃功能失调的人有利。

○ 家兔的宰杀

无论何种生产类型的家兔，其宰杀剥皮的方法基本相同。宰杀的主要目的是为了获取兔肉和兔皮这两种主要产品，因此，宰杀剥皮的方法要有利于操作和保证产品质量。

1. 屠宰前的准备工作

为了保证兔皮和兔肉的品质，对要宰杀的兔必须先进行健康检查，有病的兔尤其是患有传染病的兔应隔离处理。皮用兔除检查健康状况外，还应检查毛皮的质量，处于换毛期间的兔应延期屠宰。对于确定屠宰的兔，屠宰前应断食 8 h 以上，但饮水照常供应，宰前 3 h 停水，这样不仅有利于屠宰操作，保证产品质量，而且还可以节约饲料。

2. 屠宰方法

小规模兔场零星屠宰，多采用棒击法和颈部移位法。这 2 种方法简单易行。棒击法是左手将兔的两耳提起，右手持圆木棒，也可用拳头，猛击兔的后脑，兔立即毙命。颈部移位法是用一只手抓住兔的两后肢，另一只手大拇指按住兔两耳根后边延脑处，其余四指按住下颌部，然后两手猛用力一拉，使兔头向后扭，便可使颈椎脱位致死。另外，还可耳静脉注射空气 5～10 mL，使血管内形成栓塞致死;也可灌服少量食醋,引起心脏衰竭、呼吸困难而致昏。大规模屠宰多用割颈法和电击法。

3.放血

兔被击毙后应立即放血,最好将兔体倒挂,用小刀切断颈动脉,充分放血,放血时间不少于 2 min。放血充分的胴体,肉质细嫩,含水量少,容易储存;放血不全的,肉质发红,含水量高,储存困难。

4.剥皮

剥皮前先将兔倒挂,一般挂住一条后腿。然后将前肢腕关节和后肢跗关节周围的皮肤切开,再用小刀沿大腿内侧通过肛门把皮肤挑开,接着用手分离皮肉,剥皮时双手紧握兔皮的腹部,背朝向头部方向翻转拉下,犹如翻脱袜子。一般不需用刀,最后抽出前肢,剪掉耳朵、眼睛和嘴唇周围的结缔组织和软骨,至此一个毛面向内、肉面向外的筒状鲜皮即被剥下。在剥皮时应注意不要损伤毛皮,不要挑破腿肌和撕裂胸腹肌。关于鲜皮的初级加工将在后边加以叙述。

5.剖腹净膛

屠宰剥皮后应剖腹净膛,先用刀切开耻骨联合处,分离出泌尿生殖器官和直肠,然后沿腹中线挑开腹腔,取出除肾脏外的所有内脏器官。应注意避免开破脏器,污染肉尸,在取出内脏时,还应进行检验,主要注意其色泽、大小以及有无淤血、充血、炎症、脓肿、肿瘤、结节、寄生虫和其他异常现象(特别要注意蚓状突和圆小囊上的病变)。发现球虫病和仅在内脏部位的豆状囊尾蚴,非黄疸性的黄脂肪肉尸不受限制。凡发现结核、假性结核、巴氏杆菌病、黏液瘤、黄疸、脓毒症、坏死杆菌病、李氏杆菌病、副伤寒、肿瘤和梅毒等疾病,一律另做处理。最后,在前颈椎处割下头,在跗关节处割下后肢,在腕关节处割下前肢,在第一尾椎处割下尾巴。

6.屠体整修

经宰杀、剥皮和内脏出腔后的兔屠体,需进一步按商品要求整修。首先除去残余的内脏、生殖器官、腺体和结缔组织。另外，还应摘除气管和胸、腹腔内的大血管，除去屠体表面和腹腔内的表层脂肪。最后用水冲洗屠体上的血污和浮毛，沥水冷却。总之，整修的目的是为了达到洁净、完整和美观的商品要求。

7.肉品分级

带骨兔肉按重量分级。参考出口规格要求，共分以下4级：

特级　每只净重在1 500 g以上。

一级　每只净重在1 001～1 500 g。

二级　每只净重在601～1 000 g。

三级　每只净重在400～600 g。

分割兔肉，按部位进行分割。

前腿肉：在胸、腰椎切断，并沿脊椎骨劈成两半，切除脊椎骨、胸骨和颈骨。

背腰肉：10～11肋骨间向后至腰荐椎处切下。

后腿肉：切去背腰后，沿荐椎中线劈成两只。

去骨肉不能挟带碎骨和软骨，按重量整形。

8.储存

应冷藏，先在低温（0～5℃）下放置2～4 h，待胴体冷却后放入－20℃储存。

○ 兔肉食品加工

兔肉是高级瘦肉食品。多年来，我国劳动人民积累了很多兔肉食品加工烹调经验，本处简单介绍一些简单易行的兔肉食品加工方法。

1.兔肉菜食配料制作方法

(1)螺旋兔

原料：全兔（1 250 g左右的带头胴体）；玉果、丁香、草果、砂仁、白芷、胡椒等香辛佐料；甜面酱、碘盐、生姜、白酒、白糖等。

制法：取鲜净全兔加碘盐、白糖、白酒、姜末，在常温下浸渍 2 h；浸渍后捞出晾干，用香辛佐料（磨成粉）加甜面酱内外抹匀后放在案板上，用新鲜麻绳从头部起向下缠绕到尾部打结，呈螺旋状，然后用清水冲洗干净，于通风处挂起风干，蒸或煮熟即可食用。

（2）红烧兔

原料：全兔（1 250 g 左右的带头胴体）；玉果、丁香、桂皮、白芷、砂仁等香辛佐料；植物油、蜂蜜、碘盐等。

制法：取鲜净全兔，抹蜜后下锅油炸，捞出控油；取香辛佐料放到清水中熬制 0.5 h 后，将炸好的全兔放入，加碘盐，用旺火烧 15 min 左右，再压火 4 h 出锅即成。

（3）红焖兔块

原料：新鲜去骨兔肉、豆瓣酱、葱、姜、蒜、桂皮、砂仁、香叶、八角、花椒、植物油、老抽酱油、碘盐。

制法：将去骨兔肉切成方块，用老抽酱油搅拌均匀，下油锅炸成金黄色，捞出控油；锅上火，取少量植物油烧热后加入盐、葱、姜、蒜、豆瓣酱，加适量水，再将其他香辛佐料用纱布包好后放进锅里，用小火焖 2 h 即成。

（4）陈皮兔

原料：新鲜净兔肉、陈皮、姜、葱、花椒、干辣椒、碘盐、酱油、白糖、味精、料酒、红油、醋、熟油、芝麻油、鲜汤。

制法：将洗净的兔肉切成 2 cm 见方的肉丁入碗，加盐、酱油、料酒、葱节、姜片摊匀入味，腌渍 0.5 h；干辣椒切成节，陈皮洗净用温水浸泡 10 min 至回软后切成小块；用另一碗放酱油、味精、鲜汤调成汁；锅内放油烧至七成热时，放干辣椒炸至棕红色，下兔肉丁炒至发白，加陈皮、花椒、姜、葱，继续炒至兔肉丁干酥，放入汤汁、醋、红油，等汤汁收干后呈深棕红色时，起锅入盘，拣去姜、葱，淋上芝麻油即成。

(5)红油兔肉片

原料:新鲜兔肉、姜、葱、红油、酱油、白糖、味精、香油、熟芝麻、碘盐。

制法:将兔肉洗净,放入沸水,加姜、葱煮熟,待肉冷却后切成片装入盘内;将酱油、白糖、味精混合拌匀,待白糖、味精溶化后加入红油、香油、盐搅匀后淋在兔肉片上,然后撒上熟芝麻即成。

(6)家常兔块

原料:新鲜带骨兔肉、莴笋、姜、葱、花椒、碘盐、酱油、豆瓣、料酒、味精、淀粉、植物油。

制法:将兔肉洗净,连骨斩成 3 cm 肉块,莴笋去皮洗净,切成滚料块,姜洗净拍松,葱切成段;锅置火上,放油烧至七成热时下兔肉块、盐、花椒,煸干水汽起锅;锅置火上,下油烧至五成热时下豆瓣炒香,掺汤烧沸,加酱油、料酒、姜、葱节、兔肉块烧沸,去掉浮沫,用中火烧至兔肉八成软时加莴笋,再烧至兔肉、莴笋均熟入味时,加味精,用湿淀粉勾薄芡,再烧至收汁起锅即成。

(7)鱼香兔肉丝

原料:兔脊肉、辣椒、白糖、米醋、酱油、豆瓣酱、碘盐、姜、葱、蒜、玉兰片、木耳、植物油、淀粉。

制法:将兔肉切成丝,放入淀粉、白糖,加少量水搅匀;木耳、辣椒、玉兰片切丝,姜与蒜成末,葱成丝;植物油上锅加火烧热,下肉丝煸烧去余油,加入上述佐料及米醋、酱油、豆瓣酱、盐等收汁即成。

(8)芝麻兔肉丝

原料:新鲜兔肉、白芝麻、姜、葱、碘盐、白糖、料酒、鲜奶、芝麻油、熟菜油。

制法:将兔肉洗净后切成细长丝入碗,用盐、料酒、姜、葱腌渍 0.5 h;把芝麻洗干净,捞出晾干,入锅用小火炒熟;将熟菜油放入锅内烧至七成热下兔肉丝,炸至金黄色时捞起沥去油,锅内掺鲜汤,加入盐、料酒、白糖搅匀后再将兔肉丝放入锅内烧沸,然后用小火熗至汤干亮油时，淋入芝麻油，加味精颠匀，待冷后撒上熟芝麻摊匀即成。

(9)鲜溜兔丝

原料：新鲜兔肉、甜红辣椒、葱白、碘盐、料酒、味精、胡椒面、湿淀粉，蛋清淀粉、猪油、鲜汤。

制法：将兔肉洗净切成长 8 cm、粗 3 cm 的丝，甜辣椒切成 3 cm 粗的丝，葱白洗净切成丝；兔肉丝入碗内加盐、料酒、蛋清淀粉拌匀；另取一碗放盐、料酒、味精、胡椒面、湿淀粉、鲜汤调成滋汁；锅置火上，下猪油烧至五成热时，下兔肉丝炒散，滗去余油，下甜红辣椒，葱白丝炒熟，然后烹入滋汁，汁浓时加明油起锅即成。

(10)蒜茸兔肚丝

原料：熟兔肚、蒜、姜、葱、味精、碘盐、米醋、麻油、香菜、黄瓜丝。

制法：将熟兔肚切丝，将蒜制成泥，加以上各种原料拌匀即可(也可用芥末油调拌)。

(11)红油兔耳丝

原料：熟兔耳 250 g、葱、姜、蒜、碘盐、味精、植物红油、香菜、米醋、麻油。

制法：将熟兔耳切丝，加入以上佐料拌匀即可。

(12)酱兔腿

原料：兔后腿、植物油、蜂蜜、玉果、丁香等香辛料，甜面酱、碘盐等。

制法：兔后腿抹蜜，下油锅旺火炸成金黄色捞出；锅剩余油中放入甜面酱煸炒，加水放盐及香辛佐料熬制老汤，下兔腿旺火烧 10 min，压火 3 h 出锅。

(13)香酥兔腿

原料：兔前腿、香叶、八角、花椒、姜、蒜、味精、碘盐、鸡蛋、淀粉、猪油、植物油。

制法：取兔前腿，加入上述香辛佐料、盐、味精等上火煮至七八成熟；取碗制糊：将鸡蛋、猪油、淀粉 3 种原料放到一起调成酥糊状备用；植物油下锅上火加热，取酥糊拌兔腿下锅炸成金黄色即成。

(14)油爆兔心

原料：兔心若干个、竹笋、木耳、黄瓜、姜、葱、蒜、味精、碘盐、淀粉、植物油、麻油。

制法：取兔心用刀划丁字，竹笋切成骨排形，黄瓜切成片，姜与蒜做成末，葱切成丝备用；将植物油下锅，上火达最高温度，下兔心爆烧，瞬间去余油后立即放入佐料、配料，收汁即成。

(15)水汆丸

原料：兔脊肉、姜、蒜、味精、碘盐、鸡蛋清。

制法：将兔肉剁成茸，加入佐料上劲成坯；水锅上火烧至 80℃为宜，把肉坯挤成丸状下锅，文火浮出水面捞出即成。

(16)简易熏兔

原料：新鲜兔胴体(带头、心肺，去掉肝、肾)、丁香、花椒、大料、小茴香、陈皮、桂皮、肉蔻、草蔻、良姜、白芷、食盐。

制法：将带头白条兔肉洗净晾干后放入锅中煮，待水烧开后捞出，去掉胴体附着的脂肪；放入新加入水和盐、佐料(上述各种香辛佐料用纱布包好)于锅中，用急火烧开，后改为小火煮，待煮熟时捞出；将煮好捞出沥水后的兔胴体放在铁制笼屉上，把笼屉放在熏锅上，熏锅底部放入锯末，笼屉上边盖好锅盖，锅下边旺火烧 3～5 min，中间可翻一下兔胴体，即成熏制兔肉。

2. 兔肉水饺配料方法

(1)五仁水饺配料

专用精粉、兔肉、葡萄干、核桃仁、芝麻、猪油、花生仁、瓜子仁、姜末、麻油、碘盐、味精。

(2)三鲜水饺配料

专用精粉、兔肉、鸡蛋、虾仁、姜末、碘盐、味精。

(3)酸菜水饺配料

专用精粉、兔肉、酸菜、姜末、麻油、碘盐、味精。

(4)韭菜水饺配料

专用精粉、兔肉、鸡蛋、鲜韭菜、姜末、麻油、碘盐、味精。

(5)参杞水饺配料

专用精粉、兔肉、枸杞、党参、桂元、时令蔬菜、麻油、碘盐、味精。

(6)大葱水饺配料

专用精粉、兔肉、大葱、姜末、麻油、碘盐、味精。

❷兔皮的加工与利用

随着野生动物保护法在全世界贯彻执行和人民生活水平逐步提高，对物美价廉的兔皮，特别是獭兔皮的需求量与日俱增。家兔经屠宰后剥下来的毛皮未经鞣制加工前称生皮，即原料皮。生皮经鞣制后称毛皮或裘皮，经脱毛鞣制成的产品称为革。兔皮主要用来制裘，在脱毛季节取的皮以及残次皮可经脱毛后制成革。

○ 家兔的毛皮特点及被毛脱换规律

1. 家兔的毛皮特点

家兔毛皮的主要特点是轻、软、美、暖，皮板轻薄，保温性能较强，是制裘的优质原料。特别是獭兔，其毛皮更具有独特优点，可用短、细、密、平、美、牢 6 个字来概括。短，是指毛纤维极短，普通家兔毛纤维长 2.5～3.0 cm，长毛兔毛纤维长 6～10 cm，而獭兔毛长仅 1.3～2.2 cm，最理想的毛长为 1.6 cm。细，是指毛纤维直径小，粗毛含量少。据测定，獭兔绒毛的平均细度为16～18 μm，绒毛含量一般都在6%以下，而普通家兔粗毛含量多在10%以上。密，是指皮肤单位面积内着生的毛纤维根数多，被毛手感丰满、柔软。据测定，獭兔皮肤每平方厘米面积内毛纤维根数为15 000～35 000根，而普通家兔的毛纤维密度为9 000～25 000根/cm^2。平，是指毛纤维长短均匀，整齐一致，十分平整。美，是指獭兔毛皮色型很多，毛色纯正，色泽光润，柔软而富有弹性。牢，是指毛纤维的附着度良好，被毛不易脱落。

2. 被毛脱换规律

家兔为适应外界环境，其被毛要进行定期脱换，各种经济用途的家兔被毛脱换规律基本上是一致的。可分为年龄性换毛和季节性换毛。

(1)年龄性换毛

年龄性换毛主要发生在幼兔和青年兔。家兔一生中进行2次年龄性换毛。第一次年龄性换毛开始于仔兔出生后30日龄左右，仔兔出生后第四天开始长出绒毛，到30日龄基本长好，从30日龄左右又开始逐渐脱换，直至120日龄左右结束。第二次年龄性换毛大约从130日龄开始到190日龄止，从6.5～7.5月龄以后进入季节性换毛。

(2)季节性换毛

季节性换毛是对成年兔而言。成年兔每年在春、秋2季各换毛1次。春季换毛每年在3～4月份，脱去冬毛，换上夏毛。此期青绿饲料较多，精料占比例较少，而此时毛囊的代谢机能旺盛，被毛生长较快，换毛期较短，所以，所换上的夏毛枪毛较多，被毛稀疏，便于散热。秋季换毛在每年8～9月份，脱去夏毛，换上冬毛。此期由于饲料的转变，加上皮肤毛囊的代谢机能萎缩，造成被毛生长慢，换毛期较长，因此，所换上的冬毛绒毛多，被毛浓密，有利于保温。

除上述 2 种换毛方式外，还有不定期换毛和病理性换毛。不定期换毛多发生在老龄兔，主要由于毛球的生理状态和营养不足而产生；病理性换毛是因家兔患病，长期营养不足，皮肤代谢失调等原因引起的局部或全身性的脱毛。

○ 取皮方法及注意事项

1. 取皮方法

取皮的具体方法与肉兔屠宰方法类似，只是由于獭兔毛皮珍贵，为减少毛皮污损，在屠宰时把操作程序略作调整，即应处死后先剥皮，后放血，剖腹净膛。

2. 取皮注意事项

獭兔的主产品是毛皮，主要以其皮张品质来衡量其商品价值。为了确保毛皮质量，取皮时应注意以下几点：

①要适龄、适时取皮。所谓适龄，就是最好选在青年兔的第一次年龄性换毛后，第二次换毛前。5 月龄、体重 2.75～3.0 kg 宰杀取皮较为适宜，皮张面积可达 0.1111 m^2 以上，符合等级皮要求。如从毛皮成熟度而言，在第二次年龄性换毛后宰杀更佳，但延长约 2 个月的饲养期会使饲养成本明显增加。所谓适时，是指成年兔取皮，最好选在冬末春初，即 11 月份到翌年 3 月份前后。此期绒毛足，光泽好，板质优，毛绒不易脱落，优质皮比例大。而春皮质量较次，因为这时家兔处于换毛季节，毛长而稀疏，底线空疏，毛面不整齐，皮板带红色；秋皮虽然皮板稍厚，但毛短而空疏，皮质亦不理想；夏皮质量最差，皮板厚而硬，呈暗黄色，毛短而粗硬，底绒空疏，使用价值低。

②不取换毛皮。换毛期间取皮，绒毛长短不一，极易脱落，鞣制时绒毛往往会成片脱落，因此，不取换毛皮应成为一条戒律。检查是否换毛，可扒开被毛，目测绒毛表面是否平整，手贴兔体顺向与逆向推行，手测有无绒毛脱落，如发现绒毛表面参差不齐，绒毛

容易脱落，则为换毛期；如果目测背腹毛没有明易界限，平整丰厚，不易脱落，则为非换毛期，可宰杀取皮。

③避免刀伤与污染。剥皮时事先做好准备，熟悉屠宰技术，按操作程序进行，避免伤害和污染皮毛。

○ 毛皮品质评定

1. 评定依据

衡量兔皮特别是獭兔皮品质好坏，主要根据是：绒毛、色泽、板质、面积和伤残等。

(1)绒毛

评定獭兔毛皮品质最重要的是绒毛的丰厚度、平整度和针毛含量。丰厚度是指单位面积内着生的绒毛数量，要求密度越大越好。毛绒丰厚指毛绒紧密，底绒丰足、细软，枪毛少而分布均匀；毛绒空疏指毛绒粗乱，缺少光泽，或毛短绒薄，毛根变细，显短平。平整度是指绒毛的长短均衡程度，如果针毛多而突出于毛面，就会失去獭兔毛皮固有的特色，要算作等外皮或要降级处理。

(2)色泽

对色泽的基本要求是：符合品种的色型特征，毛色纯正，色泽光亮。饲养何种色型獭兔最好，主要取决于市场的流行需要和人们的不同爱好，随着印染工业的发展，还是对白色獭兔的需求较多。另外，白色被毛的遗传性能稳定，一般不会出现杂色后裔，被毛表里色泽一致，有利于提高商品品质。

(3)板质

板质是指皮板质量而言，要求薄厚适中，质地坚韧，板面洁净，色泽鲜艳，被毛附着牢固。鉴别时通常用板质足壮(良好)、板质瘦弱等表示。板质足壮指皮板坚实，厚度适中，厚薄均匀，纤维紧密，弹性大，韧性好，有油性。板质瘦弱指皮板薄弱，纤维松弛，缺乏油性，厚薄不匀，缺乏弹性和韧性，有的带皱纹。

(4)面积

面积大小关系到皮张的利用价值,通常以原干板为标准,鲜皮、皱缩板在评定时应正确测量,酌情伸缩,撑拉过大的皮张一律降级或作为次皮处理。

(5)伤残

毛皮的伤残会严重影响其等级。这可以从兔皮商业分级标准中体现出来。

2. 评定方法

评定主要通过看、抖、摸、吹、量来评定兔皮质量。

(1)看

看就是一只手捏住兔皮的头部,一只手执其尾部,仔细观察被毛的粗细、色泽、板质以及皮形有无淤血、损伤、脱毛等现象。一般先看毛面,后看板面。

(2)抖

抖就是一只手捏住头部,另一只手执其尾部,然后用捏住尾部的一只手上下轻轻抖动毛皮,观察被毛长短、平整度及附着度等。如果粗毛突出毛面或粗毛含量过多,均应降级处理。经抖动出现毛绒脱落即为脱毛皮,必须降级。

(3)摸

摸就是用手指触摸皮毛,以检查被毛弹性、密度及有无旋毛,并用手指插入被毛,检查厚实程度。

(4)吹

吹就是用嘴逆毛方向吹开被毛,使其形成漩涡中心,根据漩涡中心露出皮板面积大小来评定其密度。如不露皮肤或露皮面积小于 4 mm^2(约大头针头大小)为极好,不超过 8 mm^2(约火柴头大小)为良好,不超过 12 mm^2(约 3 个大头针头大小)为合格。

(5)量

量就是用皮尺测量皮张面积。量皮方法是自颈部中间至尾根量其长度，选腰间中部位置量其宽度，长、宽相乘得其面积。

3. 兔皮分级标准

(1)一般兔皮的商业分级标准

特等皮：具有一等皮毛质，面积在 1 110 cm^2 以上。

一等皮：毛绒丰厚、平顺，面积在 800 cm^2 以上。

二等皮：毛绒略空疏、平顺，面积在 700 cm^2 以上。

三等皮：毛绒空疏或欠平顺，面积在 500 cm^2 以上。

等外一：具有一二等皮毛绒、面积，带有伤残缺点，但不超过全面积的 30%；或具有一二等皮毛绒，面积在 444 cm^2 以上；或毛绒略差于三等皮而无伤残者。

等外二：不符合等外一要求，但有一定制裘价值者均属之。

说明：第一，带轻微伤残或颈部及边角空疏的不算缺点，伤残严重的酌情降级。第二，长毛兔皮，毛长在 3.3 cm 以上按家兔皮等外一算，不足 3.3 cm 按等外二算。

(2)獭兔皮的商业分级标准

甲级皮：板质足壮，皮板洁净，绒毛丰厚、平顺，毛色纯正，色泽光润，无旋毛，无伤残，面积在 1 110 cm^2 以上。

乙级皮：板质良好，绒毛齐平，略空疏或略带短芒，皮板洁净，毛色纯正，色泽光润，无旋毛，面积在 1 110 cm^2 以上；或具有甲级皮的质量、面积，但在次要部位有轻微伤残，面积不超过 7 cm^2；或具有甲级皮质量，面积在 944 cm^2 以上。

丙级皮：板质良好，绒毛空疏或短芒，毛绒欠平齐，毛色纯正，面积在 1 110 cm^2 以上；或具有甲级、乙级皮的质量、面积，在次要部位可带 3 处伤残，总面积不超过 10 cm^2；或具有甲级、乙级皮质量，面积在 777.8 cm^2 以上。

说明：第一，不符合等内皮要求者，列为等外皮；等外皮暂按一般家兔皮规格。第二，对品种退化(针毛突出表面者)按等外皮算，针毛含量过多的要做降级处理。

○ 原料皮的初步加工和储存保管

1.原料皮的初步加工

刚从兔体上剥下的生皮叫鲜皮。鲜皮含有大量水分、蛋白质和脂肪，极适于各种微生物繁殖，如不及时进行加工处理，就很有可能腐败变质，影响毛皮品质。

(1)清理

剥下的生皮常带有油脂、残肉和血污，不仅影响毛皮的整洁和储存，而且容易造成油烧、霉烂、脱毛等伤残，从而降低使用价值，因此，应及时进行清理。如果采用木制刮刀进行脱脂清理应注意以下几点：

①清理刮脂时应展平皮张，以免刮破皮板。

②刮脂时用力应均衡，不宜用力过猛，以免损伤皮板，切断毛根。

③刮脂应由臀部向头部顺序进行，如逆毛刮脂，易造成透毛、流针等伤残。

(2)消毒

在某些情况下，原料皮可能遭受各种病原微生物的污染。为了防止传染源的扩散和传播，在原料皮加工前，可用甲醛熏蒸消毒，或用 2%盐酸和 15%食盐溶液浸泡 2～3 天，则可达到消毒的目的。

(3)防腐

鲜皮防腐是毛皮初步加工的关键，防腐的目的在于促使生皮造成一种不适于细菌生长繁殖的环境。目前常用的防腐方法主要有干燥法、盐腌法和盐干法 3 种。

其一，干燥法，即通过干燥使鲜皮中的含水量降至 12%～16%，以抑制细菌的繁殖，达到防腐的目的。方法是把经过清理的生皮用利刀沿腹中线剖开成“开片皮”，然后将其毛面朝下、板面向上向四周适度拉伸，铺平伸展在硬纸板或木板上，使皮呈长方形，四周用小钉钉好，置于通风处晾干，切忌在烈日下暴晒，也不能放在火炉边烘烤，待干后取下。鲜皮干燥的最适温度为 20～30℃，温度低于 20℃，水分蒸发缓慢，干燥时间长，可能使皮张腐烂；温度超过 30℃，皮面表面水分蒸发快，易使皮张表面收缩或使胶原胶化，阻止水分蒸发，成为外干内湿状态，干燥不匀会使生皮浸水不匀，影响以后的加工操作。

干燥防腐的优点是操作简单，成本低，皮板洁净，便于储藏和运输；主要缺点是皮板僵硬，容易折裂，难于浸软，且储藏时易受虫蚀损失。

其二，盐腌法，即利用干燥食盐或盐水处理鲜皮。此法是防止生皮腐烂最普遍、最可靠的方法。用盐量一般为皮重的 30%～50%，将其均匀撒布于皮面，然后板面对板面堆叠 1 周左右，使盐溶液逐渐渗入皮内，达到防腐的目的。

盐腌法防腐的毛皮，皮板多呈灰色，紧实而富有弹性，湿度均匀，适于长时间保存，不易遭受虫蚀。其主要缺点是阴雨天容易回潮，用盐量较多，劳动强度较大。

其三，盐干法，即将盐腌和干燥 2 种防腐法结合，先盐腌后干燥，使原料皮中的水分含量降至 20%以下；鲜皮经盐腌，在干燥过程中盐液逐渐浓缩，细菌活动受到抑制，达到防腐的目的。

盐干皮的优点是便于储藏和运输，遇潮湿天气不易迅速回潮和腐烂；主要缺点是干燥时皮内有盐粒形成，可能降低原料皮的质量。

2. 储存保管

生皮经脱脂、防腐处理后，虽然能耐储藏，但若储存保管不当，仍可能发生皮板变质、虫蚀等现象，降低原料皮的质量。因此，在储存保管时要注意以下几点：

①库房要求。地势高燥，库内要通风，隔热，防潮。库房应坚固，屋顶不能漏水，地面要能防鼠、防蚁。

②入库检查。原料皮入库前应进行严格的检查，没有晾晒干或

带有虫卵以及大量杂质的皮张，必须剔出。如发现湿皮应及时晾干；生虫的原料皮应除虫或用药物处理后再入库；含大量杂质的皮张需加工整理后方能入库。存放时应毛面对毛面，皮板对皮板，层层叠放，每捆25～50张，其上层、下层必须皮板朝外，用绳子捆扎。

③库房管理。在库房内，生皮应放在木板上，按产地、种类、等级分别堆放。为了防止虫害，皮板上应撒施防虫剂。如在库房内发现虫迹，应及时翻垛检查，采取灭虫措施。一般情况下应每月检查2～3次。

生皮质地僵硬，易折裂，怕水，有臭味，易腐烂，不美观，因而不宜直接使用，必须进行鞣制。兔皮经过鞣制，皮质柔软，抗潮防霉，坚固耐用，可以制裘。兔皮的鞣制方法很多，主要有铬鞣、明矾鞣、甲醛鞣、硝面鞣等，这里不再赘述。

❸兔毛的加工与利用

兔毛是高级天然毛纺原料，利用长、白、松、净的兔毛，可纺织出轻、软、美、暖的服装。

○ 兔毛纤维的类型

按照细度，兔毛可分为粗毛、细毛和两型毛3种类型。

1.粗毛

粗毛又称枪毛，是比较长的针状毛，也叫针毛。枪毛直且光滑，粗硬质脆，两端细中间粗，起保护绒毛和毛生长的定向作用，并可防止绒毛毡结。

2.细毛

细毛是指兔毛纤维中柔软的绒毛，比较细短，呈明显的卷曲状态，密度大，主要起保温作用。绒毛是纺织业的高级原料。兔毛中绒毛含量越高，品质越好。

3. 两型毛

单根毛纤维上有 2 种纤维类型。毛的上半段，纤维平直，无卷曲，具有粗毛特征；毛的下半段较细，有不规则卷曲，具有细毛特征。全根毛具有粗毛特征的部分短，具有细毛特征的部分长，粗细之间直径相差较大，在交界处容易断裂。

细毛型毛兔的绒毛含量一般在 92%～96%，粗毛型毛兔的粗毛含量高得多，如皖Ⅲ系长毛兔 11 月龄粗毛率达 15.14%(含两型毛)。

○ 兔毛的物理特征

1. 细度

细度是指单根兔毛纤维横切面直径的大小，一般以微米为单位。据测定，绒毛的细度为 7～30 μm，粗毛为 30～120 μm。

2. 长度

长度是指兔毛在自然状态的长度和单根毛纤维拉直后卷曲消失但未延伸的长度。前者称自然长度，后者称伸直长度。在收购兔毛时一般只测自然长度。由于粗毛尖梢比绒毛尖稍长，测定兔毛长度一般只根据绒毛的主体长度来确定，不计算粗毛的长度。在相同的条件下，兔毛越长，产毛量越高，纺织性能越好，毛织品越光滑。

3. 卷曲度

卷曲度是指兔毛单位长度上的卷曲数及其大小。兔毛越细，卷曲越小，单位长度内卷曲数越多，弯曲数量多的在每厘米长度内有 7～8 个；毛根部弯曲数较多，越向毛梢则越少。兔毛的卷曲可分为正常弯、浅弯和平弯。正常弯曲是明显的半圆形弯曲，兔毛中多数绒毛都具有正常弯曲，其制品光亮而富有弹性，织品薄，品质优良。浅弯和平弯的弯曲弧度大，粗毛多具有浅弯和平弯，每厘米内只有 2～4 个，具有浅弯和平弯的毛纤维品质较差。

4. 强度

强度又称拉力，即用强力仪器将单根兔毛纤维拉至断裂所用的力。强度越大，兔毛纤维的质量越好。

5. 伸度

伸度又称断裂伸长率，即在外力作用下，将兔毛纤维拉至断裂时的长度与原伸直长度的比率。纤维越柔软，伸度越大。

6. 弹性

弹性是指兔毛受外力作用时产生变形，当外力消失后又恢复到原来的形状和大小的特性。用手握紧一束兔毛，随即松开，如果兔毛能恢复原来的体积，说明弹性好，否则说明弹性差。

7. 毡合性

毡合性是指兔毛纤维在一定温度、湿度和压力影响下，毛纤维形成毡合状态的特性。兔毛纤维的毡合性是比较强的，而且细毛含量越高，越容易发生毡合。经常抓捕的部位容易结毡，所以，在日常饲养管理中应尽量少抓捕，以防影响兔毛品质，若经常给兔毛梳理，也会较少发生毡合。

8. 吸湿性

吸湿性是指兔毛从空气中吸收和保持水分的能力。兔毛的吸湿性很强，若湿度过大，兔毛吸收水分过多，利于微生物繁殖，会使兔毛的颜色改变，甚至腐烂，因此，在加工储存时应使兔毛保持干燥。

9. 光泽与毛色

光泽和毛色是 2 个不同的概念，但两者有着密切的关系，一般把两者结合起来叫“色泽”。光泽是兔毛纤维对光线的一种反射性能；毛色则是指毛纤维的天然色彩。长毛兔主要以白色为主，此外也有其他杂色兔毛。白色又可分为洁白、纯白、次白等，以洁白为最优色泽。

○ 兔毛的分级

根据兔毛纤维的粗细、长短、松软、色泽等项目可分为 5 个等级。

1. 特级

纯白色，全松毛，长度在 5.7 cm 以上，可含粗毛不超过 10%，无缠结毛。

2. 一级

纯白色，全松毛，长度在 4.6 cm 以上，可含粗毛不超过 10%，无缠结毛。

3. 二级

纯白色，全松毛，长度在 3.7 cm 以上，可含粗毛不超过 20%，略带能撕开、不损品质的缠结毛。

4. 三级

纯白色，全松毛，长度在 2.5 cm 以上，可含粗毛不超过 20%，可带能撕开、不损品质的缠结毛。

5. 等外级

长度不足 2.5 cm 的全白松毛和汤燶、缠结、黏块、变色等杂毛均属此级。杂色汤燶毛按杂畜毛收购。

○ 兔毛的加工、储存和运输

采收的兔毛应及早进行加工，即将兔毛中的杂质（如草屑、皮肤块、灰尘等）拣净，然后根据等级进行分级包装和存放。要放在干净的布袋或纸箱内，不要放在不透气的容器中，如塑料袋、塑料桶等，并需放入一些樟脑丸；注意不要长时间重压和搓揉，以防黏结成块或变质。

兔毛的吸湿性很强，如果环境潮湿，易发霉变质；空气中的光照对兔毛能产生氧化作用，如果将兔毛长期暴露于阳光下，被阳光照射的兔毛则变成黄褐色，使其变粗、发脆，品质降低；兔毛长期在高温条件下，就会失去水分，使毛纤维变粗糙，强度减小，并分解产生氨和硫化氢，变成黄色，质地变脆，而低温对兔毛无化学影响；兔毛是蛋白质纤维，易受虫害。因此，储存兔毛的场所应建在地势高、通风、干燥处，要求绝热防潮，光线充足，但又避免阳光直射，最好在库房内放上离地面 30 cm 以上的木架，将兔毛放在木架上，在木架下面撒放防虫剂和防潮剂等。

调运兔毛时，包装不宜过紧或过松，打成毛包，选择晴朗天气，防止雨淋，夏季防止受热和强光照射，应搭装车棚等。

❹家兔副产品的加工与利用

○ 兔粪尿的加工与利用

1. 兔粪尿是一种优质高效有机肥料

兔粪中含的氮、磷、钾比其他畜禽粪便都高。兔粪尿中的尿素、氨态氮及钾、磷等都能被植物直接吸收利用，但未被消化吸收的蛋白质不能被植物直接利用，需经发酵腐熟后才能被吸收，所以，必须对兔粪尿进行加工处理，以提高其肥效和利用率。

(1)堆积发酵

将兔粪尿和残剩草料一并堆积，边堆边加水，使其水分含量达到 50%左右。堆成圆形，周围用泥封闭，任其发酵。经数周后，里边温度可达 50℃以上。待温度下降后，打开翻堆，再任其发酵一段时间，一般以变为褐色、无臭味和酸味，手感质松软，不沾手，即已腐熟好。经发酵处理的兔粪尿称为兔粪堆肥，一般用做农作物基肥。其使用后肥效长，肥分高，且不伤苗。1 只成年兔 1 年可积堆肥 0.3～0.4 m^3，可使粮食亩产直接与间接增收 5～10 kg。

(2)制成兔粪尿液

将收集到的兔粪尿中的杂草去掉，按 1∶7 加水入缸封闭(用塑料或泥土将缸口封住)，夏秋季 3～4 天、冬春季 10～15 天即可发酵好，用麻袋或纱布滤去渣质，即成兔粪尿液。使用时再加入 10 倍水稀释，装入喷雾器，施于农作物叶面上，每公顷施用 75～150 kg，对大麦、小麦、水稻抽穗期叶面喷施，可获得明显增产效果。

(3)制成颗粒肥料

将兔粪中的饲草、杂质去掉，晒干后装入塑料袋，扎紧袋口待用。此种颗粒肥料易保存，肥力强，使用方便，可作穴肥施于果树、茶园、菜园。作基肥使用时，除肥效显著外，还具有抗旱保墒、杀虫灭菌等作用。

2.兔粪在养殖业中的应用

实践证明，兔粪是畜禽的一种好饲料，用兔粪喂畜、禽、鱼类，能很好地被消化吸收和利用。

兔粪喂猪：许多养兔户用兔粪喂猪，节省了精料，增加了经济收入。综合养兔户用兔粪喂猪的方法有直接用鲜兔粪喂猪、发酵后喂猪、晒干粉碎喂猪。

(1)用鲜兔粪直接喂猪

用一口大锅烧开水(水粪按1∶2比例加水)，将拣去杂质的新鲜兔粪放入锅内煮沸5～10 min，再放入混合精饲料(兔粪占30%～40%，精饲料占60%～70%)继续煮沸3～5 min，并将兔粪球搓开搅拌，使粪料混合均匀，成稠粥样。待其温凉后即可饲喂，每天可喂3～4次。据经验，用兔粪喂肥猪，每头可节省50～100 kg混合精料，喂母猪每头可节省混合精料175 kg，15～20只成年兔粪可供1头母猪食用。

(2)发酵后喂猪

发酵法有以下2种：

第一种，将收集到的新鲜兔粪去掉杂物，晒干砸碎装缸，每10 kg干兔粪加6～7 kg水、0.1～0.2 kg食盐，搅拌均匀，装缸八成满，然后将缸口用塑料薄膜密封发酵。发酵时间：夏季2～3天，春秋季5～10天，冬季15～20天。

第二种，将收集到的新鲜兔粪去掉杂物，搓碎后拌入饲料(如水草、菜叶、洋槐叶等)，粪与青饲料按3∶1的比例，再加入0.5%～1.0%食盐和适量清水，加水量以手攥紧混合料不滴水且一松手又散开为度，然后装缸压实，在其上边再加上 2～3 cm 厚的麸皮、米糠等，以便保温。一般装八成满，最后将缸口用塑料薄膜或黏土封严发酵，热天经 2～3 天、冷凉天经 8～15 天即可发酵好。发酵后的兔粪有酸香味，适口性好，猪喜吃。

(3)晒干粉碎后喂猪

将收集到的鲜兔粪去掉草和杂质，在阳光下晒干后粉碎，配合混合精料直接用来喂猪，粪料比可为 3∶7。

兔粪喂鸡：国内外用兔粪喂猪的报道较多，而用兔粪喂鸡的报道极少。经试验，干兔粪可以代替 17.5%玉米饲喂肉鸡。

兔粪喂鱼：经试验，用兔胃肠及其中的粪便喂鱼，可大大提高产量。其方法是将兔胃肠及其中的粪便放入锅中，加水煮熟后再加入玉米面、麸皮、谷糠等，继续煮沸 5 min（下脚料占 60%、混合精料占 40%左右），使之成为稠粥样。取出放在水泥地上再掺入一部分玉米面、麸皮、谷糠等组成的混合精料，晒干制成颗粒饲料喂鲤鱼，适口性好，生长快。

○ 家兔屠宰下脚料的加工利用

1. 兔血

我国除少数地区有食用兔血的习惯外，绝大部分地区还很少食用，占兔体重 3%的兔血就被白白浪费掉了。其实，兔血是一种容易消化吸收的高蛋白营养物质，可加工成多种产品，供食用或作为畜禽的动物性饲料。例如，可把兔血加工成血豆腐、血肠等食品，营养丰富，蛋白质含量很高，必需氨基酸完全，微量元素丰富。还可加工成普通血粉或发酵血粉，这是解决畜禽动物性饲料的有效途径之一。

兔血还可作为制药原料生产药品。例如，用兔血 120 g、茶末 120 g、乳香 60 g 共捣成丸，如栗子大，用温醋化服 1 丸，可治心绞痛。兔血还可用来提取多种生物药物和生化试剂，如医用血清、血清抗原、凝血酶、蛋白胨等。

2. 兔肝

兔肝除可直接食用外，还可用来制药。兔肝具有补肝、明目之功效，可防治肝虚眩晕、目暗昏糊、目翳、目痛等症。

兔肝和兔脾等可用来加工生产兔化猪瘟疫苗、兔脑狂犬病疫苗、兔瘟疫苗等多种生物制品和疫苗等。

3. 兔脑

兔脑除可直接食用外，还可用来制药。据报道，用兔脑垂体穴位植入法治疗气管炎、支气管哮喘，不仅疗效好、见效快，而且不用动手术，简便易行。新鲜兔脑外用，可治疗冻疮、火伤及手脚皲裂等。还可从兔脑中提取和制造凝血酶、脑磷脂等高级补养药品。

4. 兔胆

兔胆是珍贵的制药原料。其各项药理性能与熊胆相似，具有镇静、止咳等功效，急需开发利用。

5. 兔胃、兔肠、兔耳、兔筋

把兔胃中的食糜倒掉，清洗干净后叠成卷；把兔肠（主要是小肠）中的粪便清洗干净，纵向拉开叠成卷；把兔耳朵上的毛用热水烫洗干净；把兔四脚的筋腱剥抽出来洗净，经熏卤加工后，是高星级宾馆物美价昂、供不应求的高级下酒佳肴。

6. 兔脚、兔骨

将兔四脚、尾巴和骨架收集加工成骨肉粉，用于饲料生产，尤其是用来饲喂貂、貉、狐等珍稀动物，饲喂效果较好。

由于加工的利润往往远远大于原料产品的生产，因此，建议有条件的兔场可以创办与其产品相适应的兔肉食品、毛纺、裘皮、饲料、生物制剂等加工厂，可成倍提高产值，增加利润。且积极开发新产品，吸引消费者，广为宣传，逐步使人们形成消费家兔产品的习惯，使产、供、销相互促进。

第二部分

疾病防治

第9章 兔病防治

❶ 兔病的发生与传播 …………………………………………… 193
❷ 兔病的预防 …………………………………………………… 196
❸ 兔病的诊疗技术 ……………………………………………… 202
❹ 家兔的病毒性传染病 ………………………………………… 209
❺ 家兔的细菌性传染病 ………………………………………… 218
❻ 家兔的寄生虫病 ……………………………………………… 244
❼ 家兔的内科疾病 ……………………………………………… 264
❽ 家兔的外科疾病 ……………………………………………… 291

❶兔病的发生与传播

兔病的种类很多，尤其是那些传染病和寄生虫病，往往是大批发生，发病率和死亡率都很高，危害也很大。养兔业的成败，在很大程度上取决于兔病综合性防治工作的效果。随着养兔业的迅速发展，兔病的防治工作显得尤为重要。

○ 兔病的发生原因

兔病的发生原因，一般可分为2类。一类是由生物因素引起的。这一类疾病都具有传染性和侵袭性。另一类是由非生物因素引起的疾病。这一类疾病没有传染性。

1. 生物因素引起的疾病

生物因素引起的疾病是由致病性生物引起的疾病，包括由病毒、细菌、支原体、真菌等微生物引起的各种传染病和由各种寄生虫引起的寄生虫病。

(1)传染病

传染病是由病原微生物通过消化道或呼吸道等途径侵入兔体,并可以在个体及群体间传播的一类疾病。其特点是传播快,发病率和死亡率都很高。由病毒引起的疾病,有兔病毒性出血病(兔瘟)、传染性水疱性口炎、兔黏液瘤病、兔痘、仔兔轮状病毒病等;由细菌引起的传染病,有兔巴氏杆菌病、波氏杆菌病、葡萄球菌病、泰泽氏病、土拉杆菌病、沙门氏菌病、大肠杆菌病、李氏杆菌病、魏氏梭菌病、结核病、链球菌病等。

(2)寄生虫病

寄生虫病是各种寄生虫侵袭兔体内或体表,不断吸取机体营养,分泌霉素,造成各种机体障碍和损伤,从而扰乱正常的生理功能,使家兔发育不良、贫血、消瘦以至死亡的一类疾病,如兔球虫病、弓形体病、豆状囊尾蚴病、兔螨病等。

2.非生物因素引起的疾病

非生物因素引起的疾病又称普通病,主要包括内科病、外科病、产科病、营养代谢性疾病及中毒性疾病。这些疾病均不具传染性,但一些营养代谢性疾病和中毒性疾病常有群发的特点。

(1)内科病

内科病主要是由于长期饲养管理不当造成的。例如,饲料单纯、精料过多(特别是贪食过多含露水的豆科植物、腐败发霉饲料和冰冻饲料)以及运动、饮水不足等原因,常可引起家兔的积食、大便秘结和胃肠炎等消化道疾病。

(2)营养代谢性疾病

营养代谢性疾病主要是营养物质(如维生素、矿物质等)缺乏或过多而引起家兔的营养失衡，导致机体新陈代谢发生障碍，造成家兔的营养不良、生产性能和抗病力下降甚至危及生命的一类疾病，如常见的维生素A、维生素B、维生素E缺乏症和钙、磷缺乏症以及妊娠毒血症等。

(3)中毒性疾病

家兔的中毒性疾病总起来可分为食物中毒和药物中毒2类。前者是采食含毒植物、霉变饲料而引起的；后者是采食含农药、灭鼠药、矿物质和重金属的饲料和饮水以及因剂量或使用方法不当引起的药物中毒，如常见的有亚硝酸盐中毒、氢氰酸中毒、有机磷农药中毒和灭鼠药中毒等。

科学的饲养管理是家兔健康的根本保障。饲养管理不当，往往就会造成疾病的发生与流行。在实践中病因往往不是单一的，有的一开始就是多种因素，有的是随着病情的不断发展机体抵抗力不断降低，很容易伴发或继发多种疾病。

○ 兔病的传播

凡是由致病性生物引起的疾病，都具有一定的传染性和侵袭性。这类疾病的传播必须具备以下3个基本条件：

一是传染源，就是被病原微生物(病毒、细菌)、寄生虫等感染的动物，包括带菌(毒或虫)兔、病兔以及其他被感染的动物等。

二是传染途径，就是病原微生物或寄生虫(如幼虫、虫卵、卵囊等)由传染源排出体外后经一定的方式再侵入其他健康兔和别的易感动物所经过的途径，如消化道、呼吸道、皮肤、黏膜等。而空气、水、饲草、饲料、粪便、土壤、饲养管理用具、昆虫及其他动物和人等都可成为传播媒介。

三是易感兔，就是对某种传染病或寄生虫病缺乏抵抗力的兔群。

上述3个基本环节，一旦联系起来，就构成了兔的传染病和寄生虫病的流行链。这样随着易感兔变成传染源这一过程不断发展扩大，传染源就会越来越多，传播面也就越来越广。如果我们能及时采取有效措施切断其中任何一个环节，兔病的流行均不会发生。

❷兔病的预防

○ 制定合理的防疫隔离制度

1.兔场的选址

兔场应远离交通要道和居民区，并在兔场的周围建立围墙。兔舍的建筑应考虑到经常保持适宜的温度和湿度、阳光充足、空气流通等，特别是注意冬季保暖、夏季通风等因素，给家兔创造一个良好的饲养环境。

兔场的入口处要建有消毒池和更衣室，保持兔舍的清洁卫生，及时清扫粪尿污物及垫草，进行无害化处理。定时对饲槽、饮水器进行消毒，随时观察发现病兔隔离治疗，死兔要焚烧、深埋处理。

2.坚持自繁自养

种兔应选择生产性能良好的种公、母兔，自行繁殖仔兔。严防因引进兔源而带入病兔，造成疫病流行。可利用杂交一代的优势，提高家兔的品质和仔兔的成活率，以降低成本。若必须从外地引进种兔，只能从非疫区引入。及时了解该地的疫苗接种情况，种兔的健康状况，经当地兽医部门检疫、签发合格证明，再经本场兽医验证、检疫，隔离观察1个月以上，确为健康者，最后经驱虫、消毒（未注射疫苗者补注疫苗）后方可混群饲养。

○ 严格消毒制度

消毒的目的在于消灭散布在外界环境中的病原微生物（如细菌、病毒等）和寄生虫（如虫卵、幼虫等）。坚持消毒制度，可预防疾病的发生与流行。

兔场入口处应设有石灰盘或消毒药液槽，常用的药物有1%～3%火碱溶液、10%～20%石灰乳、5%来苏儿。更衣室用紫外线灯消毒 30 min（1 W/m^2）计算。

兔场、兔舍按照先消毒后打扫、冲刷然后再消毒、再冲刷的原则，定期进行消毒，可选用 10%～20%石灰乳、30%草木灰水、20%漂白粉、3%来苏儿、2%福尔马林液、0.5%过氧乙酸等。兔笼与木制品用具可选用 2%氢氧化钠溶液、0.1%新洁尔灭、0.1%消毒净、0.5%过氧乙酸、0.33%菌毒敌溶液或0.5%消毒灭等。金属用具消毒可选用 0.1%新洁尔灭、0.1%消毒净、0.1%洗必泰、0.1%度米芬溶液或 0.5%过氧乙酸等。食槽饮水器的消毒可选用 0.01%～0.05%高锰酸钾溶液、0.1%新洁尔灭或 0.5%过氧乙酸等。

工作服等可使用肥皂水煮沸消毒或高压蒸汽消毒。

粪便及垫草污物消毒，可采取焚烧、深埋或生物堆积发酵等。

病死兔的尸体、污物，应运往远离兔场的地方烧毁或深埋。

饲料库可使用福尔马林熏蒸的方法消毒，即每立方米的空间使用福尔马林 40 mL、高锰酸钾 20 g，将高锰酸钾加入到福尔马林溶液中，关闭门窗 8 h。也可使用 5%过氧乙酸溶液按每立方米2.5 mL的剂量喷雾消毒。

注射器械可用煮沸或高压蒸汽消毒，注射部位可用 70%～

75%酒精消毒。

○ 按免疫程序进行预防接种

针对预防家兔不同的传染病疫(菌)苗的特性和幼兔母源抗体的状况,制定合理的初次免疫日龄、免疫间隔时间,称为免疫程序。有目的、有计划地按免疫程序接种,是预防、控制和扑灭家兔传染病的综合措施之一。

在生产实践中,特别是家庭养殖户,往往不注重预防接种,有的虽然也进行了疫苗注射,但由于疫苗的质量、剂量、时间、次数和注射方法存在问题,到头来仍会有传染病的发生。因此,对这些疫群、疫区和受威胁的兔群(经详细检查正常无病的家兔)进行紧急接种疫苗,对控制和扑灭兔瘟、巴氏杆菌病等兔病具有重要作用。但对已发病的家兔不能再接种疫苗,应进行隔离治疗或淘汰。

无论是预防接种或紧急接种时,要防止通过针头器械的再次感染,一定要做到每只兔 1 个针头,注射部位应严格消毒。几种常见疫(菌)苗的免疫程序如下:

①兔出血症组织灭活苗,可预防兔病毒性出血症(兔瘟)。对断乳日龄 30～35 天的家兔初免,7 天后产生免疫力。每隔半年免疫 1 次。发生疫情时,可对未发病的家兔采取紧急注射,3～7 天内可有效地控制疫情。

②兔黏液瘤兔肾细胞弱毒苗,可预防家兔黏液瘤病。断乳 35 天以上日龄的家兔初免,4 天后产生免疫力,每年免疫 1 次。

③兔痘免疫。当兔群受兔痘流行威胁时,可使用牛痘苗进行紧急预防接种。

④巴氏杆菌灭活苗,预防兔巴氏杆菌病。30～40 日龄以上家兔初免,每隔半年免疫 1 次。也可使用巴氏杆菌与兔瘟二

联苗注射，断乳以上日龄初免，7 天后产生免疫力；每隔半年免疫 1 次。

⑤魏氏梭菌性肠炎灭活苗，预防魏氏梭菌病。30～40 日龄初免，7 天后产生免疫力；每隔半年免疫 1 次。

⑥支气管败血波氏杆菌灭活苗，预防支气管败血波氏杆菌病。怀孕兔产前 2～3 周免疫 1 次，25～30 日龄仔兔初免，7 天后产生免疫力；每隔半年免疫 1 次。

⑦巴波二联苗，预防兔巴氏杆菌、波氏杆菌引起的呼吸道疾病。怀孕 1 周后免疫 1 次；仔兔 25～30 日龄初免，7 天后产生免疫力；间隔半年免疫 1 次。

⑧兔伪结核耶新氏杆菌多价灭活苗，预防兔的伪结核病。断乳前 1 周初免，7 天后产生免疫力；每隔半年免疫 1 次。

⑨兔沙门氏杆菌灭活苗，预防兔沙门氏杆菌病。怀孕前或怀孕初期母兔免疫 1 次；断乳前 1 周仔兔初免，7 天后产生免疫力；每隔半年免疫 1 次。

⑩绿脓假单胞菌多价灭活苗，预防兔绿脓假单胞菌病。注射后 7 天产生免疫力，每隔半年免疫 1 次。也可使用假单胞菌、巴氏杆菌与波氏杆菌三联苗。

⑪兔大肠杆菌灭活苗，预防大肠杆菌病。20～30 日龄仔兔初免，7 天后产生免疫力；每隔 4 个月免疫 1 次。

在给家兔进行预防接种时，首先要看清疫苗的使用说明书或瓶签，按规定方法使用，并做好登记，主要记载接种日期、疫苗名称、生产厂家、批号、有效日期、接种剂量、接种方法和接种只数等项内容，以便观察接种效果，分析发生问题的原因。

〇 有计划地进行药物预防

有计划、有目的地对兔群应用药物进行预防疾病，也是重要的防疫措施之一，尤其是在某些疫病流行季节到来之前或流行初期，应用安全、有效的药物加入饲料、饮水内进行群体预防和治疗，可以收到比较明显的效果(表 9-1)。

表 9-1　常用药物预防情况表

预防疾病名称	所用药物及给药方法
兔球虫病	1. 氯苯胍：以每千克体重 10 mg 剂量，从断乳后连续混饲 45 天 2. 球痢灵：以每千克体重 50 mg 剂量，内服，开食或断乳期间，每天 2 次，连用 5 天 3. 克球粉：以 200 mg/kg 饲料比例混饲 4 周
大肠杆菌病、沙门氏菌病	1. 新霉素，以每千克体重 10 mg 剂量内服，每天 2 次，连用 3～5 天；也可按 0.02%～0.025%的质量分数混于饲料内添加 2. 氟哌酸：以每千克体重 10 mg 剂量内服，每天 2 次，连用 3 天
巴氏杆菌病、魏氏梭菌病	喹乙醇按每千克体重 50 mg 剂量内服，每天 2 次，连服 3 天
支气管败血波氏杆菌病、巴氏杆菌病、球虫病	1. 磺胺二甲基嘧啶：按 0.01%～0.05%的质量分数混饲或以 0.02%的质量分数混饮，连用 3 周 2. 强力霉素：以每千克体重 5～10 mg 剂量，内服，每天 2 次，连用 3～5 天
乳房炎	1. 长效磺胺：产后 3 天内，每只兔每次 0.5 g 剂量，每天内服 2 次，连喂 3 天 2. 青霉素：以每千克体重 3 万～4 万 U 剂量肌肉注射，每天 2 次，连用 3～5 天
兔梅毒病	青霉素：以每千克体重 3 万～4 万 U，肌肉注射，每天 2 次，连用 4～5天
线虫病	1. 盐酸左旋咪唑：6 月龄时，以每千克体重 10～15 mg 剂量，1 次内服 2. 丙硫苯咪唑：以每千克体重 15 mg 剂量，1 次内服
疥癣病(螨病)	阿维菌素：以每千克体重 0.2 mg 剂量，1 次皮下注射，隔 7～10 天再重复用药 1 次(口服剂型、用量及用药次数同注射剂)

在实践中，对于家兔的寄生虫病，最有效、可行的防治措施是进行定期驱虫(计划性驱虫)。它具有消灭传染源、防止病原(如虫卵、卵囊等)扩散和治疗病兔的双重意义。一般选择在春季、秋季各对兔群普遍进行 1 次驱虫(兔球虫病例外)。例如，对兔常见的

线虫、绦虫、绦虫蚴及吸虫的驱除，可选用抗虫谱较广的丙硫苯咪唑或吡喹酮与左旋咪唑复合剂等定期给家兔内服。仔兔容易暴发球虫病，可选择氯苯胍等抗球虫药物在仔兔从断乳至 3 月龄这段时间内，每天服用氯苯胍 1 片(10 mg)，可以收到很好的预防效果。对家兔的各种螨病，要定期全面进行普查，发现病兔及早治疗，可选用阿维菌素皮下注射或用其粉剂内服。

定期驱虫应注意如下要点：

①所使用的驱虫药物剂量要准确。

②驱虫后要加强护理和观察，发现问题要及时采取对症治疗措施，及时解救出现毒副作用的病兔。

③先做小群驱虫的安全试验，取得经验并肯定药效和安全性后，再进行全群驱虫。

④驱虫后对所排出的粪便要做无害化处理，以防病原扩散。

○ 预防中毒

家兔的中毒性疾病主要有：农药中毒，如乐果、敌敌畏、敌百虫、杀螟磷等；饲料中毒，常见的有发霉饲料中毒、棉籽饼中毒、马铃薯中毒、有毒植物中毒、灭鼠药中毒、食盐中毒等。

预防的措施是严把饲料的采购、储存关。这是预防中毒的有效措施。要做到不喂被农药污染的青饲料；不喂发霉变质的精、粗饲料；不喂未经脱毒的棉籽饼、菜籽饼；加入饲料中的食盐、咸鱼粉，剂量要准确，不可超量，以免引起食盐中毒。此外，严格灭鼠药的放置管理，防止家兔误食中毒。

○ 发现病兔应采取的措施

兔场一旦发生传染病或疑似传染病时，必须按照“早、快、严、小”的原则，迅速采取扑灭措施。要做到早诊断，早扑灭；对发病兔和可疑病兔尽快隔离观察，治疗，并由专人管理；对发病的兔场要严格封锁，立即停止种兔出售或外调，严禁车辆进出和饲养人员串岗；兔舍、场地及一切用具严格消毒；对不能利用的病兔、死兔及粪便、垫草要做焚烧或深埋处理；及时查明发病原因，确立诊断，及时采取相应对策，把疫情报告当地有关部门，通知周围兔场采取预防措施，防止疫情扩大，以把损失降低到最小限度。

❸兔病的诊疗技术

○ 兔病的诊断方法

在养兔生产中，应定期检查兔群的整体健康状况，特别是当兔群发病后，及时对兔群进行认真地检查，包括流行病学调查、临床诊断、剖检变化，必要时还要采取病料进行实验室检查，以便迅速做出确诊，采取相应的控制措施。

1. 流行病学调查

流行病学调查包括：本次疾病流行的基本情况（如最初发病的时间和地点、传播蔓延情况以及发病兔的数量、性别、年龄、发病率、死亡率等情况），本地区或本场过去是否发生过类似的疾病，发病前后的饲养管理是否有大的变动，免疫接种及药物预防情况（如兔群疫苗注射情况、是否使用过预防药物、是否驱过虫、饲料中使用过哪些添加剂、效果如何），发病后病情发展情况和治疗效果等。根据调查结果可以初步明确所发生的疾病是普通病还是传染病，为进一步确诊提供依据和线索。

2. 临床诊断

临床诊断是一种最基本的诊断方法。它是利用人的感官或借助一些简单器械如体温计、听诊器等直接或间接地对家兔进行检查。对于一些具有典型症状的病例，通过仔细检查不难做出诊断。但临床诊断往往具有一定的局限性，特别是在发病的初期，尚未出现症状的病例，或者非典型和隐性感染的病例，单纯依靠临床检查则很难确诊，只能提出可疑疾病的大致范围，必须结合其他诊断方法才能确诊。在实际操作时应注意对整个发病兔群所表现的症状进行综合分析判断，以防误诊。临床诊断一般包括如下内容：

①一般检查，包括营养及发育状况、精神状态、可视黏膜、体温、呼吸、脉搏的检查。

营养发育良好的家兔，肌肉和皮下脂肪轮廓丰圆，被毛光滑，皮肤富有弹性，体躯大，结构匀称。相反，营养、发育不良者则表现骨骼显露，被毛粗乱无光，皮肤干燥缺乏弹性，生长缓慢。此外，对皮肤的检查还应注意其温度、湿度、肿胀及外伤等。精神状态正常的家兔，表现活泼，尾巴上翘，富有活力，对外界刺激反应灵敏；反之则表现萎靡、沉郁、昏迷或兴奋不安等异常变化。健康家兔的可视黏膜呈粉红色，当出现有苍白、黄染、发绀（蓝紫色）、出血斑点时，则为有病的指征。体温的测定一般采取肛门测温法。测温时，操作者用左臂夹住兔体，左手提起尾巴，右手持体温表慢慢插入肛门内，深度 3.5～5 cm，保持 3～5 min。家兔的正常体温为 38.5～39.5℃。呼吸次数检查：观察胸、腹壁的一起一伏即是 1 次呼吸，计数 0.5～1 min，计算出 1 min 的呼吸次数，健康家兔每分钟为 50～80 次。脉搏数测定：多在兔的大腿内侧近端的股动脉上检查脉搏，也可直接触摸心脏计数，健康家兔的脉搏数为每分钟120～150 次。当患有热性病、传染病或疼痛时，脉搏数增加，而脉搏迟缓者较为少见。

②消化系统检查，包括采食情况、排粪次数及粪便性状、腹部检查、口腔变化等项内容。

健康兔对经常吃的饲料，嗅后立即放口采食，速度很快。如果不是饲料的质量问题，而表现对饲料不亲，采食速度减慢或拒食，则是发病的前兆。根据疾病的不同，有的还可出现咀嚼吞咽困难、异嗜、呕吐、口渴、流涎等异常表现。健康兔的粪球形成良好，如豌豆大小，光滑圆润，颜色适度。患病兔常表现排粪次数减少或增加，粪便干硬或稀薄，有的混有黏液或气泡，甚至带血（褐色或暗红色）、恶臭等腹部变化。根据所患疾病的种类不同，病兔常表现有腹痛（不安、回顾腹部或起卧），腹围增大、下垂或出现蜷缩现象；直接和间接听诊肠音，有的增强，有的减弱或衰竭；口腔可出现水疱、疹块、溃疡和舌苔增厚等病理变化。

③呼吸系统检查，包括呼吸、咳嗽状况、肺部的听诊及鼻部的检查等项内容。

健康兔呈胸、腹式（混合式）呼吸，呼吸时胸壁和腹壁的运动协调，强度一致。当出现胸式呼吸时，即胸壁运动比腹壁明显，表明病变在腹部；相反腹式呼吸时，即腹壁运动明显，表明病变在胸部。有的还表现有呼吸浅表、呼吸加深或呼吸困难等症状。

当呼吸道有疾患时，病兔常有咳嗽反应，有干咳（声音干、短，为呼吸道内无渗出物或少量黏液时发生）、湿咳（声音湿、长，为呼吸道内存有大量稀薄渗出液时发生）。其咳嗽的频度也不同，有单咳、连咳、痛咳（声音短而弱）、痰咳之分等。

肺部的听诊，当肺部疾患时可听到肺泡呼吸音的增强或减弱、干性啰音和湿性啰音的出现等。

鼻部的检查，健康兔的鼻孔清洁，稍湿润。当发现鼻液分泌增加（清涕、稠涕、脓涕、泡沫、带血）或鼻孔周围干燥皲裂时，则常为鼻腔、上呼吸道及肺部的炎症表现。

④泌尿系统的检查。正常家兔的尿液为淡黄色，外观混浊。当尿液黏稠、清亮或发红时，均属不正常现象。排尿姿势异常主要有尿失禁（不自主地排出尿液），是排尿中枢损伤的特征。排尿困难（尿排出时表现不安，呻吟，回顾腹部，摇尾或排尿后长时间保持排尿姿势），见于尿路感染、尿道结石等。

家兔的排尿次数不定，24 h 的排尿量受多种因素的影响（如饲料、饮水、运动和环境温度等），平均为每千克体重 130 mL。排尿量增多见于大量饮水后、慢性肾炎或渗出性疾病(渗出性胸膜炎或渗出性腹膜炎等)的吸收期;排尿量减少,次数也减少,见于急性肾炎、大出汗或严重腹泻等。

3. 病理学诊断

病理学诊断是对病死兔或濒死期捕杀的兔进行剖检,用肉眼或借助显微镜观察器官及组织细胞的病理变化,作为诊断依据之一。有些疾病单凭尸体剖检就可做出诊断,如兔瘟、A型魏氏梭菌病、兔黏液瘤病、兔肝球虫病等。有些传染病除了肉眼观察外,还需采取病料送检实验室,进一步做病理组织学检查才能最后确诊。

4. 实验室检查

实验室检查方法包括病原体(如病毒、细菌、寄生虫等)检查和血清学检查。

病原体检查包括使用显微镜和电镜检查、病原体的分离培养鉴定以及细胞、鸡胚和动物接种试验等方法。

血清学检查是检测特异性抗体和抗原。其常用方法有沉淀试验、凝集试验、补体结合试验、中和试验、免疫荧光试验、放射免疫试验、酶联免疫吸附试验等。随着分子生物学研究的深入,目前也开始应用分子杂交技术、聚合酶链反应(PCR)技术来检测某些疾病。

○ 病料的采取、保存和送检

在剖检过程中,有些病兔未发现特征性病变,单凭肉眼观察难以诊断,或病变明显但有待实验室进一步检查确诊,这样就必须采取病料送检。

1. 病料的采取

①怀疑某种传染病时,要采取该病常侵害的部位。

②提不出怀疑对象时,则可将完整的家兔送检。

③败血性传染病,采取心、肝、脾、肺、肾、淋巴结及胃肠等组

织，如兔瘟、兔巴氏杆菌病等。

④属专嗜性传染病或侵害某些器官为主的传染病，则采取被侵害的主要器官组织，如兔结核病取病变结节；兔魏氏梭菌性肠炎，取其肠管及内容物；有神经症状的传染病采取脑和脊髓等部位。

⑤检查血清抗体时，取静脉血液待凝固析出血清后，分离血清装入灭菌的小瓶内送检。

⑥怀疑寄生虫病时，可采取家兔的新鲜粪便（检查虫卵、卵囊）和健康与病变交界处皮肤表层刮取物（检查各种螨虫）装入干净小瓶内送检。

2.病料的保存

病料采取后要及时送检，如不能及时检验或需送往外地检查时，应加入适当的保存剂，使病料尽可能保持新鲜状态，以便得出正确的结果。

第一，供细菌学检验材料的保存。将采取的组织块保存于灭菌的饱和盐水或30%甘油缓冲液中，容器加塞封固。

第二，供病毒学检验材料的保存。将采取的组织块保存于50%甘油生理盐水或鸡蛋生理盐水中，容器加塞封固。

第三，供病理组织学检验材料的保存。将采取的组织块放入10%福尔马林溶液或95%酒精中固定，固定液的用量为标本体积的10倍以上。如固定液为10%福尔马林，在24 h后应更换新液1次。严寒季节，为防止组织块冻结，可将上述固定好的组织块取出，保存于甘油与10%福尔马林等量混合液中。

3.病料的送检

装病料的容器上要编号，并详细记录随病料给送检单位。包装要求安全稳妥，对有危险、怕冻、怕热的材料应分别采取措施（一般微生物检验材料怕热，病理检验材料怕冻）。病料装箱后，要尽快送到检验单位，短途应派专人送去，长途可以空运。

4. 病料采取与送检注意事项

病料采取要及时，一般应在死后立即采取，最迟不应超过6 h。为不影响检查结果，取材动物最好是在近期未经药物预防或治疗过的。病料采取过程中所用器械应事先灭菌，取材过程要无菌操作。为减少污染，可先取微生物检验材料，然后结合病理剖检，再取病理检验材料。

○ 家兔的给药方法

给药的途径不同，不仅影响药物作用的快慢和强弱，有时还可改变药物的基本作用。有的因药物的性质不同也需要不同的给药途径，所以，在临床工作中要根据具体情况选择适当的给药方法和给药途径。

1. 经口给药法

(1)自行采食法

自行采食法操作简便，适于家兔尚有食欲且药物无特殊味道的情况下应用。将药物做成粉剂，计算好用药剂量，按一定比例混于饲料或饮水中，让家兔自行采食。大批用药前，最好先做小批的毒性及药效试验。

(2)经口灌药法

经口灌药法适用于药量小、有异味的药物，或者已无食欲的病兔。将药捣碎加水适量，吸入不带针头的注射器内，然后从一侧口角处将注射器伸入口腔中部，缓缓注入药液，让病兔自行吞咽；也可将兔保定，用滴管或汤匙将药液送入口内，让家兔慢慢吞咽；如为片剂或丸剂，用镊子或筷子夹取药片(丸)送入会厌部，让兔吞下即可。

(3)胃管投药法

用开口器(长 10 cm、直径约 2 cm 的木棒，其中间钻一个比胃管直径稍大的小圆孔)，将胃导管(使用人用导尿管代替)涂上润滑油，通过木棒小孔插入咽部，待引起吞咽动作时，及时将其插入食管，将胃导管的游离端插入水中，看是否有气泡产生；若有气泡说明误入气管，应拔出重插。在确定胃导管已插入胃内后，用注射器或橡皮球将药液从胃管的另一端注入胃内，然后再用少量清水冲送，取出胃导管。

2. 注射给药法

注射给药，事先对所使用的注射器、针头必须经严格消毒（高压蒸汽或煮沸消毒）处理。注射前后，对注射部位要经剪毛和使用70％～75％酒精棉球局部消毒，以防造成感染。

（1）皮下注射法

一般选在颈部、肩部、腋下、腹内侧或腹下皮肤薄、松弛易移动的部位。局部经剪毛消毒后，以左手捏起皮肤，右手持注射器，将针头斜向刺入皮下 1.5 cm，放开左手，将药液注入。

（2）肌肉注射法

注射部位一般选择肌肉丰满的臀部和大腿部，注射前局部消毒，左手拇指和食指固定注射部位的皮肤，右手持注射器，将针头垂直或稍斜向刺入肌肉达一定深度，回抽注射器无回血后，再将药液缓缓注入。

（3）静脉注射法

注射部位多取耳外缘静脉，由助手保定，固定头部，局部消毒。左手拇指与无名指及小指相对，捏住耳尖部，以食指和中指夹住压迫静脉向心侧，使其充血怒张，当静脉不明显时，可用手指弹击局部数下或用酒精棉球反复涂擦刺激静脉处皮肤，至耳外缘静脉扩张后，右手持注射器，使针头与血管近似平行地刺入静脉约 1 cm，见有回血后，再将药液缓缓注入；注射完毕拔出针头，压迫止血。

（4）腹腔注射法

将家兔仰卧保定，后躯抬高，注射部位在腹中线左侧，脐后方。

局部剪毛消毒,将针头向着脊柱方向刺入,回抽活塞,如无气体、液体及血液,左手经触摸确定在腹腔内后再将药液注入。腹腔注射宜选择在家兔胃、肠及膀胱空虚时进行。当药液量大时(用于补液)应将其加热至与体温同高为宜。

(5)直肠给药法

直肠给药多在家兔便秘时采用。将家兔仰卧,使用人用导尿管的前端涂以石蜡油或植物油后缓缓插入肛门到一定深度,再用注射器或橡皮球将药液注入直肠内。

(6)外用给药法

当家兔患有外伤、体表寄生虫或消毒时采用外用给药法。一般先用浓度适宜的消毒药液或肥皂水清洗局部(如眼、鼻及创伤处等),再将治疗药物涂擦于患处。在防治家兔体表寄生虫时还可使用药浴等方法。

❹家兔的病毒性传染病

○ 病毒性出血症(坏死性肝炎)

本病简称兔出血症,俗称"兔瘟",是由病毒引起的一种急性败血性传染病,以全身主要器官出血为特征。

1. 诊断要点

(1)流行特点

各种家兔均有易感性,其中以长毛兔最易感。本病多发生于 2 月龄以上的青年兔,病死率可达 90%～100%,老幼兔较少死亡,其中哺乳仔兔则很少发病。本病多发生于冬、春季节,夏季少见,一次流行持续时间为 7～13 天。

(2)临床症状

人工感染潜伏期为 48～72 h。本病根据病程长短可分为以下 3 种类型：

①最急性型。常不表现任何先兆，突然倒地抽搐、尖叫几声死亡。此型多见新疫区或流行初期。

②急性型。病兔体温升高，可达 41℃以上，精神沉郁，食欲减退或不食，数小时后体温急剧下降，表现呼吸急促、惊厥、蹦跳、倒地抽搐，尖叫而死。有的肛门出血，从鼻孔流出带血的泡沫性液体。

③慢性型。多见老疫区和流行后期，病程较长，病兔精神不振，采食减少，消瘦，最后衰竭死亡。耐过兔生长缓慢。

(3)剖检变化

实质脏器(心、肺、肝、肾等)有出血、淤血斑点，尤以脾脏淤血肿大明显，呈现蓝紫色。肝脏肿大，表面有灰白色坏死灶；肺脏水肿；气管内充满泡沫，有时泡沫呈血样；肾脏肿大；胆囊扩张。

(4)实验室检查

可用已知抗兔出血症血清检查病料(肝组织悬液)中的未知病毒，常用的有红细胞凝集抑制(HI)试验。反应为阳性者可采取病料进行动物接种试验或电镜观察其病毒的存在。

2. 类症鉴别

重点应与兔急性巴氏杆菌病和魏氏梭菌病区别。

兔巴氏杆菌病，发病无年龄界限，多为散发，无神经症状，肝、肾不肿大。有浆液性、脓性鼻炎症状，后期出现下痢。从病料中可分离出巴氏杆菌，用抗生素或磺胺类药物治疗有效。

兔魏氏梭菌病，以急性腹泻和盲肠浆膜有鲜红色出血斑为特征，在肠内容物中可检出 A 型魏氏梭菌的外毒素。而使用肝病料做红细胞凝集反应，因其不能凝集人的“O”型红细胞，则表现阴性反应。

3. 防治措施

(1)预防

平时除加强饲养管理外，必须要严格执行各项卫生、消毒、检疫与隔离制度；按免疫程序做好兔出血症组织灭活苗的接种工作。

(2)治疗

发病后要划定疫区，隔离病兔，禁止出售病兔、兔毛等；病死兔一律深埋或销毁；兔笼、用具、污染的饲料及粪便等可用 2% 火碱水或 3% 过氧乙酸等消毒；改饮凉开水；青饲料要用 0.5% 高锰酸钾水浸洗晾干后再喂饲。对发病初期的兔群，可使用兔出血症高免血清予以治疗，肌肉注射量为成年兔每千克体重 3 mL，60 日龄以前的兔为每千克体重 2 mL，治愈率可达 75%～100%；待病情稳定后再使用兔出血症组织灭活苗免疫。对尚未发病的兔群可使用兔出血症组织灭活苗或兔出血症细胞培养甲醛灭活苗（DJRK）进行紧急预防接种注射。

○ 传染性水疱性口炎

本病是由水疱性口炎病毒引起的，以口腔黏膜水疱性炎症为主的急性传染病。其特征是大量流涎，故又称“流涎病”。

1. 诊断要点

(1)流行特点

本病病毒主要存在于病兔的水疱液、水疱皮及局部淋巴结内。健康兔食入被病兔口腔分泌物或坏死黏膜污染的饲料、饮水即可感染。饲喂霉烂和有刺的饲料（造成口腔损伤）等可诱发本病。本病主要侵害 1～3 月龄的幼兔，最常见的是断奶 1～2 周龄的仔兔，成年兔很少发生，春、秋雨季多发。

(2)临床症状

本病潜伏期 5～7 天。发病初期有的病兔呈现发热，继之在舌、唇、硬腭及口腔黏膜等处出现粟粒至豆粒大小的水疱或结节，水疱内充满含纤维素样的清澈液体，不久水疱破溃形成烂斑和溃疡。由于有大量口水流出，致使唇周围、颌下、颈部、胸部和爪部的被毛常湿成一片，局部发生炎症和脱毛。若继发坏死杆菌感染，常可引起患部黏膜坏死，并伴有恶臭。口腔损伤的病兔咀嚼、吞咽困难，不能正常采食，呈现沉郁、腹泻、日见消瘦、虚弱，病程一般2～10天，最后因衰竭死亡。

(3)剖检变化

尸体消瘦，舌、唇、口腔黏膜色泽很红，并有水疱、糜烂和溃疡。咽和喉头部聚集大量泡沫样唾液，唾液腺肿大发红。胃扩张，充满黏稠液体，小肠黏膜有卡他性炎症。

(4)实验室检查

取患兔的水疱液、水疱皮或口腔分泌物等病料，做细胞培养进行病毒的分离鉴定。也可使用已知病毒检查康复兔血清中和抗体的浓度进行血清学诊断。

2.类症鉴别

本病应与兔痘和因化学药物、有毒植物、真菌毒素的刺激以及物理损伤等引起的口炎相区别。

兔痘除口腔变化外，在皮肤、内脏有丘疹或结节，并呈现眼睑炎、化脓性眼炎或溃疡性角膜炎变化。本病舌、唇和口腔黏膜有水疱、脓疱和溃疡，这可与化学刺激、有毒植物、霉菌引起的口炎相区别。

3.防治措施

(1)预防

春季、秋季要严格进行卫生防疫，不引进病兔。对健康兔也可用磺胺二甲基嘧啶预防，按每千克精料加药5 g，或以每千克体重0.1 g口服，每天1次，连用3～5天。兔舍、兔笼及用具等定期用2%火碱水、20%草木灰水或0.5%过氧乙酸消毒。

(2)治疗

发病后要立即隔离病兔，加强饲养管理。兔舍、兔笼用上述消毒液消毒；可用磺胺二甲基嘧啶治疗(剂量同预防量)，连用数日，同时饮用小苏打水；中药可用冰硼散或青黛散涂布于病兔口腔，1天2次，连用2～3天。内服六神丸，大兔6粒，小兔3粒；也可用金银花、野菊花煎水拌料喂。

○ 兔痘

兔痘是由痘病毒引起的一种急性、全身性病毒感染的高度接触性传染病。以淋巴结肿大、眼炎、皮肤出现红斑和丘疹为主要特征。本病传染性强，发病率和死亡率均较高。

1. 诊断要点

(1)流行特点

只有家兔能自然感染发病，发病率与年龄大小无关，幼兔和孕兔发病后死亡率最高。兔痘病毒的毒力很强，主要通过呼吸道感染，也可通过眼、鼻分泌物经空气传给易感兔。本病在兔群中传播非常迅速。

(2)临床症状

潜伏期，新疫区为2～9天，老疫区1～2周。据症状的特点可分为痘疱型、非痘疱型。

痘疱型：病兔体温升高，流鼻液，呼吸困难，腹股沟、腘淋巴结肿大而硬。通常在感染后5天皮肤上出现红斑，后发展为丘疹，中央凹陷坏死、干燥，形成痂皮。病灶多见于耳、口、眼、腹部和阴囊等处，引起流泪、羞明，继而发生眼睑炎或溃疡性角膜炎，口腔、鼻腔水肿、坏死，重症病例皮肤出血。一般感染后经7～10天死亡。

非痘疱型：病兔仅表现食欲减退，发热，舌唇部黏膜有少数散在丘疹，有时出现结膜炎和下痢等症状，一般于感染后1周死亡。

(3)剖检变化

皮肤、颜面、口腔、上呼吸道及肝、脾、肺等器官出现丘疹或结节，相应组织水肿或出血。肺脏呈现弥漫性肺炎及灶性坏死，布满小的灰白色结节。肝、脾脏肿大，黄色，有很多灰白色结节和小的灶性坏死区。睾丸有特征性坏死，伴有水肿。此外，肾上腺、子宫、甲状腺、胸腺和唾液腺均有坏死灶。

(4)实验室检查

可采取病料通过鸡胚接种分离病毒，或进行血清学交叉试验和牛痘疫苗交叉保护试验，也可使用荧光抗体试验等方法确诊。

2. 防治措施

加强卫生防疫工作，避免引入病原。发现病兔及时隔离处理。一旦兔群遭到兔痘威胁时，可用牛痘疫苗进行紧急预防接种。

○ 仔兔轮状病毒感染

本病是轮状病毒引起的以腹泻为特征的急性肠道传染病。

1. 诊断要点

(1)流行特点

本病主要发生于2～6周龄仔兔，尤以4～6周龄仔兔最易感，发病率、死亡率均高。青年兔和成年兔常呈隐性感染而带毒。天气、饲养管理、卫生状况不好是本病的诱发因素。该病一般是突然发病，迅速传播。兔群一旦发病，以后将每年连续发生，不易根除。冬季、春季为多发季节，发病后2～3天内常因脱水而死。发病率(90%～100%)和死亡率均较高。

(2)临床症状

本病的潜伏期为18～96 h。患兔以腹泻、昏睡、减食、废食、体重减轻和脱水为主要特征。体温不高，常排出半流质或水样粪便，内含黏液或血液，兔的会阴或后肢被毛部位常被稀粪污染。多数病兔出现下痢后2～4天死亡，只有少数病兔康复。青年兔或成年兔常不显症状。

(3)剖检变化

本病毒主要侵害小肠和结肠黏膜上皮细胞,引起细胞变性、坏死和黏膜脱落;小肠充血肿胀,结肠淤血,盲肠扩张,内充满大量液体内容物。

(4)实验室检查

因引起急性腹泻的原因很多,单靠流行病学和临床症状,只能做出倾向性诊断,最后确诊还需采取病料(病死家兔小肠后段内容物)进行病毒学分离或通过电镜观察病毒。也可检测病兔血清中轮状病毒抗体。

2. 防治措施

(1)预防

坚持自繁自养,不从有本病流行的兔场引进种兔。

(2)治疗

兔场发生本病时,要立即隔离,全面消毒;病死兔、排泄物、污染物一律深埋或焚烧处理;对病兔应加强护理,及时补液、补充电解质;使用轮状病毒免疫注射奶牛获得的抗体和免疫鸡的卵黄抗体,给病兔注射有一定疗效。

○ 纤维瘤病

本病是由纤维瘤病毒引起的某些品种兔的一种良性肿瘤病,以皮下和黏膜下结缔组织暂时形成球形、坚硬的肿瘤为特征。肿瘤直径一般为 1～2 cm,最大可达 7 cm;触摸可在皮下移动,可保持几个月乃至 1 年。

病兔食欲、精神正常,局部无炎症坏死反应,呈良性经过。该病主要经蚊虫或其他吸血昆虫的直接吸血而传播。

目前对本病尚无有效的防治方法。对病兔和可疑兔应隔离饲养,待完全康复后方可解除隔离。对兔笼、用具及场所必须进行彻底消毒。

○ 疱疹病毒感染

本病是由疱疹病毒引起的，以皮肤和黏膜出现红斑及丘疹病变（有时可波及到外生殖器引起充血水肿和肿瘤）为特征的一种潜在性慢性传染病。病毒可伴随家兔数年或终生，一旦条件适宜时，病毒重新激活，造成复发性感染，呈现明显的临床症状。

目前对本病的自然感染流行情况不清。发病以后除要注意隔离、消毒外，只能采取对症治疗，尚无有效控制方法。

○ 传染性黏液瘤病

本病是由黏液瘤病毒引起的，以全身皮下尤其是颜面部和天然孔周围皮下发生黏液瘤性肿胀为特征的一种高度接触性、致死性传染病。

1. 诊断要点

(1)流行特点

本病主要传播方式是直接与病兔以及排泄物、被污染的饲料、饮水和用具等接触或通过吸血的节肢动物为媒介间接感染。本病一年四季均可发生，但在蚊虫大量滋生季节多发。

(2)临床症状

由于黏液病毒不同毒株之间的毒力差异较大，不同品种兔对其易感性也不同，所以，临床症状复杂。

本病的潜伏期为 2～8 天，病兔最先出现的典型症状是发展迅速的结膜炎，并伴有奶油样的分泌物。精神倦怠，厌食，体温可达 42℃。急性者在出现症状 4 天内可死亡。不死者，精神渐进性沉郁，被毛粗乱，眼睑、鼻唇和耳部水肿，头部肿胀似“狮子头”样外观；母兔阴唇水肿，公兔阴囊肿胀。此时常常是耳部滴水，鼻孔有多量分泌物流出，呼吸困难，进而昏迷死亡。多数发病后 1～2 周死亡,个别兔也可存活几周。在这种兔的鼻、耳和前肢常出现纤维素性结节。

(3)剖检变化

死后剖检无特异性病理变化,主要是皮肤肿瘤和皮下水肿,尤以天然孔周围水肿为甚。有的可见脾脏肿大,淋巴结水肿出血,生殖器官肿胀。

(4)实验室检查

取病变组织(结膜上皮细胞)切片,姬姆萨染色镜检,可见上皮细胞的胞浆内有包涵体的存在,有助于诊断。

2. 类症鉴别

本病重点应与兔痘、兔纤维瘤和出血性败血症相区别。

兔痘:以皮肤丘疹、坏死、出血及内脏有灰白色小结节病灶等为特征。

兔纤维瘤:局部无脓样水肿,炎症、坏死倾向也较轻微。在结节形成后 4 周之内可被吸收而结痂。该病全身反应轻微,常为良性经过,不会致死。

兔出血性败血症:断乳前的仔兔不发病。病兔有神经症状,鼻腔流出鲜红泡沫样分泌物,实质脏器出血肿大。

3. 防治措施

(1)预防

目前,我国尚没有此病的报道,所以,对引进种兔要严格观察、检疫,对进口兔应隔离检疫 1 个月。为控制本病的发生,可定期接种黏液瘤灭活苗。近来也有人用经过人工致弱的 MSD/B 株病毒制成疫苗,对兔安全无害,而有很强的免疫原性。

(2)治疗

目前对本病没有有效的治疗方法,一旦发生本病,应坚决采取捕杀、消毒、烧毁等措施。对假定健康兔,应立即使用疫苗进行紧急接种注射。

❺家兔的细菌性传染病

○ 巴氏杆菌病

巴氏杆菌病是由多杀性巴氏杆菌引起的家兔常见的一种高度接触性传染病。多杀性巴氏杆菌，为革兰氏阴性，两端钝圆、细小、卵圆形的短杆菌，美蓝染色呈两极着染，无芽孢及鞭毛，对外界抵抗力不强。一般消毒药均能将其杀死。

1. 诊断要点

(1)流行特点

由于多数家兔的鼻腔黏膜都带有巴氏杆菌，而不显临床症状。当多种原因引起机体抵抗力降低时，存在于上呼吸道黏膜及扁桃体内的巴氏杆菌就乘机大量繁殖，毒力增强，从而引起本病的发生。病菌随病兔的口水、鼻液、粪尿等排出，又在兔群中引起反复感染，造成本病的流行。病菌可通过呼吸道、消化道或皮肤、黏膜伤口而感染。

本病多发生于春秋季节，呈现散在或地方性流行，如不采取有效措施，可造成全群覆灭。

(2)临床症状

由于病原菌感染部位的不同，可出现败血症、鼻炎、肺炎、中耳炎、结膜炎、子宫积脓、睾丸炎和脓肿、生殖道感染等病症。

本病潜伏期1～5天，临床上可分为以下3种类型：

①急性型(出血性败血症)。病兔精神沉郁，不食，呼吸急促，体温升高至41℃以上，打喷嚏，流浆液性鼻涕，一般于出现症状后1～3天死亡。病兔死前全身颤抖，四肢抽搐、瘫痪，有的未见明显症状突然死亡。

②亚急性型。多由慢性病兔恶化的结果。病兔主要呈现肺炎

和胸膜炎症状。病兔不食，呼吸困难（拉风箱声），流出黏液脓性鼻涕，体温稍高，减食，有时发生腹泻，关节肿胀，眼结膜发炎呈蓝紫色，病程持续1～2周，最后因瘦弱衰竭死亡。

③慢性型。多见于常发本病的养兔场内，以上呼吸道卡他性炎症和斜颈为主要特征，表现抓鼻，流浆液性清涕，咳嗽，还可引起中耳炎、结膜炎、角膜炎等。此外，在皮下、乳房等部位常有脓肿，病程缓慢，最终因衰竭死亡。不死者发育停滞，长期带毒。

(3)剖检变化

喉、气管黏膜充血，出血有多量红色泡沫。肺严重充血、出血及水肿，并有灰白色绿豆大脓肿病灶。心、肾、膀胱充血、出血。脾脏、淋巴结肿大、出血，肠黏膜充血、出血，胸腔内有黄色积液。

急性病例的肝脏常发生变性，有灰白色坏死点；亚急性与慢性病例多在皮下、淋巴结和乳腺内有脓肿，耳内有化脓性炎症。

(4)实验室检查

采取心、肝、脾等病变组织涂片染色镜检，如见有两极着染的卵圆形小杆菌，即可确诊。有条件者，可进行细菌分离培养鉴定和动物接种试验来确诊。

2.防治措施

(1)预防

加强饲养管理，严格执行隔离消毒制度，防止病原传入。经常检查兔群，将流涕、打喷嚏的可疑兔及时检出，隔离饲养治疗或淘汰深埋、焚烧等无害化处理。有条件的兔场，要经常对兔的鼻腔连续进行细菌学检查，选留无巴氏杆菌种兔。坚持自繁自养，制造隔离完善的环境条件，建立无巴氏杆菌兔群。

定期消毒。多杀性巴氏杆菌抵抗力较弱，一般常用消毒药物可立即将其杀死。例如，场地用20%石灰乳或3%来苏儿溶液消毒；用具可用2%火碱水洗刷消毒。

发生过本病的兔场，要定期注射巴氏杆菌灭活苗，如兔巴氏杆菌氢氧化铝灭活苗和兔出血症-巴氏杆菌二联苗。发生疫情时也可对假定健康兔进行紧急预防注射。

(2)治疗

抗巴氏杆菌多价血清,兔每千克体重 2～8 mL,皮下注射,8～10 h 后再注射 1 次。若同时配合青霉素、链霉素肌肉注射,效果更好。

青霉素、链霉素各 10 万 U,肌肉注射,每天 2 次,连用 3～5 天,对败血症型效果良好。此外,庆大霉素、四环素等对本病也有很好的治疗效果。

磺胺嘧啶,按每千克体重 0.1～0.15 g,每天 2 次口服,连用 5 天,首次量加倍。也可使用复方新诺明、长效磺胺等药物治疗。

喹乙醇,按每千克体重 25 mg,口服,每天 1 次,连用 3～5 天。

对慢性病例,可选用青霉素、链霉素滴鼻,每毫升含 2 万 U,每天 2 次,连用 5 天。同时配合土霉素,每千克体重 25～40 mg 剂量混料喂给,每天 1 次,连用 5 天。

○ 支气管败血波氏杆菌病

本病是由支气管败血波氏杆菌引起的家兔常见、多发、广泛传播的一种慢性呼吸道传染病,以鼻炎、支气管肺炎和脓疱性肺炎为特征。本病原菌为革兰氏阴性,卵圆形乃至多形态小杆菌,多呈两极着染;对外界抵抗力不强,常用的消毒药物均可将其杀死。

1. 诊断要点

(1)流行特点

本病多发于春秋季节,主要经呼吸道感染,多种不良因素可致上呼吸道黏膜抵抗力减弱,而引起发病。仔兔、青年兔常呈急性经过,发病率和死亡率均较高,成年兔一般为慢性经过。

(2)临床症状

本病可表现为以下 2 种类型症状:

①鼻炎型。呈地方性流行,多数病例鼻腔黏膜充血,流出浆液

性或黏性分泌物(通常无脓性分泌物),病兔多不死亡。

②支气管肺炎型。多为散发,鼻炎长期不愈,从鼻腔流出黏性或脓性分泌物,表现为打喷嚏、呼吸加快、食欲不振、逐渐消瘦。病程长,可延至数月。

(3)剖检变化

上呼吸道黏膜充血,有多量浆液、黏液或脓性液体。肺部有大小不同、数量不等的脓疱。肝脏表面可见豆粒大小的脓疱,有的还可引起心包、胸膜炎症,造成胸腔积脓、肌肉脓肿,脓液呈乳白色或灰白色。

(4)实验室检查

可从鼻腔分泌物或肺脏的脓疱内分离到支气管败血波氏杆菌。

2. 类症鉴别

本病与巴氏杆菌同样可引起胸膜炎,并以胸腔积脓为特征,但巴氏杆菌病很少单独引起肺脓疱。绿脓单胞菌病在内脏形成的脓疱的脓液呈淡绿色或褐色。而葡萄球菌病很少在肺部形成化脓灶。最准确的方法是从脓灶分离病原菌。

3. 防治措施

(1)预防

坚持自繁自养,对新引进的种兔必须隔离观察1个月以上,并进行细菌学与血清学检查,确为阴性者方可混群。

加强饲养管理,做好卫生防疫工作,减少灰尘,保持兔舍的适宜湿度与温度,通风良好,避免异常气味的刺激。定期消毒,及时淘汰有鼻炎症状的病兔,以防引起传染。

定期使用兔波氏杆菌灭活苗进行注射,每年2次。也可使用兔巴氏杆菌-支气管败血波氏杆菌二联苗或兔巴氏杆菌-支气管败血波氏杆菌-兔出血症三联苗进行免疫注射。

(2)治疗

对重症(肺炎型)无治疗效果的病兔应及时淘汰。对轻型病例使用抗生素治疗虽能使症状消失，但停药后又可复发。一般可选用四环素、卡那霉素、庆大霉素、链霉素及磺胺类药物治疗。鼻炎型病兔可结合使用链霉素滴鼻有效。

○ 葡萄球菌病

本病是由金黄色葡萄球菌引起的致死性脓毒败血症和各器官部位的化脓性炎症，是养兔场常见的传染病之一，死亡率高。病原菌为革兰氏阳性、卵圆形的球形菌，对外界的抵抗力较强。常用的消毒药中，以3%～5%石炭酸溶液消毒效果最好，70%酒精几分钟可将其杀死。

1. 诊断要点

(1)流行特点

葡萄球菌广泛存在于家兔的周围环境及动物的体表、皮肤、黏膜、肠道、扁桃体和乳房等处。主要经创口及天然孔道或直接接触感染，家兔最敏感。

(2)临床症状

临床常见的病症有如下几种类型：

①仔兔脓毒败血症。仔兔出生后2～6天，较大的兔一般为10～21日龄，在多处皮肤处出现粟粒大的白色脓疱，多于2～5天内呈败血病死亡。病程较长者，最后消瘦而死。不死者，脓疱慢慢变干，逐渐消失痊愈。

②仔兔急性肠炎。常因母兔患乳房炎后，仔兔吃了母兔的乳汁而发病，通常全窝发病。病兔尿液发黄，患兔肛门周围和后腿黄色稀粪污染。病兔瘦弱、昏睡，死亡率很高。

③脓肿。兔的全身各器官部位都可发生。病变部位初期红、肿、热痛，后形成数个大小不等的脓肿(手摸柔软有弹性)，脓肿经1～2个月可自破流出乳白色或淡绿色脓汁。当脓肿向内破溃时，可引起全身感染，呈败血症死亡。

④乳房炎。多出现在分娩后最初几天。因乳头、乳房损伤而被感染。患兔体温升高，不食，乳房肿胀，局部红、肿、热、痛，呈紫红色。乳汁中常混有脓液或血液，拒绝哺乳。转为慢性者，乳房皮下或实质内形成结节或脓肿。

⑤脚皮炎。在兔脚掌心的表皮上发生红肿、脱毛，继而出现脓肿，形成溃疡，长期不愈，影响生长。若引起败血症，则很快死亡。

⑥鼻炎。患兔流出大量浆液或脓性鼻液后在鼻孔周围干固结痂，致使呼吸困难，打喷嚏，常用前爪抓搔鼻部。易引起肺脓肿、肺炎和胸膜炎。

(3)剖检变化

病兔不同部位皮下和内脏器官有数量不等、大小不一的脓疱(内脏脓肿，常有结缔组织构成的包膜)，内含浓稠的乳白色脓液。

(4)实验室检查

以无菌方法取脓疱内脓液或小肠内容物涂片染色镜检，可见有革兰氏阳性、卵圆形葡萄状或短链状球菌。有条件的可进一步进行细菌分离培养或动物试验确诊。

2.防治措施

(1)预防

注意笼舍、场地卫生，清除锋利物，以防刺破皮肤。每笼兔不宜太多，以防相互啃咬。铺垫物要松软、清洁、干燥，防止初生兔被擦伤。发现外伤要及时涂擦紫药水或碘酊防止感染。

产仔前后适当调整精饲料和多汁饲料的比例，以防发生乳房炎；刚产出的仔兔脐带口要用2%～3%碘酊或5%龙胆紫严格消毒；分娩前3～5天，每千克饲料中添加土霉素20～40 mg或用磺胺嘧啶以每只兔每天0.5 g剂量内服，可预防本病的发生。

对健康兔采用金黄色葡萄球菌蜂胶灭活苗，皮下注射1 mL，可预防本病的流行。

(2)治疗

全身治疗:肌肉注射青霉素,按每千克体重2万～4万U,每天2次,连用4～5天;磺胺类药物,每千克体重0.05～0.2 g,每天2次,连用3～5天;先锋霉素Ⅱ,每千克体重25 mg,每天2次;肌肉注射庆大霉素、卡那霉素,每千克体重2万～4万U,每天2次,连用3～5天;四环素以每千克体重55 mg添加于饮水中,连服4天。在选用上述药物时,可配合使用多种维生素。

局部治疗:局部的脓肿与溃疡,按常规外科处理方法处理,涂擦5%龙胆紫酒精液或碘酊、5%石炭酸溶液、青霉素软膏、红霉素软膏等药物。乳房炎较轻者,先用0.1%高锰酸钾溶液清洗乳头,局部涂以鱼石脂软膏或青霉素软膏;严重者用0.1%普鲁卡因注射液10～20 mL加20万～40万U青霉素在乳房硬结周围4～6点进行封闭注射,每天1次,连续3～5天。对鼻炎患兔,先用0.1%高锰酸钾清洗鼻部干痂后,用青霉素滴鼻处理。

○ 泰泽氏病

本病是由毛样芽孢杆菌引起的,以严重下痢、脱水和迅速死亡为特征的一种传染病。发病率和死亡率都较高。

1.诊断要点

(1)临床症状

发病很急,严重腹泻,粪便呈现褐色、糊状或水样,后肢常沾满污粪。病兔精神沉郁,不食,迅速脱水,眼球下陷,一般发病后的12～48 h内死亡。耐过兔生长停止,体重下降,软弱无力。

(2)剖检变化

尸体大面积脱水,盲肠、回肠后段、结肠前段的浆膜面充血,浆膜下有出血点,盲肠壁水肿增厚,盲肠和结肠内有水样褐色内容物。肝实质或心肌内常有很多针尖大小或块状黄白色坏死灶。

(3)实验室检查

可取肝坏死区、病变心肌或肠道的病变部位做涂片,以姬姆萨氏液或镀银染色镜检,在细胞浆内找到毛发状芽孢杆菌后方可确诊。有条件的还可应用荧光抗体和其他血清学方法进行诊断。

2. 防治措施

(1)预防

改善饲养管理,注意环境卫生,定期消毒,消除各种应激因素。当兔群受到应激后,可在饲料和饮水中添加土霉素或青霉素对控制本病的发生有一定作用。及时隔离或淘汰病兔,粪便及被污染的废物予以发酵或烧毁。

(2)治疗

早期使用抗生素有效,如 0.01%的土霉素饮水。青霉素按每千克体重 2 万～4 万 U,每天 2 次,肌肉注射,连用 3～5 天。链霉素以每千克体重 20 mg 剂量肌肉注射,每天 2 次,连用 3～5 天;青霉素、链霉素联合应用效果更好。也可应用金霉素、红霉素等。但磺胺类药物无效。

○ 野兔热(土拉杆菌病)

本病是由土拉杆菌引起的一种广泛分布于啮齿类动物中的传染病,也能传染给家兔、其他家畜和人。病兔以体温升高、肝和脾肿大、出血、坏死、淋巴结肿大为主要特征。

1. 诊断要点

(1)流行特点

啮齿类动物是本菌的主要携带者,是主要传染来源。本病呈地方性流行,可通过消化道、呼吸道、伤口、皮肤和黏膜感染,也可经吸血的节肢动物进行传播。本病春末夏初季节多发,这与吸血昆虫的大量滋生有关。

(2)临床症状

少数病例呈急性经过,常不表现明显症状,迅速呈败血症死亡。多数病例为慢性经过,病程较长;体温较正常升高1～1.5℃,表现淋巴结肿大、鼻腔发炎。

(3)剖检变化

急性者,无明显病变。病程长者可见淋巴结肿大;脾、肝、肾脏肿大,表面和切面有灰白色、大小不等的出血点和坏死结节;肺充血有实变区。

(4)实验室检查

取病料涂片染色镜检可见革兰氏阴性、多形态的小球状菌。有条件的可进行动物接种试验或血清凝集反应等。

2.类症鉴别

本病应与李氏杆菌病和兔伪结核病相区别。

李氏杆菌病患兔可出现神经症状,体表淋巴结无明显变化,病原菌为革兰氏阳性小杆菌,可与本病区别。

兔伪结核病主要病变在蚓突和圆小囊(回肠末尾部)浆膜下有灰白色、粟粒大小的结节。

3.防治措施

(1)预防

搞好兔场卫生,灭鼠、灭蚊、灭蝇,及时杀灭家兔的外寄生虫。防止野兔入场,防止饲草、饮水被污染;及时隔离病兔,病尸深埋或销毁。疫区可试用弱毒苗预防接种,在屠宰病兔时要注意个人防护。

(2)治疗

链霉素,按每千克体重20 mg剂量,每天2次,肌肉注射;金霉素以每千克体重20 mg,用5%葡萄糖溶液溶解后静脉注射,每天2次;庆大霉素每千克体重10～20 mg,每天2次,肌肉注射;此外,土霉素、卡那霉素等均有效。以上各种方法需4～5天为一个疗程。

○ 沙门氏菌病(副伤寒)

本病是由鼠伤寒沙门氏菌和肠沙门氏菌引起的,以败血症和急性死亡并伴有下痢和流产为特征的传染病。病原菌是一种革兰氏阴性、卵圆形小杆菌,对外界环境抵抗力较强,但对消毒药的抵抗力不强,3%来苏儿、5%石灰乳及福尔马林等几分钟即可将其杀死。

1. 诊断要点

(1)流行特点

本病对怀孕母兔和仔兔的发病率和死亡率都很高。其发病率可达 57%,流产率为 70%,死亡率为 44%。本病主要经消化道感染,幼兔可经子宫和脐带感染。病兔及其他感染动物的排泄物、分泌物可携带大量病原菌,为主要传染来源。

(2)临床症状

少数病兔突然发病,迅速死亡。多数体温升高,腹泻,排出带泡沫的白色或淡黄色黏液性稀粪。孕兔可从阴道内排出黏液或脓性分泌物。阴道黏膜红肿,流产的胎儿很快死亡。康复兔不容易受孕。

(3)剖检变化

大多数内脏器官充血有出血斑块,胸腹腔积液。病程较长的部分病例肠黏膜充血、出血,黏膜下层水肿,聚合淋巴滤泡有灶性坏死或溃疡。肝脏有散在或弥漫性灰白色粟粒大小坏死灶。胆囊肿大,脾脏肿大 1～3 倍,呈暗红色。孕兔病死后子宫肿大,呈化脓性子宫炎,并有溃疡。未流产的胎儿发育不全或木乃伊化。

(4)实验室检查

以病兔子宫、阴道分泌物或肝脏、流产胎儿的内脏器官作为被检材料,进行细菌分离鉴定,或用已知抗原检测被检血清,确诊。

2. 类症鉴别

本病应注意与李氏杆菌病和兔伪结核病相区别。前者除能引起怀孕母兔流产外，还可出现神经症状(头颈歪斜，运动失调)；后者为一种慢性消耗性传染病，多为瘦弱而死，在肠道、内脏器官和淋巴结处出现干酪样坏死结节。

3. 防治措施

(1)预防

定期使用鼠伤寒沙门氏菌诊断抗原普查兔群，对阳性兔进行隔离治疗。兔舍、兔笼和用具等要彻底消毒；对怀孕初期母兔可注射鼠伤寒沙门氏菌灭活苗，每次颈部皮下或肌肉注射 1 mL，每年注射 2 次。

(2)治疗

链霉素，每次 10 万 U，每天 2 次，连用 3 天；磺胺二甲基嘧啶，每千克体重 0.2～0.5 g，每天 1 次，连用 3～5 天。此外，还可选用四环素、庆大霉素、环丙沙星和恩诺沙星等药物治疗。

○ 大肠杆菌病(黏液性肠炎)

本病是由一定血清型致病性埃希氏大肠杆菌及其毒素引起的一种暴发性、死亡率很高的仔兔肠道传染病，主要是以患兔出现胶样或水样腹泻及严重脱水为特征。大肠杆菌呈革兰氏阴性的卵圆形杆菌，一般消毒药可迅速将其杀死。

1. 诊断要点

(1)流行特点

大肠杆菌广泛存在于自然界，正常情况下常存在于兔的肠道内不引起发病。当多种原因(如饲养和气候条件变化等)引起机体抵抗力下降时其毒力增强引起发病与流行。本病一年四季均可发生；主要侵害 20 日龄及断奶前后的仔兔、幼兔，成年兔很少发生。

(2)临床症状

病程短的 1～2 天死亡,长的 7～8 天死亡。主要表现为排出糊状稀粪或带胶冻样黏液和一些两头尖的干粪,随之出现水泻;体温正常或降低,四肢冰凉,磨牙,消瘦死亡。

(3)剖检变化

主要病变在消化道,胃膨大,充满多量液体。回肠、盲肠和结肠内充满黏液胶样粪便。

(4)实验室检查

取结肠、盲肠内容物于麦康凯培养基培养,呈粉红色较大菌落,可分离到纯大肠杆菌。也可使用标准血清做凝集反应,确定其血清型。

2. 类症鉴别

本病应与兔沙门氏菌病、兔泰泽氏病和兔球虫病进行鉴别诊断,详见有关章节。

3. 防治措施

(1)预防

除加强饲养管理、搞好环境卫生、定期消毒外,要尽量减少各种应激因素,特别是在仔兔断奶前后的精料配方不要突然改变,以免引起肠道菌群的紊乱;对经常发生本病的兔场,可使用从本场兔分离的大肠杆菌做成的疫苗进行预防注射。

(2)治疗

最好是先从病兔分离到大肠杆菌做药敏试验后,再选用药物治疗。

链霉素,以每千克体重 20 mg,每天 2 次,肌肉注射,连用 3～5 天。此外土霉素、多黏菌素、庆大霉素等也有效。

磺胺脒,以每千克体重 0.1～0.2 g,每天 2 次,口服,连用 2～3 天。促菌生疗法,每只兔每天口服促菌生 2 mL 菌液(约 2 亿活菌),连服 3 天有效。

○ 兔密螺旋体病(梅毒)

本病又称兔梅毒病,是由兔密螺旋体引起的一种成年兔的慢性传染病,以外生殖器官、颜面部及肛门部的皮肤和黏膜发生炎症、水肿、结节和溃疡为特征。病原是一种极纤细的螺旋形细菌,革兰氏染色阴性。

1. 诊断要点

(1)流行特点

本病通过交配经生殖道感染,发病多是成年兔,幼兔少见。放养和群养兔的发病率比笼养兔高。

(2)临床症状

本病潜伏期 2～10 周。患病公兔龟头、包皮和阴囊的皮肤及母兔阴唇、肛门黏膜、皮肤发红、肿胀,出现粟粒大小结节,继之有渗出物流出,结成棕色结痂,结痂脱落后形成溃疡。公兔阴囊水肿,表皮呈糠麸样。腹股沟、腘淋巴结肿胀,长期不消失。病变可延至其他部位,如鼻、眼睑、唇、爪等。患病公兔不影响性欲,母兔受胎率大大下降。对全身没有明显影响,病兔可自行康复,但可再度感染。

(3)实验室检查

取病变部位的黏膜或溃疡面的渗出液等涂片、固定、姬姆萨染色。以暗视野显微镜检查见有密螺旋体,可确诊。

2. 防治措施

(1)预防

严防引入病兔,配种前详细检查公、母兔外生殖器,对病兔和可疑病兔停止配种,隔离饲养或淘汰。兔笼及用具用 1%～2% 火碱水彻底消毒。

(2)治疗

链霉素,按每千克体重 15～20 mg 肌肉注射,每天 2 次,连用

3～5 天；青霉素，按每千克体重 10 万 U 肌肉注射，每天 3 次，连用 5 天；九一四（新胂丸纳明）用 5％葡萄糖液稀释，静脉注射，剂量为每千克体重 40～60 mg，必要时隔周重复注射 1 次；患部可先用 2％硼酸液冲洗，再涂碘甘油即可。

○ 坏死杆菌病

本病是由坏死杆菌引起的，以皮下组织尤其是面部、头部、颈部、舌和口腔黏膜的坏死、溃疡和脓肿为特征的散发性传染病。病原为一种革兰氏阴性、多形态杆菌。

1. 诊断要点

(1)流行特点

病兔及带菌兔的分泌物、排泄物污染的外界环境可成为传染来源。本病经损伤的皮肤、口腔与消化道黏膜而传染，常呈散发和地方性流行。幼兔比成年兔易感性高。

(2)临床症状

患兔体温升高，停止采食，流涎，分别在唇部、口腔的黏膜、齿龈、脚底部、四肢关节或下颌、颈部、面部乃至胸前等处的皮下组织发生坏死性炎症，形成脓肿、溃疡，并侵入内部肌肉和其他组织。病灶破溃后发出恶臭。病程可达数周至数月。

(3)剖检变化

除黏膜、皮下、肌肉坏死外，可见淋巴结尤其是颌下淋巴结肿大，并有干酪样坏死灶。多数病例在肝、脾、肺等处也出现坏死病灶，胸膜、心包发炎。多处皮下有脓肿，坏死组织有特殊臭味。

(4)实验室检查

取病变与健康交界处组织做被检材料，涂片染色镜检，易发现坏死杆菌。也可用病变组织或培养物做动物皮下接种试验，于第八天至第二十天死亡，在注射部位出现坏死。

2. 防治措施

(1)预防

加强饲养管理,避免皮肤、黏膜损伤;兔舍要保持干燥,光线充足,空气流通;引进种兔要隔离观察 1 个月。兔群一旦发病要及时隔离治疗或淘汰,并进行彻底消毒。

(2)治疗

将坏死组织清除后,用 3% 双氧水或 0.1% 高锰酸钾冲洗,每天 2～3 次,同时配合全身治疗。

青霉素,每次 20 万 U 肌肉注射,每天 2 次,连用 3 天。也可选用土霉素、四环素治疗;磺胺二甲基嘧啶,按每千克体重 0.15～0.2 g 肌肉注射,每天 2 次,连用 3 天。

若家兔食欲明显下降,可灌服少量硫酸钠轻泻或大黄苏达片健胃。也可在饮水中加入少量氯化钠,使胃酸分泌增加,便于饲料的消化。

○ 李氏杆菌病

本病又称单核细胞增多症,侵害多种动物和人。急性以败血症死亡,慢性以脑膜炎、脑脊髓炎和子宫炎为特征。病原为一种革兰氏阳性小杆菌。

1. 诊断要点

(1)流行特点

本病多为散发,偶尔也呈地方性流行。发病率低,但病死率很高。多种动物常为隐性感染,其中鼠类为本菌在自然界的主要储藏宿主,所以,病兔和这些动物的粪便和分泌物,均可直接和间接通过消化道、呼吸道等途径感染健康兔,其中幼兔和妊娠母兔易感性高。

(2)临床症状

本病潜伏期 2～8 天。临床症状可分为以下几种类型:

①急性型。多见幼兔精神委顿，不食，体温升高40℃以上，鼻腔黏膜发炎，流出浆液性或有脓性分泌物，经1～2天死亡。

②亚急性型。精神委顿，不食，呼吸加快，出现神经症状，如咀嚼肌痉挛、全身震颤、眼球突出、转圈、斜颈等。侵害子宫时可发生流产或胎儿干化，经4～7天死亡。

③慢性型。主要为子宫炎，多在分娩前2～3天发生。病兔精神沉郁，拒食，从阴道内流出红色或棕褐色分泌物，有些病例也出现头颈歪斜等神经症状。病兔流产后很快康复，但长期不孕。

(3)剖检变化

心、肝、肾、脾等脏器有散在或弥漫性针尖大小的淡黄色或灰白色坏死点，肠系膜淋巴结和颈部淋巴结肿大或水肿，肺有出血性梗死和水肿。慢性病例子宫内有脓性或暗红色液体，子宫壁增厚，有坏死病灶。

(4)实验室检查

血象检查出现单核白细胞显著增加(占白细胞总数的30%～50%)。取肝、肾、脾、淋巴结、脑及胎儿或阴道分泌物等涂片染色镜检，可见革兰氏阳性的小杆菌即可确诊。有条件的也可做细菌培养或动物接种试验检查。

2.类症鉴别

李氏杆菌病，在诊断上应注意与兔巴氏杆菌病、野兔热及兔沙门氏菌病相区别，见有关章节。

3.防治措施

(1)预防

搞好卫生与消毒工作，消灭老鼠，禁止从疫区引进种兔；发现本病时，病兔要及时隔离治疗或淘汰处理；笼、舍及用具、场地等可用2%～4%火碱水、3%～5%来苏儿、3%石炭酸、10%漂白粉进行彻底消毒，工作人员应注意自身防护，以防感染。

(2)治疗

可选用青霉素以每次10万～20万U肌肉注射，每天2次，连用4天，也可与庆大霉素4万U联合用药效果更好；10%磺胺嘧啶钠注射液，成年兔每次2 mL、青年兔1.5 mL、幼兔1 mL，肌肉注射，每天2次，连用3天，停药2天后再重复用药3天。

在发病初期使用较大剂量广谱抗生素治疗效果较好，但后期均难以奏效。

○ 结核病

本病主要是由牛型（禽型、人型也可感染）结核杆菌引起的一种以肺、消化道、肾、肝、脾与淋巴结的肉芽肿性炎症及机体消瘦为特征的慢性传染病。病原菌形态细长，革兰氏染色呈阳性。

1.诊断要点

(1)流行特点

兔结核病主要是由于与结核病人、牛和鸡直接或间接接触，经呼吸道、消化道、皮肤创伤、脐带和交配被感染，有时也可通过子宫感染。

(2)临床症状

患兔主要表现食欲不振、消瘦、咳嗽、喘气、黏膜苍白、体温升高。患肠结核时常有腹泻。有些病例出现四肢关节肿大或骨骼变形，当发生脊椎炎时可致后肢麻痹。

(3)剖检变化

尸体消瘦，于肺、肾、肝、胸膜、支气管淋巴结和肠系膜淋巴结等处有大小不等的浅色和灰色结节，中心部呈干酪样坏死，并有纤维组织包膜。肺部结节可相互联合以至形成空洞，但脾脏结节少见。小肠浆膜面也有稍突起、坚实、大小不等的结节，其相对的黏膜面上形成溃疡，周围呈现干酪样坏死。

(4)实验室检查

采取新鲜结核结节病灶触片或经培养的细菌培养物,用抗酸染色法染色镜检,可发现细长、直或稍弯曲的红色结核杆菌,或做病原分离鉴定,即可确诊。

2. 类症鉴别

本病应注意与兔伪结核菌相区别。兔伪结核病变在盲肠蚓突(肥厚如小香肠)和回盲部的圆小囊浆膜下有乳脂样结节。有些病例在脾脏也有大小不等的白色结节。

3. 防治措施

(1)预防

本病重点应放在预防上,治疗意义不大。除加强饲养管理、保持清洁卫生、定期消毒外,兔场必须与鸡场、牛场、猪场等隔离开,防止其他动物进入兔舍。不用有结核病的牛乳、羊乳喂兔。结核病人不能作为饲养人员。新购入的种兔必须隔离观察 1 个月以上,无病后方可混群饲养。发现可疑病兔要立即淘汰,被污染的场所要彻底消毒。

(2)治疗

一般无治疗意义。必要时可使用链霉素,按每千克体重 4 万 U 肌肉注射,每天 2 次,连用 1 周。

○ 伪结核病

本病是由伪结核耶尔森氏杆菌引起的慢性消耗性传染病,一般无明显症状。其特征是盲肠蚓突和圆小囊肿大变硬,浆膜下及脾、肝发生乳汁样或干酪样粟粒大小结节,肠系膜淋巴结肿大,有干酪样结节。其症状与结核病相似。病原菌为革兰氏阴性、呈多形态的球状杆菌。

1. 诊断要点

(1)流行特点

本病病原菌在自然界广泛存在,啮齿类动物是其主要储存宿主,所以,家兔很容易感染发病,多为散发,有时可呈地方性流行;一般通过被污染的饲料、饮水经消化道感染,也可经皮肤、呼吸道和交配感染。

(2)临床症状

本病无明显临床症状,一般表现食欲不振,被毛粗乱,进行性消瘦直至死亡。有些病例有下痢、体温升高及呼吸困难等症状。触诊腹部常可触到肿胀变硬的盲肠蚓突。个别病例呈败血症死亡。

(3)剖检变化

严重病例蚓突肥厚、肿大、硬,如香肠,圆小囊肿大变硬。内脏器官和淋巴结有粟粒大到黄豆粒大、灰白色成串状干酪样结节。

(4)实验室检查

可取淋巴结、内脏器官及粪便涂片镜检,能见到革兰氏阴性、多形态小杆菌。也可使用麦康凯培养基做病原分离与鉴定。必要时可采用间接血凝试验进行血清学诊断。

2. 类症鉴别

本病在诊断时应与兔结核病、兔球虫病等区别,见有关章节。

3. 防治措施

(1)预防

平时要加强饲养管理,注意卫生,定期消毒,消灭老鼠,防止水、草、饲料和用具被病原污染;发病后严格隔离、淘汰可疑病兔,严格消毒,并注意个人防护;定期预防注射伪结核氢氧化铝甲醛灭活苗。

(2)治疗

链霉素,按每千克体重 20 mg 剂量肌肉注射,每天 2 次,连用 3～5 天。

卡那霉素,按每只兔 100～250 mg 剂量肌肉注射,每天 2 次,连用 3～5 天。

本病的治疗效果不稳定,而且人对本病亦有较强的易感性,故患病动物不宜进行治疗,要及时淘汰处理,更不得出售。

○ 链球菌病

本病是由溶血性链球菌引起的急性败血症，病原菌为革兰氏阳性球菌，主要危害幼兔。

1. 诊断要点

(1)流行特点

很多动物和家兔的呼吸道、口腔及阴道中常有致病性链球菌存在，因此，带菌兔、病兔是主要传染来源。病菌随分泌物和排泄物污染饲料、用具、空气、水等，经健康兔的上呼吸道黏膜或扁桃体而传染。当饲养管理不当、受凉感冒、长途运输等应激因素，使机体抵抗力降低时，也可诱发本病。本病一年四季均可发生，但以春季、秋季多见。

(2)临床症状

以体温升高、不食、精神沉郁、呼吸困难、间歇性下痢和死亡为特征。

(3)剖检变化

皮下组织呈现出血性浆液性浸润，脾脏肿大，肝、肾呈脂肪性变性和出血性肠炎变化。

(4)实验室检查

取病变组织、化脓灶、呼吸道分泌物等涂片，革兰氏染色镜检，可见革兰氏阳性、短链状球菌；也可将病料接种鲜血培养基分离细菌或进行动物试验确诊。

2. 类疾鉴别

本病在诊断时应与兔葡萄球菌病和肺炎球菌病等相区别。确诊本病必须进行细菌学检查。

3. 防治措施

(1)预防

加强饲养管理，防止受凉感冒，发现病兔立即隔离治疗，兔笼彻底消毒；兔场可使用从本场分离的链球菌制成的氢氧化铝菌苗接种,预防效果很好。

(2)治疗

可用青霉素,每只兔5万～10万U肌肉注射,每天2次,连用3天;红霉素,每只兔50～100 mg剂量肌肉注射,每天3次,连用3天;先锋霉素Ⅱ,以每千克体重20 mg,肌肉注射,每天2次,连用5天;磺胺嘧啶钠,每千克体重0.2～0.3 g,内服或肌肉注射,每天2次,连用4天。如发生脓肿,应切开排脓,用3%过氧化氢冲洗脓腔或用2%洗必泰溶液冲洗,涂以碘酊或碘仿磺胺粉,每天处理1次。

○ 假单胞菌感染

本病是由绿脓杆菌(绿脓假单胞菌)引起的兔皮下脓肿、出血性肠炎、肺炎和败血症为特征的疾病。病原菌为多形态的细长、中等大杆菌,革兰氏染色阴性。

1.诊断要点

(1)流行特点

本病病原菌广泛存在于自然界,在人畜的肠道、呼吸道和皮肤上也可发现,属于动物偶然寄生菌。病兔及带菌动物的粪便、尿液和分泌物所污染的饲草、饲料和饮水等是本病的主要传染来源,可经消化道、呼吸道及伤口感染。有时当不合理使用抗生素预防和治疗兔病时也可诱发本病。本病多为散发,无明显季节性。

(2)临床症状

病兔突然表现精神高度沉郁、不食、呼吸困难、气喘、体温升高、下痢、排血样稀粪,常很快死亡。有的生前无任何症状,死后剖检才见有病理变化。

(3)剖检变化

病兔胃内有血样液体,十二指肠、空肠黏膜出血,肠腔内充满血样液体。脾脏肿大,呈樱桃红色,肺有出血点。慢性病例在肺部及其他器官形成淡绿色或褐色脓疱,内充有淡绿色或褐色黏液。

病灶破溃后有特殊的腥臭味。

(4)实验室检查

取病料直接涂片镜检病原菌一般无实用价值，因脓汁中各种常见的革兰氏阴性菌如变形杆菌、大肠杆菌等在形态上与绿脓杆菌难以区别，因此，必须进行细菌分离培养鉴定。

2. 类症鉴别

根据病理变化或致病菌的培养特性鉴别，应注意与魏氏梭菌性肠炎和泰泽氏病相区别，详见有关章节。

3. 防治措施

(1)预防

搞好饲料、饲草及饮水卫生，做好灭鼠工作；发生过本病的兔场，可使用绿脓假单胞菌单价或多价灭活苗皮下或肌肉注射1 mL，免疫期半年，每只兔每年注射 2 次，可控制本病；及时隔离病兔，彻底消毒；对假定健康群可全群进行紧急疫苗注射，以防扩大蔓延。

(2)治疗

绿脓杆菌对多种抗生素有抵抗力。可用多黏菌素 B，按每天每千克体重 1 万～2 万 U，分 2 次肌肉注射；新霉素，每千克体重 2 万～3 万 U，每天 2 次肌肉注射，连用 3～4 天，有一定疗效。也可选用青霉素和庆大霉素治疗。

○ 魏氏梭菌下痢

本病是由 A 型魏氏梭菌产生的外毒素引起的肠毒血症。病原体为两端稍钝圆的革兰氏阳性大杆菌。该病的发病率和死亡率均较高。

1. 诊断要点

(1)流行特点

除哺乳仔兔外，各年龄的家兔均易感，但以 1～3 月龄的幼兔发病率最高。一年四季均可发生，但以冬、春季节常见。

（2）临床症状

突然发病，急性下痢，排黑色水样或带血胶冻样粪便，有特殊的臭味，体温不高。多数病例出现下痢后1～2天死亡。少数可拖至7天或更长。

（3）剖检变化

尸体外观消瘦不明显，盲肠、结肠浆膜有出血斑，内充有气体和黑绿色稀薄内容物，并有腐败气味。胃黏膜出血、溃疡、黏膜脱落为主要特征。肝质地变脆，脾呈深褐色。

（4）实验室检查

取空肠或回肠内容物涂片染色镜检，可见革兰氏阳性、两端钝圆的大杆菌。同时用病料以生理盐水制成悬液，离心沉淀后，将上清液用萘氏滤器过滤除菌，再将一定量滤液注入健康小鼠腹腔，如小鼠24 h死亡，则证明肠内有毒素存在，即可确诊。

2. 类症鉴别

本病在诊断时应注意与兔急性肠球虫病、兔沙门氏菌病、兔出血症及巴氏杆菌病相区别（详见有关章节）。

3. 防治措施

（1）预防

加强饲养管理，搞好环境卫生，消除诱发因素。尽量少喂含过高蛋白质的饲料、过多谷物类及多汁菜类饲料。发生疫情，立即隔离治疗或淘汰病兔；及时接种疫苗，一般的繁殖母兔在春、秋季注射A型魏氏梭菌灭活菌1次，断乳仔兔应立即注射。

（2）治疗

对价值高的种兔可使用特异性免疫血清治疗，效果显著，每只兔皮下注射5～10 mL，每天1次，连用2～3天。

土霉素，每只兔每次0.01～0.05 g内服，每天2次，连用3天。也可按每千克饲料0.01 g剂量添加金霉素混饲。

喹乙醇，按每千克体重5 mg内服，每天2次，连用4天。

卡那霉素，按每千克体重 20 mg 剂量肌肉注射，每天 2 次，连用 3 天。

此外，也可使用磺胺类药物治疗。在使用抗生素治疗的同时，还可在饲料中添加活性炭、维生素 B_{12} 等辅助药物治疗。

○ 肺炎球菌病

本病是由肺炎双球菌引起的一种呼吸道传染病，以体温升高、咳嗽、流鼻涕和突然死亡为特征。菌体呈矛状，革兰氏染色阳性；对外界抵抗力不强，一般消毒药可很快将其杀死。

1. 诊断要点

(1)流行特点

本病多发生于成年兔和怀孕兔，主要经消化道和呼吸道感染，亦可经胎盘感染。

(2)临床症状

病兔常呈现感冒症状，表现精神沉郁、厌食、体温升高、咳嗽、流鼻涕和突然死亡。

(3)剖检变化

肺部有多处脓肿和大面积出血，局部水肿。有纤维素性胸膜炎、心包炎，心包和肺或胸膜之间常发生粘连。肝脏肿大，发生脂肪性变，脾脏肿大，子宫和阴道黏膜出血，兔的两耳也可发生化脓性炎症。新生仔兔常呈败血症死亡。

2. 类症鉴别

本病的诊断应注意与支气管败血波氏杆菌病、多杀性巴氏杆菌病、溶血性链球菌病等相区别。最后确诊主要应以微生物学诊断为依据。

3. 防治措施

(1)预防

目前对本病还没有菌苗可用于预防。只能依靠加强饲养管理、搞好环境卫生和消毒工作。一日发现可疑病兔要立即隔离治疗。

(2)治疗

青霉素或新霉素按4万～8万U肌肉注射,每天2次,亦可口服磺胺二甲基嘧啶,每次0.03～0.1 g,每天2次。

对种兔,可使用高免血清注射,每天1次,每次10～15 mL,连用2～3天。如在血清中加入青霉素,可提高其疗效。

○ 皮肤真菌病(钱癣)

本病是由真菌毛癣霉与小孢霉感染皮肤及附属结构(毛囊、毛干)所引起的一种人、畜共患的真菌性传染病。

1.诊断要点

(1)流行特点

家兔的皮肤真菌病不常见,一般与饲养卫生条件差有关,特别是潮湿、多雨、污秽的环境,可促使本病的发生。本病主要通过接触感染。

(2)临床症状

病变一般先发生在头部,后扩展到皮肤的任何部位。其特征是:病灶呈不规则块状或圆形、脱毛、断毛及皮肤炎症,并覆有白色、麦糠样易脱落的皮屑。

(3)实验室检查

根据临床症状,不难做出诊断,但确诊必须通过显微镜检查,可发现真菌的分枝菌丝与孢子。其方法是:将患部用75%酒精擦洗消毒,用镊子拔下感染部位的被毛,用手术刀片刮取皮肤及皮屑;将病料放在载片上,加10%氢氧化钾溶液数滴,加盖片后高倍镜下观察(镜检时应降低光亮度);毛癣霉感染时,可见孢子在毛上呈平行链状排列,毛的内外均可见到;小孢霉感染时,孢子紧密而无规则地排列在毛干周围,好似一个管套镶嵌在被毛的外面。

2. 鉴别诊断

本病在诊断时应注意与兔疥螨、营养性脱毛等多种皮肤病相区别，详见表 9-2。

表 9-2　家兔皮肤病和脱毛症的临床鉴别要点

病名	病原	临床鉴别要点
鼻炎、结膜炎	细菌通常是多杀性巴氏杆菌	从内眼角流出的渗出物损害到皮肤，伴有被毛脱落。为两侧性。皮肤刮屑检查寄生虫、真菌均为阴性
耳螨病	兔痒螨	一般只限于外耳道和外耳皮肤，但常蔓延至耳周围的头部皮肤，皮肤刮屑可见痒螨
疥癣	疥螨	起始于头部，后蔓延至躯干部，深部皮肤刮屑可查到疥螨
流涎	细菌性，各种偶然性因素	皮肤炎症，脱毛，限于下巴和颈部腹侧。因该部长期潮湿，而继发细菌感染，皮肤刮屑检查，寄生虫和真菌均为阴性
耳螨疥螨	小耳螨	通常见到的是体疥癣，深部皮肤刮屑发现
换毛	自发症	部分脱毛或全身脱毛，无炎症。皮肤正常，脱毛可从头部开始。刮屑检查，寄生虫和真菌均为阴性
拉毛	生理现象	母兔从自己身上拉毛做窝，产仔窝后身上即显出无毛区。无炎症，皮肤刮屑检查，寄生虫和真菌均为阴性
遗传性无毛	涉及几种基因	是无毛的常见原因，部分脱毛或全部脱毛，无炎症。皮肤刮屑检查，寄生虫和真菌均为阴性
皮肤癣菌病	须发癣菌及几种小孢霉	一般始于头或耳部皮肤。病变部发炎，有痂皮，无毛。痊愈和重新长毛始于病变中心部。皮肤刮屑检查，在上皮细胞和病毛内可找到皮肤癣菌的菌丝和孢子

3. 防治措施

(1)预防

加强饲养管理，注意兔舍通风换气，保持兔体清洁卫生；兔舍、兔笼及用具定期使用 2%碳酸氢钠溶液消毒。经常检查兔群，发现病兔立即隔离治疗或淘汰；病兔停止哺乳及配种，严防病兔与健康兔互相接触，被污染的兔笼及用具及时使用福尔马林熏蒸消毒，污物及粪尿用生石灰消毒后深埋或烧毁，饲养管理人员要注意个人防护。

(2)治疗

治疗本病应先患部剪毛，再用肥皂水、温碱水或2%～3%来苏儿水洗拭，以软化除去痂皮后用如下药物治疗：

分别选用10%碘酊、10%水杨酸酒精或5%～10%硫酸铜溶液涂患部，直至痊愈；使用10%水杨酸软膏、制霉菌素软膏、10%松馏油软膏、2%福尔马林软膏，每天2次涂抹患部直至痊愈。

全身治疗可口服灰黄霉素，每天每千克体重25 mg剂量，每天1次，连用2周，或每千克饲料中添加20 mg，连喂25天；也可全群口服克霉唑，每兔每次0.4～0.7 g，每天1次，服1周，停1周。病兔每天内服2次，直至症状消失。

对特别严重、治疗无效者应予捕杀销毁。

❻家兔的寄生虫病

○ 球虫病

兔球虫病是由艾美耳属的多种球虫所引起的家兔原虫病，是家兔常见而危害极大的疾病之一。

1. 病原

目前已知兔球虫有14种，除兔艾美耳球虫(斯氏艾美耳球虫)寄生在胆管上皮细胞内，其余各种都寄生于肠上皮细胞，且多为混合感染。从新鲜粪便内分离出的球虫卵囊大多为椭圆形或卵圆形，呈灰黄色，卵囊壁光滑，有或无卵膜孔，卵囊的大小因种的不同相差悬殊，最大的卵囊长径可超过40 μm，较小的卵囊长径仅16 μm左右(图9-1)。

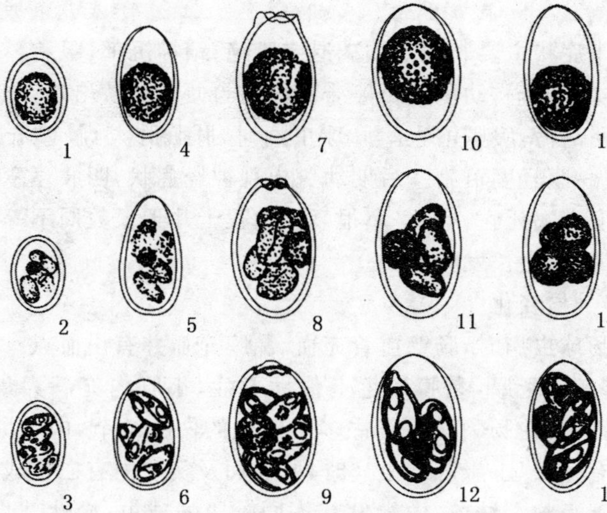

图 9-1　家兔的各种球虫卵囊

1～3. 穿孔艾美耳球虫；4～6. 中型艾美耳球虫；7～9. 大型艾美耳球虫；10～12. 无残艾美耳球虫；13～15. 兔艾美耳球虫

2. 诊断要点

(1)流行特点

因球虫卵囊在外界发育需一定的温度、湿度，故本病的发生与流行有一定的季节性，在温暖、多雨、湿度大的季节多发。所以，每年 4～9 月份为流行季节，7～8 月份最为严重。特别是卫生条件较差的兔场，幼兔的感染率可达 100%，40%～70%病兔死亡。成年兔抵抗力较强，多为隐性感染，不表现临床症状，但生长发育受阻，是主要的传染来源。家兔主要是通过被已孢子化了的卵囊污染的饲料和饮水经消化道感染。

(2)临床症状

兔球虫病可分为肠型、肝型及混合型 3 种，临床上多为混合型。

临床症状主要表现食欲减退或废绝、精神沉郁、眼和鼻分泌物增多、贫血、下痢，幼兔生长停滞。腹泻与便秘交替出现，肛门周围常被粪便沾污，腹围增大。肝球虫病时，肝脏肿大，触诊肝区有痛感，可视黏膜轻度黄染。后期幼兔出现神经症状，四肢痉挛，麻痹，多因极度衰竭死亡。死亡率很高。病程十几天至数周不等。病愈后长期消瘦，生长发育不良。

(3)剖检变化

患肠球虫病时，肠壁血管充血、黏膜充血并有出血点。十二指肠扩张，肠壁肥厚，黏膜发生卡他性炎症，小肠内充满大量黏液。慢性过程中，在肠黏膜上有许多小而硬的白色结节，内含卵囊，有时可见有化脓灶；患肝球虫病时，肝表面及实质内有白色或淡黄色粟粒大至豆粒大结节，内含发育不同阶段的球虫；慢性球虫病时，胆管和小叶间部分结缔组织增生，引起肝细胞萎缩和肝脏体积缩小。

(4)实验室检查

常用饱和盐水漂浮方法检查粪便中有无球虫卵囊。因成年兔常为带虫者，加之急性球虫病(初期)时粪便内尚无球虫卵囊排出，镜检常不能发现球虫卵囊。所以，生前诊断时，不能单凭粪便中能否检出卵囊而诊断是否是球虫病，必须结合临床症状和病理剖检变化综合判定。

3. 防治措施

(1)预防

兔舍应保持清洁卫生、干燥，梅雨季节对兔笼、饲槽经常使用热火碱水、蒸汽或火焰消毒，也可放在日光下暴晒。兔粪要进行堆积发酵处理。

选作种公、母兔必须经过多次粪检，确认无球虫病者方可留为种用。购入新兔需隔离饲养 15～21 天，确认无球虫后才可混群饲养。断乳后的幼兔应与成年兔分开饲养，最好实行单笼饲养。

加强饲养管理，提高抗病能力，对刚断乳的幼兔应给予富含维生素的饲料如维生素 A 及维生素 B_{12}，可维持肠黏膜的完整性。在球虫病的高发季节，还可定期进行药物预防。

(2)治疗

发生球虫病时，可选择下列方法治疗：

磺胺六甲氧嘧啶（制菌磺片），按 0.1% 质量分数饲料混饲，连用 3～5 天为 1 个疗程，隔 1 周再用 1 个疗程。

磺胺二甲氧嘧啶（SM_2）与二甲氧苄氨嘧啶（DVD），两者按 5∶1混合后，以 120～130 mg/kg 混饲 1 周，隔周再按上述方法饲喂1周。

氯苯胍，按 300 mg/kg 饲料混饲 1 周，后再改用 150 mg/kg 饲料混饲，可连用 45 天。

球痢灵（硝苯酰胺），按 150 mg/kg 剂量混饲用于预防。治疗时，按 250 mg/kg 混饲，连用 3～5 天。

三字球虫粉（磺胺氯吡嗪钠），以质量分数为 0.2% 拌料饲喂，连用 3～5 天。

复方敌菌净，按每天每千克体重 30 mg 剂量，首次剂量加倍，拌料饲喂 1 周。

此外，也可使用克球粉、杀球灵等药物进行预防。

对球虫病的治疗，目的在于抑制球虫的发育，缓解症状，促进其产生免疫力。对重症病兔很难挽救其生命。重要的是在最初阶段及时用药防治，才能控制本病流行。球虫容易产生抗药性，故在防治过程中，应有计划地交替使用或联合应用数种抗球虫药，以防产生抗药性。在药物治疗的同时应结合对症治疗，如防止脱水，可口服补液盐。补充维生素 K 和维生素 A 等以阻止出血和加速球虫病的康复等。

○ 弓形虫病

弓形虫病是一种人、畜共患的原虫病，在人和动物中广泛传播，对人、畜危害严重，家兔多为隐性感染，有的也可出现临床症状。

1. 病原

弓形虫的整个发育需要 2 个宿主，猫及猫科动物是终末宿主，中间宿主为多种动物和人，猫也可作中间宿主。根据弓形虫的不同发育阶段，出现 5 种形态，即滋养体、包囊、裂殖体、配子体、卵囊。滋养体和包囊出现在中间宿主体内；裂殖体、配子体和卵囊只出现在终末宿主体内。

滋养体呈新月形，香蕉状，大小为(4～7)μm×(2～4)μm，一端稍尖，一端钝圆，用姬氏或瑞氏染色后镜下观察，胞浆呈浅蓝色，核深蓝紫色，偏于一端(图 9-2)。

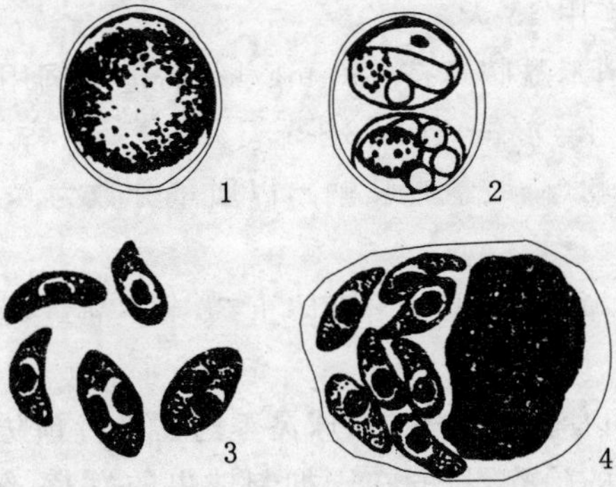

图 9-2 弓形虫

1. 未孢子化卵囊；2. 已孢子化卵囊；3. 滋养体；4. 速殖体

2. 诊断要点

(1)流行特点

动物食入猫粪中的感染性卵囊、含有滋养体或包囊型虫体的中间宿主的肉、内脏、渗出物、排泄物和乳汁后而被感染，也可经胎盘感染胎儿。此外，还可通过损伤的皮肤、黏膜侵入体内，兔饲料和饮水被含有大量弓形体卵囊的猫粪污染，是兔弓形体病暴发的主要原因。

(2)临床症状

兔弓形虫病分急性和慢性2种类型。

①急性病例。表现突然不食，体温升高至40℃以上，呼吸加快，嗜睡，眼或鼻内有浆液性或脓性分泌物，并在几天内出现全身性惊厥等神经症状。有的发生麻痹。通常发病后2～8天死亡。

②慢性病例。病程较长，病兔厌食消瘦，后肢麻痹突然死亡。但多数病兔可逐渐康复，也有相当数量的家兔呈现隐性感染，不表现任何临床症状。

(3)剖检变化

急性型病兔的肺、淋巴结、脾、肝、心等脏器出现广泛性的灰白色坏死灶及大小不等的出血点；肠黏膜出血，有扁豆大小溃疡；胸腹腔积液。

(4)实验室检查

取胸腔、腹腔渗出液或肺、肝、淋巴结等涂片染色镜检，可见有典型的滋养体；也可通过小白鼠腹腔接种，经盲传后查出虫体可确诊；血清学诊断，目前国内应用较多的是间接血凝试验。

3. 防治措施

(1)预防

在兔场内严禁养猫，禁止猫进入兔舍，防止饲料、饮水被猫粪污染。消灭老鼠，严格处理兔尸(深埋或火烧)。发病后及时对兔舍用具及内外环境使用1%来苏儿或3%火碱水进行全面消毒。注意个人卫生防护。

(2)治疗

磺胺类药物对本病有较好的疗效，如配合增效剂使用，则效果更好。

20%磺胺嘧啶钠肌肉注射，成年兔 4 mL，幼兔 2 mL，每天2～3 次，连用 3～5 天。

磺胺嘧啶与三甲氧苄氨嘧啶（或二甲氧苄氨嘧啶）按 5∶1 比例混合，每千克体重口服 84 mg，每天 2 次，连用 3～5 天。

增效磺胺-5-甲氧嘧啶注射液（用含 10%磺胺-5-甲氧嘧啶和 2%三甲氧苄氨嘧啶），按每千克体重 0.2 mL 剂量，每天肌肉注射或静脉注射 1 次，连用 3～5 天。

治疗本病，应本着尽早诊断、及时治疗，否则虽可使临床症状消失，但不能抑制虫体进入组织形成包囊型虫体，而使病兔成为长期带虫者。

○ 兔脑炎原虫病

本病是由兔脑炎原虫所引起的一种慢性、隐性原虫病。据报道，已有兔、犬、猪等多种哺乳动物自然感染过本病，已发现少数人的病例。虫体主要侵害脑和肾脏，尿液中也可查到虫体，家兔多为隐性感染。

1. 病原

兔脑炎原虫的成熟孢子呈卵圆形或杆形，大小为 2 μm×1.2 μm。本病很可能通过尿液污染饲料、饮水或环境，经消化道感染；此外，也可通过接触、胎盘等途径传播。

2. 诊断要点

（1）临床症状

一般不表现症状，有时可有脑炎、肾炎等症状。病兔表现惊厥、颤抖、斜颈、麻痹、昏迷和平衡失调。病兔常有蛋白尿，病后期出现下痢。

（2）剖检变化

肉芽肿性脑炎和肉芽肿性肾炎是本病的特征性病变。肾表面有散在针尖大小白点，皮质面有灰白色凹陷区，大小为 2～4 mm。如肾脏大面积受害，则表面呈颗粒样外观，切面皮质增厚，有的部位皮质和髓质界线不清，肾脏质地脆弱。

脑回稍扁平，大脑皮质切面有针尖大小的病灶。

(3)实验室检查

本病通过临床症状和病理剖检变化可大致诊断，但确诊尚需进行病理组织切片或尿液、腹水、脑脊髓液的涂片，染色镜检发现虫体才能确诊。生前诊断可使用皮内变态反应、荧光抗体试验和动物接种试验等方法。

3. 防治措施

由于本病的传播方式尚未完全搞清，故缺乏有关预防及控制的经验，除应加强一般性卫生防疫措施外，对病兔应及时淘汰，有助于防止本病的传播。

目前本病尚无特效药物治疗，有试验用烟曲霉素治疗本病有一定效果，一般情况可采取对症治疗。

○ 隐孢子虫病

兔隐孢子虫病是由微小隐孢子虫寄生于家兔等多种动物的黏膜上皮细胞表面而引起的一种人、畜共患原虫病。家兔等啮齿类动物多呈隐性感染，并常与其他疾病合并或继发感染，而呈现出临床症状，很容易造成误诊。

由于虫体的寄生，造成消化道上皮细胞破裂崩解，引起消化道绒毛脱落，导致消化功能紊乱，表现食欲下降、精神沉郁、腹泻、脱水等症状。在机体营养状况较差，免疫功能低下时，可引起死亡。

主要病理变化在肠道，出现卡他性及纤维素性肠炎，黏膜出血，绒毛萎缩脱落。最后确诊还需通过粪便检查，利用漂浮法收集卵囊后涂片染色(金胺-酚染色法或改良抗酸染色法)镜检，发现卵囊后方可确诊。

目前尚无较理想的治疗方法，已知使用大蒜及大蒜素对本病有一定疗效。对严重腹泻者可及时输液，补充电解质，纠正酸碱平衡。如为合并感染注意对原发病或继发病的治疗。

○ 肝片吸虫病

本病是由肝片吸虫寄生于多种动物胆管内引起的一种吸虫病。家兔也可被寄生，特别是以青饲料为主的兔发病率和死亡率均较高，危害也很大。

1.病原

肝片吸虫的成虫长 20～35 mm、宽 5～13 mm，背腹扁平。虫体呈柳叶状，新鲜虫体红褐色。成虫在胆管中产卵，卵随胆汁进入消化道，随粪便排到外界落入水中孵化出毛蚴；毛蚴钻入中间宿主——椎实螺体内，经过胞蚴、母雷蚴、子雷蚴各发育阶段，最后形成大量尾蚴逸出螺体，附在水面和水草上形成囊蚴；当家兔吃了带有囊蚴的水草和水而被感染，最后在肝胆管内发育为成虫(图 9-3)。

2.诊断要点

(1)流行特点

本病呈地方性流行，多发生于低洼沼泽地区以及山川小溪水草丰富地带，并多在夏秋季节流行。这是因为夏季、秋季气候适合肝片吸虫卵的孵化和中间宿主——椎实螺的滋生。

(2)临床症状

本病一般表现厌食、衰弱、消瘦、腹泻、贫血、黄疸等症状。严重病例眼睑、颌下、胸腹下出现水肿，逐渐衰竭死亡。

(3)剖检变化

急性死亡病例，由于感染了大量幼虫，在体内移行引起肠壁及肝组织的损伤，可见肝脏肿大，包膜上有纤维素样沉积，并有幼虫移行时留下的很多数毫米长的暗色虫道，内有凝固的血液和小的

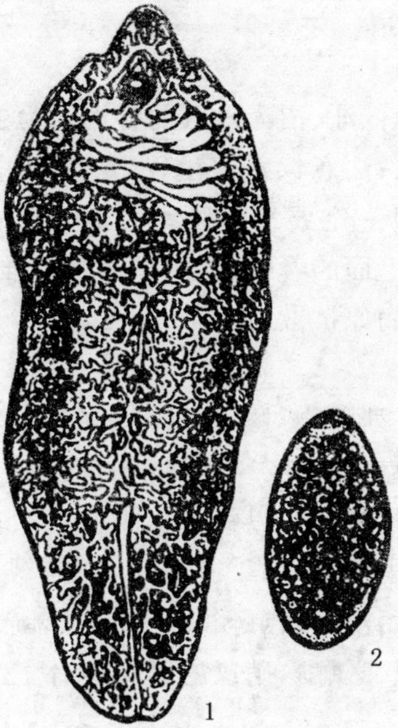
1
2

图 9-3　肝片吸虫

1. 成虫；2. 虫卵

幼虫，从而引起急性肝炎和内出血。腹腔内伴有血性液体和腹膜炎等变化。

成虫阶段寄生病例，早期肝脏肿大，后期萎缩硬化呈土黄色，胆管扩张，管壁增厚粗糙，内壁有磷酸钙等盐类沉积，呈绳索样突出肝脏表面，内含虫体和多量污浊浓稠液体。

(4)实验室检查

本病生前通过流行特点和临床症状可初步诊断，但确诊还需做粪便虫卵检查。常用的方法为水洗沉淀法。虫卵在镜下呈金黄色椭圆形，长 130～145 μm，宽 85～97 μm，一端有卵盖，内含多个卵黄细胞和一个胚细胞。

3. 防治措施

(1)预防

以饲喂河川及低洼、沼泽地区的青饲料为主的家兔，每年应坚持2次预防性驱虫；注意饮水卫生，尽量饮用井水或流动的河水；以水生植物为饲料一定要洗净晒干。最好经青贮发酵后再喂家兔，以便杀死附在上面的囊蚴；兔的粪便要经堆积发酵等无害化处理后再利用，以防病原扩散。

(2)治疗

可分别选用下列药物对家兔进行驱虫：

吡喹酮，每千克体重50～80 mg剂量，1次内服。

丙硫苯咪唑(抗蠕敏)，以每千克体重20 mg剂量，每天1次内服，连用3天。

此外，也可使用溴酚磷(蛭得净)、三氯苯唑(肝蛭净)、硝硫氰胺、碘醚柳胺、硫双二氯酚、硝氯酚等药物治疗。

○ 血吸虫病

家兔血吸虫病是由日本分体吸虫寄生于多种动物的肠系膜和静脉系统的小血管内所引起的一种人、畜共患吸虫病。

1. 病原

日本血吸虫为雌雄异体，呈线形。雄虫较粗短，大小为(10～22)mm×0.5 mm，前端有口、腹吸盘，自腹吸盘后部的体壁卷折成抱雌沟。雌虫比雄虫较细长，在寄生状态时雌雄合抱在一起，寄生于门脉系统。雌虫产出的卵一部分顺血流到肝脏，在肝脏内形成肉芽肿，另一部分逆血流到达肠壁，透过肠壁到肠腔，随粪便排出体外。虫卵在水中孵出毛蚴，毛蚴侵入中间宿主钉螺体内，进行无性繁殖，经过母胞蚴、子胞蚴，最后发育成很多尾蚴。尾蚴出螺体入水。家兔和其他动物可直接通过皮肤或饮水、采食而被感染。

图 9-4　日本血吸虫

1. 口吸盘;2. 腹吸盘;3. 抱雌沟

尾蚴侵入动物体,幼虫经血流达门脉系统而发育为成虫。

2. 诊断要点

(1)流行特点

血吸虫病广泛流行于我国的长江流域及以南省区(钉螺分布区)。家兔多采用笼养,故自然感染机会很少。在疫区一般是因为家兔饮用了"疫水"或采食、接触了带有毛蚴的水草而感染。

(2)临床症状

少量感染一般不显症状,当大量感染时则表现腹泻、便血、消瘦、贫血,严重时腹水过多死亡。

(3)剖检变化

肝脏表面有灰白色或灰黄色虫卵结节。慢性病例出现肝硬化,体积缩小,在门脉血管和肠系膜静脉中可找到虫体。严重感染时,肠道各段均可找到虫卵沉积,尤以直肠部分更为严重。小肠溃疡,出现瘢痕,肠黏膜增厚。

(4)实验室检查

生前多采用粪便沉淀孵化法检查毛蚴以做出诊断。虫卵呈椭圆形，淡黄色，卵壳较薄，无卵盖，大小为(70～100)μm×(50～80)μm，内含1个毛蚴。

3. 防治措施

(1)预防

重点是加强家兔的饮水卫生，在疫区最好饮用沸水或井水，饲草应晒干后或经青贮后再喂。

(2)治疗

发现病兔及早治疗，首选药为吡喹酮，按每千克体重20 mg剂量1次内服；敌百虫，按每千克体重50～80 mg剂量1次内服。此外，也可应用血防846、硝硫氰胺、硝硫氰醚等药物治疗。

○ 豆状囊尾蚴病

本病是寄生在犬、狐等小肠内的豆状带绦虫的幼虫(豆状囊尾蚴)寄生于兔的肝脏、肠系膜、大网膜和腹腔内引起的一种绦虫蚴病。

1. 病原

豆状囊尾蚴呈透明球形，如豌豆粒大小，内含半透明液体和一个头节。头节有4个吸盘，一个顶突；顶突上有2排小钩。成虫的成熟节片和虫卵随粪便排到外界被兔吞食后24 h内六钩蚴可从卵内逸出进入肠壁侵入血管，随血流到达肝脏，穿透肝包膜，经2～3个月发育成豆状囊尾蚴。囊尾蚴一旦被终末宿主犬、狐等吞食后，在小肠内又会发育为成虫(图9-5)。

2. 诊断要点

(1)临床症状

少量感染时症状不明显，仅表现生长缓慢。大量感染时常呈现慢性肝炎症状，严重影响肝脏的正常功能，表现精神不振、嗜睡、

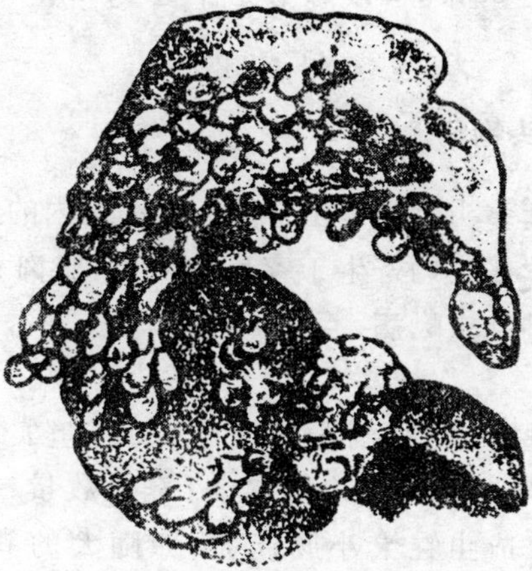

图 9-5　豆状囊尾蚴

消化功能紊乱、食欲下降、渴欲增加。幼兔生长迟缓，成兔腹部胀大，逐渐消瘦，后期腹泻，重者可引起家兔死亡。

(2)剖检变化

尸体消瘦，肝脏肿大，腹水增多。早期由于幼虫的移行可致急性肝炎，形成嵌花肝，肝表面和切面有黑红、黄、白色条纹状病灶，慢性病例可转为肝硬化。在肠系膜、大网膜、肝脏表面有多个豌豆大小、半透明的囊泡，常形成葡萄串状。

本病生前诊断比较困难，死后剖检发现囊尾蚴后即可确诊。

3.防治措施

(1)预防

防止犬、狐、猫等粪便污染家兔的饲料、饲草及饮水。不用含有兔囊尾蚴的内脏喂犬和猫，兔场内禁止饲养犬、猫等动物。

(2)治疗

可试用吡喹酮，按每千克体重 25 mg 剂量皮下注射，每天 1

次，连用 5 天；甲苯咪唑，按每千克体重 35 mg 剂量口服，每天 1 次，连用 3 天。

○ 连续多头蚴病

家兔的连续多头蚴病是由寄生于犬小肠内的连续多头绦虫的中绦期——连续多头蚴寄生于家兔的皮下、肌肉、脑、脊髓等组织中所引起的一种绦虫蚴病。

1. 病原

连续多头蚴可发育到樱桃至苹果大，坚实而有弹性；在寄生部位形成无痛的肿胀，并能移动；寄生数量一般 4～5 个，最多可达 70 个。成虫在犬小肠产卵；卵随犬的粪便排到外界被兔等中间宿主吞食后，六钩蚴在消化道逸出，钻入肠壁随血流到达皮下和肌间结缔组织，发育成连续多头蚴；当带有连续多头蚴（包囊）的兔肉再次被犬食入，即在小肠内发育为连续多头绦虫。

2. 诊断要点

根据在肌肉或皮下发现有可动无痛的包囊（连续多头蚴），镜检囊内有很多头节（原头蚴）可确诊（图 9-6）。

图 9-6　连续多头蚴

3. 防治措施

参见兔豆状囊尾蚴病。由于本病的幼虫阶段也可寄生于人体内，所以，应注意个人卫生防护工作。

○ 栓尾线虫病

1. 病原

兔栓尾线虫病又称“兔蛲虫病”，是由栓尾线虫寄生于兔的盲肠及大肠内引起的一种常见的线虫病。虫体呈线状，雄虫长 3～5 mm，雌虫长 8～12 mm，口孔较小，食道中部膨大，有后食道球，尾端尖细。虫卵两侧不对称，椭圆形，大小约为 102 μm×41 μm；卵壳光滑，一端有卵盖，内含胚细胞或一条卷曲的幼虫。

2. 诊断要点

少量寄生一般不表现临床症状，严重感染时，由于幼虫在盲肠隐窝内发育，以肠黏膜为食，故可引起黏膜损伤，有时发生溃疡及大肠炎症，表现为食欲减少、精神沉郁、被毛粗乱、进行性消瘦、下痢，重者可引起死亡。

可根据临床症状对兔进行粪便检查，镜下可发现虫卵。剖检盲肠可发现大量成虫可确诊。

3. 防治措施

注意兔舍卫生，加强粪便管理，对饲槽、水盘等定期消毒，做到每年 2～3 次预防性驱虫。治疗时，可选用左旋咪唑，以每千克体重 5～10 mg 剂量口服，每天 1 次，连用 2 天；丙硫苯咪唑，以每千克体重 10～15 mg 剂量，每天 1 次，连用 2 天。

○ 兔鞭虫病

1. 病原

兔鞭虫以其前部细长的食道而得名。虫体长达 29～34 mm。雄虫尾端向腹面卷曲。虫卵椭圆形，呈腰鼓状，两端有塞状物。成虫寄生在兔的盲肠内，以其尖端钻入黏膜深处。

2.诊断要点

当大量寄生时，可造成盲肠黏膜的广泛破坏，发炎。病兔出现腹泻，有时排出带血或黏液性粪便。有的腹泻与便秘交替发生，常引起疝痛；严重者可引起自家中毒，呈现抽搐、贫血。幼兔发育缓慢。

生前可结合临床症状，并通过粪便检查发现虫卵；死后剖检在盲肠内可发现大量形如鞭子样的成虫，可确诊。

3.防治措施

见兔栓尾线虫病。

○ 兔肝毛细线虫病

1.病原

本病是由毛细线虫属寄生于鼠、兔等啮齿类动物的肝组织内的一种线虫病，人偶尔也可被感染。成虫大小为 4～5 cm，食道甚长。虫卵大小为(63～68)μm×(30～33)μm，两端有塞状物，卵壳表面稍凹凸不平。

成虫寄生在肝脏组织中，并发育产卵。含有虫卵的肝脏被另一个宿主吞食后，卵在肠道内孵化，幼虫钻入肠壁，经血液循环到达肝脏继续发育为成虫。肝脏内的大量虫卵可引起纤维性结缔组织包围，严重时造成肝硬化和中毒。

2.诊断要点

病兔生前无明显症状，诊断困难。死后剖检可见肝脏表面有许多绿豆大小或呈带状黄色的结节，取结节压片镜检，见到虫卵即可确诊。

3.防治措施

本病主要是做好预防工作，目前尚无较好的方法治疗。可选用甲苯达唑、阿苯达唑、奥芬达唑治疗。注意饲养人员的个人防护,不生食或半生食兔等啮齿类动物的内脏,以防感染。

○ 兔螨病

本病又叫“疥癣病”,俗称“癞”,是由寄生于兔体表的疥螨和痒螨引起的一种外寄生虫病。以剧痒及各类型的皮肤炎症,形成痂皮、脱皮、消瘦为特征。其传染性很强,以接触感染为主。轻者使患兔消瘦,严重时造成死亡,对养兔业的危害很大。

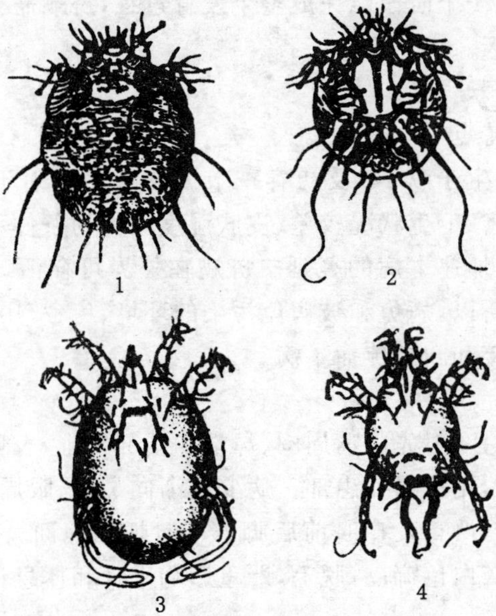

图 9-7　兔螨虫

1. 疥螨雌虫;2. 疥螨雄虫;3. 痒螨雌虫;4. 痒螨雄虫

1. 病原

(1)疥螨

寄生在兔的表皮内挖凿隧道,以皮肤组织细胞和淋巴液为食。

虫体长 0.3～0.5 mm，呈龟形，肉眼不易认出，前端有一半圆形的咀嚼式口器，腹面有 4 对腿，后两对腿不突出体缘。

(2)痒螨

多寄生于兔的外耳道的皮肤表面，以吸吮渗出液为食，个体较大，体长 0.5～0.8 mm，眼观如针尖大小，呈椭圆形；口器较长，呈刺吸式；腹面的四对腿细长，均突出体缘。

疥螨和痒螨的全部发育过程都在动物体上完成，包括卵、幼虫、若虫、成虫 4 个阶段。完成整个发育过程，疥螨需 8～22 天，痒螨需 10～12 天。

2. 诊断要点

(1)流行特点

本病多发生于秋、冬及初春季节。在日光照射不足、兔舍潮湿、兔毛长而密、卫生状况较差、皮肤湿度较大的条件下，最适合螨的生长、繁殖，加速本病的蔓延。疥螨在外界可存活 3 周，痒螨可存活 2 个月，所以，病兔和被病兔污染的环境、兔舍、用具等都可成为传染源，直接和间接传播本病。

(2)临床症状

兔疥螨病，一般先由嘴周围、鼻端和爪部发生，表现剧痒，病兔不停用嘴啃咬，用爪搔抓患部。病变逐渐向鼻梁、眼周围或前掌部和后蹠部蔓延，严重发痒时前后脚掌不时抓拍地面。患部出现皮肤炎症，形成灰白色痂皮，脱毛，严重影响采食和休息；病兔很快消瘦死亡。

兔痒螨病，主要发生于外耳道内，引起外耳道的炎症；渗出物干燥后，形成黄色痂皮，塞满耳道如纸卷样。病兔表现耳下垂(多为一侧)、不断摇头和爪搔耳朵。当病变延至筛骨及脑部时可引起癫痫症。

(3)实验室检查

在患部与健部的交界处，用锐利刀片垂直刮取病料(深度以微微见血为止)少许,放置于事先加有甘油水的载玻片上,用镊子充分捣碎加盖片,在显微镜下检查。也可将病料装入试管内,加入10%氢氧化钠(钾)溶液,煮沸,待毛和痂皮溶解后静置 20 min,用吸管吸取沉渣滴在载片上,加盖片镜下检查。后者可大大提高检出率。

3. 类症鉴别

本病应与由霉菌引起的兔脱毛癣病相区别,该病痒觉不明显,镜检可见菌丝和孢子,而无螨虫。

4. 防治措施

(1)预防

兔舍要经常清扫,定期消毒,保持干燥和良好的透光与通风;经常检查兔群,发现病兔要隔离治疗;在引进家兔时要隔离观察一段时间后,确认无螨病时方可合群饲养。

(2)治疗

螨病具有高度接触传染性,遗漏一个小的患部,散布少许病料,就有蔓延的可能。所以,在治疗螨病时,一定要详细检查,以免遗漏。对已确诊的病兔,要及时隔离治疗。目前常用的杀螨药物和方法很多,可根据具体情况选用。

伊维菌素(害获灭)或阿维菌素(阿福丁)注射液,以每千克体重 0.2 mg 剂量,1 次皮下注射。对体表寄生虫和体内的多种线虫均有较好的杀灭作用。该药除注射剂外还有内服剂和渗透剂型等,可选择使用。

"敌酒来"合剂,配方是:敌百虫 2 份、75%酒精 96 份、来苏儿 2 份,临用现配。局部剪毛去痂,暴露新鲜组织后涂擦患部,注意每次涂擦面积不要超过体表面积的 1/3。

此外,0.01%～0.05%辛硫磷水乳液、0.015%～0.02%巴胺磷水乳液,0.025%螨净(二嗪农)水乳剂和 5%氯氰菊酯乳油剂,经 500～1 000 倍稀释后均可用于患部涂擦。

○ 兔虱病

本病是由兔血虱寄生于家兔体表引起的一种慢性体外寄生虫病，通过直接和间接传播。兔血虱以吸血为主，1 个血虱，每天可吸食血液 0.2～0.6 mL，对幼兔危害十分严重。

兔血虱病的诊断比较容易，当发现兔有瘙痒不安、消瘦贫血、生长发育不良时，检查兔体表时可发现血虱即可确诊。

防治措施可参考兔螨病的有关内容。

❼家兔的内科疾病

○ 口炎

本病是口腔黏膜表层或深层的炎症，又称口疮。

1. 发病原因

机械性损伤和化学性刺激是本病发生的主要原因。例如，硬质和带刺的饲草、饲料、尖锐牙齿和异物（钉子、铁丝）等，都可直接损伤口腔黏膜引起炎症；其次是采食了霉败饲料，误食生石灰、氨水等，均可引起口炎。此外，还可继发于相邻器官的炎症。

2. 诊断要点

病兔表现大量流涎，常黏附在被毛上，口腔黏膜潮红、肿胀，甚至出现损伤或溃疡，一般有些食欲但拒绝采食。若为水疱性口炎，口腔黏膜可出现细小水疱，破溃后发生糜烂和坏死，而流出不洁带臭味的唾液并常混有血液。

3. 防治

(1)预防

不喂发霉腐败或粗硬带刺的饲草饲料，及时除去饲料内和口腔中的异物，饮水要清洁，及时修整锐齿，避免各种化学因素对口腔的损伤。

(2)治疗

病初可选用1%食盐水、2%硼酸水、5%明矾水或0.1%高锰酸钾溶液,每天冲洗2～3次,再用棉球蘸取碘甘油涂擦。出现全身症状的患兔要及时使用抗生素,如青霉素按每千克体重1万U,链霉素按每千克体重2万U,每8～12 h肌肉注射1次。也可内服磺胺类药物治疗。

治疗的同时应加强护理,喂以营养丰富、容易消化的柔软饲料,以减少对口腔的刺激。

○ 积食

本病又称胃扩张,2～6月龄的幼兔容易发生,特别是常见于饲养管理不善,经验不足的初养家兔的养兔场。

1.发病原因

由于贪食过量的适口性好的饲草饲料,如难于消化的玉米、小麦、黄豆等;容易发酵和膨胀的麸皮,含露水的豆科饲料、雨淋的青草以及腐烂的饲草饲料等,均易发生本病。本病也可继发于便秘、肠臌气、球虫病过程中。

2.诊断要点

本病常于采食后几小时发生。病初兔卧伏不动,胃部膨大,继之流涎,呼吸困难,可视黏膜发绀,击腹部发出鼓音,同时伴有腹痛症状。眼半闭,磨牙,四肢积于腹下,时常改变蹲伏位置。如果胃继续扩张,最后常导致窒息或胃破裂死亡。

剖检可见胃体积显著增大。内容物酸败,胃黏膜脱落。胃破裂者,局部有裂口,腹腔被胃内容物污染。

3.防治措施

(1)预防

加强饲养管理,喂料要定时定量,切忌饥饱不均。更换干、青饲草时要缓慢过渡,被雨淋和带露水草,要待晾干后再喂,禁喂酸败、冰冻饲草饲料，控制饲喂难以消化的饲料。

(2)治疗

兔一旦发病要立即停食，同时灌服植物油或石蜡油 10～20 mL、萝卜汁 10～20 mL 或食醋 40～50 mL，口服小苏打片和大黄片各 1～2 片。服药后使其运动，按摩腹部，必要时可皮下注射新斯的明注射液 0.1～0.25 mg。

○ 便秘

本病是由于肠内容物停滞、变干、变硬致使排粪困难，严重时可造成肠阻塞的一种腹痛性疾病。

1.发病原因

精、粗饲料搭配不当，精料过多、青饲料过少或长期喂干饲料，加之饮水不足；饲料中混有泥沙、被毛等异物，致使粪块变大；环境突然改变，运动不足，打乱正常排便习惯或继发其他疾病等，这些因素均可导致便秘发生。

2.诊断要点

病兔初期排粪量减少，粪便细小而坚硬，继之食欲减退或废绝，肠音减弱或消失。有的频做排粪姿势，但无粪排出；腹部膨胀，起卧不安；触诊腹部有痛感，可摸到坚硬的粪块。剖检，结肠和直肠内充满过量干硬颗粒状粪便。

3.防治措施

(1)预防

合理搭配精、粗、青绿饲料，饲喂要定时定量，防止贪食过多，供足饮水，适当增加运动，保持料槽的清洁卫生，及时清除槽内泥沙、被毛等异物。

(2)治疗

发病初期可适当加喂青绿多汁饲料，待粪便变软后再减少饲喂量。

对重病兔要立即停食，增加饮水，用手按摩兔的腹部，同时使用药物促进胃肠蠕动，增加肠腺的分泌，以软化粪便。例如，用硫酸钠 2～8 g 或人工盐 10～15 g，加温水适量，1 次灌服；石蜡油或蓖麻油 10～20 mL，1 次灌服。必要时可使用温水灌肠，促进粪便排出。其操作方法是：用粗细适中的橡皮管或软塑料管，事先涂上石蜡油或植物油，缓慢插入肛门内 5～8 cm，灌入 40～45℃的温肥皂水或 2%碳酸氢钠水；同时结合补液、强心等全身疗法。

○ 腹泻

腹泻又称“拉稀”，是临床上以下痢为主要症状的一类疾病的总称。幼兔多发生本病，主要表现是粪便不成球，排稀软、糊状或水样便。

1. 发病原因

引起腹泻的原因很复杂，一般能影响消化机能的因素都可引起腹泻，这些因素包括非感染性和感染性致病因素。

(1)非感染因素

长途运输、环境改变、仔兔断乳等因素突然改变了肠道内生理平衡，引起腹泻；冬季、夏季由于气温变化大、兔舍潮湿、温度过低、腹部受凉等造成肠道机能紊乱而引起腹泻；饲料不洁、霉变、酸败、冰冻或品质低劣且不易消化，突然更换饲料品种，饲喂不定时定量或贪食、精料过多、粗纤维过少等，这些原因均可引起腹泻。

(2)感染性致病因素

除腹泻之外，还有各自疾病固有症状，如某些传染病(如副伤寒、肠结核等)、寄生虫病(球虫病等)、某些中毒性疾病(有机磷化合物中毒等)。

2. 诊断要点

(1)临床症状

非感染性腹泻：属于胃肠黏膜表层炎症引起的腹泻，全身症状轻，排便次数少，呈现稀软便、粥样或水样便，便中无脓血，精神状态正常。

感染性腹泻：发病兔采食减少或废绝，精神倦怠，不愿运动，体温升高；排便频繁，粪稀薄带黏液，甚至带脓血的水样便，有腐败的酸臭味，后躯常被粪便污染；病兔被毛无光，随着病程的发展，病兔脱水、消瘦，直至衰竭死亡。

(2)剖检变化

非感染性腹泻肠黏膜无明显病理变化，或轻度黏膜水肿；感染性腹泻，肠黏膜发生糜烂、充血、水肿或有坏死灶。

3. 防治措施

(1)预防

加强饲养管理，不喂发霉变质饲料。兔舍经常保持清洁、干燥、温度恒定、通风良好，饲槽定期刷洗消毒，饮水应卫生，垫草勤更换。对刚离乳的幼兔要做到定时定量饲喂，防止过食。变换饲料应逐渐进行，使家兔有个适应过程。

也可将喹乙醇、抗生素、磺胺类药、抗球虫药物有计划地拌入饲料中，能有效地控制和预防腹泻的发生。例如，在5%的幼兔饲料中以每千克饲料加入5%喹乙醇预混剂2.5～3.5 g或金霉素10 g，可降低幼兔腹泻病的发病率。

(2)治疗

对非感染性腹泻(消化不良)的治疗，首先应清理肠道，可选用硫酸钠或人工盐2～3 g加水40～50 mL，1次内服，或植物油10～20 mL内服；然后调整胃肠功能，可服用各种健胃剂，如大蒜酊、龙胆酊、陈皮酊等5～10 mL。各酊剂可单独应用，也可配伍使用，配伍时剂量酌减。对幼兔也可应用谷维素，每次10 mg，每天3次；乳酶生，每次0.2 g，每天3次内服。

对感染性腹泻的治疗，应以杀菌消炎、收敛止泻、维护全身机能为治疗原则。内服磺胺类药物，如磺胺脒，初次量按每千克体重 0.14 g，维持量每千克体重 0.07 g，每天 2 次，连服 3 天；使用抗生素，如新霉素，按每千克体重 4 000～8 000 U，肌肉注射，每天 2～4 次，连用 3 天；庆大霉素，每次 4 万 U，每天 2 次，口服或肌肉注射。此外，也可使用黄连素、土霉素、氟哌酸等肠道消炎药。

对粪便的臭味不大但仍腹泻不止者，可服鞣酸蛋白 0.25 g，每天 2 次，连服 1～2 天，或活性炭，每次 1 g，每天 1 次内服；矽炭银，每次 1 片，每天 2～3 次。

此外，进行对症治疗。脱水严重者，可静脉注射葡萄糖盐水、平衡液、5％葡萄糖或林格氏液 20～30 mL；心脏衰弱者，使用 20％安钠咖 1 mL，每天 1～2 次，连用 2～3 天；肠膨胀者可用胃复安、吗丁啉等药物治疗。

○ 毛球病

毛球病又称毛团病、啃毛癖，是指家兔食入过多的兔毛与胃内容物混合形成毛球而滞留于胃内的一种疾病。本病多见于长毛兔。

1. 发病原因

①未及时清理掉落在饲料及垫草中的被毛，容易随草料一起吞下而发病。

②饲料中缺乏钙、钠、铁等无机盐、B 族维生素以及某些氨基酸不足，引起家兔的味觉失常而发生食毛癖。

③兔笼窄小，饲养密度过大，互相啃咬，久而久之形成吞食被毛癖，尤以长毛兔多见。

④精、细料比例过大而粗纤维不足，家兔常出现饥饿感而乱咬被毛。

⑤某些外寄生虫如患有疥螨、痒螨、毛虱等，刺激发痒，造成家兔持续性啃咬，有时拔掉被毛而吞入胃内。

2. 诊断要点

本病随着被毛吞食的逐渐增多而症状加重。首先表现为消化机能失常，病兔食欲不振或不食，精神沉郁，喜卧，渴欲增加，大便秘结，粪中混有兔毛。如果在短时间内吞食大量被毛，可在胃内与其内容物混合形成坚硬的毛球，阻塞幽门，或进入小肠后造成肠梗阻，引起胃扩张，若治疗不及时可引起死亡。

3. 防治措施

(1)预防

精、粗饲料的配比要适当，供给充足的蛋白质、无机盐和维生素。兔笼要宽敞，不要过于拥挤，及时清理饲槽和周围环境内的兔毛，保持清洁卫生。及时治疗体外寄生虫等。

(2)治疗

为排除毛球可灌服植物油(如豆油、花生油等)20～30 mL，也可内服石蜡油 20 mL，使毛球滑润下移。如不奏效时，应果断施以外科手术，从胃或小肠取出毛球。

○ 感冒

感冒又称“伤风”，是由寒冷刺激引起的，以发热和上呼吸道卡他性炎症(黏膜表层炎症)为主的一种全身性疾病。若治疗不及时，很容易继发支气管炎和肺炎。

1. 发病原因

本病常发生于早春、晚秋季节，多因气候突变、日间温差过大等多种原因致使家兔抵抗力降低，是引起感冒的最常见原因。

2. 诊断要点

有受寒史，并突然发病。病兔精神沉郁，食欲减退或不食，不爱活动，眼半闭状，流泪结膜潮红；有轻度咳嗽，打喷嚏，流水样鼻汁，体温升高。病兔若不及时治疗，易继发支气管肺炎而出现呼吸困难等症状。

3. 防治措施

(1)预防

在气候寒冷和气温骤变的季节,要加强防寒保暖工作。兔舍应保持干爽,清洁,通风良好。

(2)治疗

①复方氨基比林注射液,肌肉注射 2 mL,每天 2 次,同时配合口服复方新诺明或土霉素,每次 1 片,每天 2 次。

②庆大霉素注射液 4 万 U,安乃近注射液 1～2 mL,肌肉注射,每天 2 次,连用 3 天。

③青霉素 20 万 U,安痛定注射液 1 mL,肌肉注射,每天 2 次,连用 3 天。

④柴胡注射液 1 mL,庆大霉素注射液 4 万 U,肌肉注射,每天 2 次,连用 3 天。

⑤银翘解毒片,每次口服 2 片,每天 3 次。

○ 支气管炎

本病是支气管黏膜的急、慢性炎症,春、秋季节易发,以咳嗽、胸部听诊有啰音为特征。

1. 发病原因

寒冷刺激、机械和化学因素刺激是原发性支气管炎的主要原因。寒冷的直接刺激可降低呼吸道黏膜的防御能力,使呼吸道的多种常在菌(如肺炎球菌、巴氏杆菌、葡萄球菌、链球菌等)得以大量繁殖而产生致病作用,引起急性支气管炎。而当吸入了粉碎的饲料、飞扬的烟尘、霉菌孢子、花粉、有毒气体或发生误咽等机械、化学等因素的刺激后均可引起支气管黏膜的炎症。

2. 诊断要点

病兔精神沉郁,食欲减退,体温稍升高。咳嗽,初期为干痛咳,后期随炎性渗出物的增加而变为湿性长咳。由于支气管黏膜充血肿胀，分泌物增加，使管腔变窄而发生呼吸困难。鼻液由初期的浆液性变为后期的脓性。胸部听诊肺泡呼吸音增强，有干、湿啰音。

慢性支气管炎主要表现持续性咳嗽，在运动、采食或气温较低时(早、晚或夜间)更为突出。

3. 防治措施

(1)预防

加强饲养管理，饲喂营养丰富、易消化、适口性强的饲料，增强体质和抗病能力。兔舍要向阳，通风良好，做到冬暖夏凉。

(2)治疗

消除炎症：可选用青霉素、链霉素、庆大霉素和磺胺类等药物。用法、用量同治疗感冒。

祛痰止咳：频频咳嗽而分泌物不多时，可选用镇痛止咳剂，常用的有磷酸可待因，按每千克体重 22 mg，内服，每天 2～3 次，连用 2～3 天；咳必清，每次 12.5～22 mg，每天 3 次内服，连用 3 天；痰多时可用氯化铵，每次 0.15～0.3 g，每天 3 次内服，连用 3～5 天。

○ 肺炎

肺炎是肺实质的炎症，涉及一个或全部肺小叶，常见于幼兔。

1. 发病原因

多因细菌感染引起，在家兔受寒感冒或营养低下时，病原菌则趁虚而入。常见的病原菌有肺炎双球菌、葡萄球菌、巴氏杆菌、波氏杆菌等。当误咽或灌药时使药液误入气管，可引起异物性肺炎。

2. 临床症状

体温升高到 40℃以上，食欲减退或不食，粪便干小。流浆液、黏液或脓性鼻液，呼吸极度困难，口鼻呈青紫色，时有咳嗽，伴随呼吸发出鼻塞音和喉鸣音。听诊肺部呼吸音粗粒，并发出各种啰音。

3. 剖检变化

肺面可见到大小不等、深褐色斑点状肝样病变，内不含气体，发生实变。

4. 实验室检查

白细胞总数和嗜中性白细胞增多，核左移。

5. 防治措施

(1)预防

见支气管肺炎。

(2)治疗

可选用青霉素、链霉素各 20 万 U(幼兔减半)，肌肉注射，每天 2 次，连用 3～5 天；卡那霉素 20 万 U(幼兔减半)，肌肉注射，每天 2 次，连用 3～5 天；0.1％高锰酸钾水或 2％～3％硼酸水，洗鼻腔；1％薄荷脑石蜡油滴鼻；也可用知母、贝母、冬花、双花、连翘、甘草各 2 g，水煎服。

○ 中暑

中暑又称“日射病”或“热射病”，是因烈日暴晒、潮湿闷热，加之兔的汗腺极不发达，体表散热很慢，很容易发生中暑。特别是怀孕母兔易死亡。

1. 诊断要点

有过热或暴晒史。病初精神不振，全身无力，不食，体温升高可达 42℃以上，皮温高。可视黏膜潮红、发绀，心搏动增强、急速。呼吸急促、浅表，次数增加。当病情进一步发展，出现神经症状，经短时间兴奋后转入沉郁，昏迷，倒地不起，四肢抽搐，口吐白沫或粉红色泡沫，最后多为窒息或心脏麻痹死亡。

2. 防治措施

(1)预防

炎热季节兔舍通风要良好，保持空气新鲜、凉爽；温度过高时可喷水降温；兔笼要宽敞，防止过于拥挤；露天兔场，要设凉棚，避免日光直射；要有充足的饮水；长途运输时最好选择凉爽的天气进行，否则要采取防暑降温措施，车内保持通风和充足的饮水，装运密度不宜过大。

(2)治疗

立即将病兔置于阴凉通风处，可用毛巾浸冷水置于病兔头部或躯体部，每隔 3～5 min 更换 1 次，或用冷水灌肠，也可将兔身体浸在凉水中，以促进体热散发。为降低脑内压和缓解肺水肿，可进行静脉放血或静脉注射 20％的甘露醇或山梨醇 10～30 mL。当体温下降、症状缓解时，可进行补液和强心，以维护全身机能。

○ 维生素 A 缺乏症

本病是由维生素 A 供应不足或吸收障碍而引起的代谢性疾病，临床上以生长发育不良、视觉障碍和器官黏膜损伤为特征。冬、春季节缺乏青绿饲料时容易发病。对眼睛的损害不论成兔或幼兔均可见到。

1. 发病原因

日粮中缺乏青绿饲料，饲料的调制、储存不当(如暴晒、酸败、氧化等)，使饲料中的维生素 A 或维生素 A 前体化合物(胡萝卜素)遭到破坏；患有肠道疾病和肝脏疾病的家兔，由于影响维生素 A 的转化和储存也容易引起本病。

2. 诊断要点

当 100 mL 血浆中维生素 A 的含量低于 20～30 μg 时，患兔就会出现症状。最早发生的是夜盲症，在阴暗的光线下见不到食物及障碍物，眼角膜增厚，出现云雾状，有的眼角有浆液性分泌物，角膜出现溃疡。病兔被毛逆立，蓬乱，无光，容易折断；皮肤表层脱落，形成麸皮样痂皮；厌食，衰弱，消瘦，生长发育受阻；母兔可造成繁殖能力降低或不孕，怀孕母兔发生早产、死产或产出体弱、畸形的胎儿。公兔性欲降低，睾丸实质退化，精子形成受阻。当危及到其他脏器(黏膜上皮角化)，可引起胃肠炎、肺炎和肾炎等。

3. 防治措施

(1)预防

在日粮中经常补给青绿饲料，如嫩苜蓿、绿色蔬菜、胡萝卜等。切忌长期饲喂存放过久和变质的饲料，及时治疗肠道和肝脏疾病。对妊娠期和哺乳期的母兔，需添加鱼肝油或维生素 A 添加剂，按每天每千克体重添加维生素 A 250 U，可防止本病的发生。

(2)治疗

病兔可内服或肌肉注射鱼肝油制剂，可按 10 kg 饲料加入 2 mL 鱼肝油的比例将其混入饲料内喂给。必须注意的是维生素 A 摄入量过高时会引起中毒。

○ 维生素 B_1(硫胺素)缺乏症

兔能吞食自己的软粪，从中获得足够的硫胺素，所以，一般不会发生维生素 B_1 的缺乏症。但是如果不用含维生素 B_1 而含新吡啶硫胺的饲料喂兔，或家兔缺乏这种吃盲肠粪的本能以及给兔长时间使用抗生素类药物(抑制了肠道内合成维生素 B_1 细菌的生长)，就容易发生维生素 B_1 缺乏症。

1. 诊断要点

首先出现消化分泌机能低下，食欲不振，便秘或腹泻，继之出现泌尿功能障碍，发生渐进性水肿，最终可致神经系统受损，呈现运动失调、麻痹、痉挛、抽搐、昏迷甚至死亡。

2. 防治措施

(1)预防

维生素 B_1 存在于所有植物性饲料内，特别是干燥的啤酒酵母、饲料酵母及谷物胚芽的含量都很丰富。在日粮中适当添加酵母、谷物等，可预防本病的发生。

(2)治疗

发病兔可内服维生素 B_1，每次 1～2 片(每片含 10 mg)，或肌肉注射 5%维生素 B_1 注射液 0.2～0.5 mL，每天 1 次，连用 3～5 天。

○ 维生素 E 缺乏症

维生素 E 又称生育酚，属于脂溶性维生素，它不仅对家兔的繁殖产生影响，而且也参与新陈代谢，调节腺体功能和影响包括心肌在内的肌肉活动，维生素 E 缺乏可以引起营养性肌肉萎缩。

1. 发病原因

日粮中长期缺乏维生素 E。此外，因维生素 E 容易被氧化，当饲料受到矿物质和不饱和脂肪酸的氧化时，其活性丧失，造成维生素 E 有效成分减少而引起缺乏。

2. 临床症状

患维生素 E 缺乏的家兔，常见的症状是强直、进行性肌无力、喜卧而不耐运动、全身紧张性降低、肌肉萎缩，出现运动障碍、平衡失调、步态不稳、食欲减少或不食、体重减轻，最终导致骨骼肌心肌变性、衰竭死亡。幼兔生长发育受阻。

母兔维生素 E 缺乏时，可使受胎率降低，发生流产或死胎。公兔可导致睾丸损伤和影响精子的生成。

3. 剖检变化

骨骼肌、心肌苍白，呈透明样变性，横纹消失，肌纤维碎裂、坏死，纤维出现钙化。

4. 防治措施

(1)预防

平时要注意补充青绿饲料，口粮中添加大麦芽、苜蓿或 α-生育酚。重要的是避免喂给酸败饲料。同时及时治疗肝脏疾病，对预防治疗维生素 E 缺乏是必要的。

(2)治疗

维生素 E 和硒有协同作用，当出现维生素 E 缺乏时要考虑到是否有硒的缺乏。硒缺乏时兔生长受阻,心肌、骨骼肌萎缩,肝坏死,脾脏纤维化;有的不见任何症状,突然死亡;病程长者仅 1 天左右即可死亡。病死兔多见妊娠中后期的母兔。剖检可见心肌苍白,肝变性。所以,在治疗维生素 E 缺乏症时应注意补充硒制剂和维生素 E。

按每千克体重 0.32～1.4 mg 的剂量向日粮中添加维生素 E,令兔自由采食。

肌肉注射维生素 E 制剂,每次 1 000 IU,每天 2 次,连用 2～3 天。

肌肉注射 0.2%亚硒酸钠溶液 1 mL,每隔 3～5 天注射 1 次,共 2～3 次。

◯ 维生素 D 缺乏症(佝偻病)

维生素 D 缺乏症又称佝偻病,是幼龄动物生长骨板软骨骨化障碍及骨基质钙盐沉着不足的慢性代谢性疾病。临床上以生长发育不良、骨骼发育畸形和容易骨折为特征。

1. 发病原因

先天性佝偻病,主要是由于母兔孕期营养失调或缺乏日光照射,运动不足,日粮中缺乏维生素 D;后天性佝偻病主要原因有:幼兔断乳过早,饲料中钙、磷、维生素 D 和蛋白质不足,缺乏光照,胃肠道疾病。

2. 诊断要点

病兔因脊柱和四肢骨变形而使背部、四肢弯曲似弓状。骨骼与软骨连接处及骨骺部位膨大。肋骨与肋软骨结合处肿大,出现特征的佝偻病“骨串珠”。患病幼兔生长缓慢甚至停止,成年兔易发生骨折。

3. 防治措施

(1)预防

加强对孕兔、哺乳母兔和幼兔的饲养管理,应有充足的光照和适当的运动。注意饲料多品种配合，尤其是钙、磷比例要适当，并补给蛋壳粉、骨粉、南京石粉等无机盐类。

(2)治疗

肌肉注射维生素 D 0.5～1.0 mL，每天 1 次，连用 2～3 天，或维丁胶性钙，每次 1 000～5 000 U，每天 1 次，连用 2～3 天；也可内服鱼肝油 1～2 mL，配合内服磷酸钙 1.0 g，乳酸钙片 0.5～2.0 g，骨粉 2～3 g 拌料混饲，连用 3～5 天。

○ 全身性缺钙(骨软症)

钙不仅是动物骨骼的重要成分，保持骨骼的坚硬性，而且也介入全身性的机体物质代谢，参与组织中维持渗透压的作用，同时也是重要的血浆成分。钙缺乏主要表现为全身性的骨质软化。

1. 发病原因

长期饲喂贫钙饲料或饲料来源于土壤贫钙区，则会渐渐引起钙亏空，特别是怀孕和泌乳期的母兔更易引起本病；长时间喂给单一的块根类饲料，内富含草酸，可产生脱钙作用，而引起钙缺乏；维生素 D 不足是钙缺乏的诱因，因维生素 D 具有促进钙的吸收作用；某些肠道疾病也会影响钙的吸收作用。

2. 临床症状

病兔食欲减退，异食，经常啃吃被粪尿污染的垫草、背毛。由于血钙不足而动用骨骼中的储备钙，致使骨骼软化、膨大，并易发生骨折。成年兔体表面骨、长骨肿大，走路跛行。幼兔出现骨骼弯曲，最后导致痉挛或麻痹，但不出现诸如肋骨与软骨联合处增宽等佝偻病“骨串珠”的症状。

3. 实验室检查

每 100 mL 血浆中的钙含量由正常兔的 15 mg 下降到 7 mg。

4. 防治措施

(1)预防

使用配合饲料，当一种饲料缺钙时可由另一种高钙饲料来平衡；对妊娠和哺乳期的母兔，在日粮中有计划补加无机盐，如骨粉、蛋壳粉、南京石粉、贝壳粉或市售钙制剂等。

(2)治疗

口服碳酸钙或医用钙片。

静脉注射 10% 葡萄糖酸钙注射液，按每千克体重 0.5～1.5 mL，每天 1～2 次，连用 5～7 天。

维丁胶性钙注射液按每千克体重 0.05～0.1 mg，肌肉注射，每天 1 次，连用 5～7 天。

○ 磷缺乏症

磷与钙在机体内的代谢作用紧密相关，两者形成磷酸钙和磷酸氢钙储存于骨骼系统之中。磷还参与构成蛋白质和酶的合成，以多种形式介入机体的全身物质代谢和细胞的特殊新陈代谢之中，调解生命过程，因此，磷是生命重要的稀有物质。

1. 发病原因

土壤缺磷，造成作为饲料的植物不能满足兔对磷的需求，特别是不能满足幼兔、母兔妊娠或哺乳期的需要；饲料中的钙、磷比例失调；理想的比例是钙 2 份、磷 1 份。磷占饲料总量的 0.5% 为宜。

2. 诊断要点

患磷缺乏症的家兔，生长发育不良，体重减轻，面骨和长骨端部肿大，幼龄兔骨骼变形，与钙缺乏症类似，每 100 mL 血清磷含量大大低于正常值的 5.47 mg。

3. 防治措施

保证饲料中钙与磷的含量，并有合理的比例；适当补充维生素

D,对已发病的家兔可服用磷酸钙制剂。

○ 钠缺乏症

1. 发病原因

植物性饲料中普遍缺钠,若不注意补充,即可发生钠缺乏症。

2. 诊断要点

钠缺乏,常出现食欲和消化机能减退,精神委顿,被毛粗乱,继而出现异食癖,严重病兔肌肉颤抖,共济失调,心律不齐,最终因心力衰竭而死亡。

3. 防治措施

在饲料中有计划地补充钠,可有效地防止本病的发生,多使用氯化钠,添加量为日粮的0.4%。此外,食盐摄取过多也会导致中毒。

○ 霉菌中毒

霉菌中毒是指家兔采食了发霉饲料而引起的中毒性疾病,临床上以消化机能障碍为特征。

1. 发病原因

常见的霉菌有黄曲霉菌、白霉菌、赤霉菌、棕霉菌等,在适宜的温度(28℃左右)和湿度(80%～100%)下,在饲料中大量生长繁殖,产生毒素,家兔采食后,即可引起中毒。

2. 临床症状

霉菌中毒的病例,临床上不易确定是何种毒素引起的,常是多种毒素协同作用的结果。病兔一般呈急性发作,出现流涎、腹泻、粪便恶臭并混有黏液或血液、精神沉郁、体温升高、呼吸迫促、运动不灵活或倒地不起,最后衰竭死亡。妊娠母兔常引起流产或死胎。

3. 剖检变化

肝脏肿大,表面呈浅黄色;肝实质变性,质地脆。胸膜、腹膜、肾脏、心肌及胃肠道有出血点，肠黏膜脱落，肺脏充血、出血。

4. 防治措施

(1)预防

严禁饲喂发霉的饲料，加强对饲料的保管，防止霉变发生。

(2)治疗

立即停喂发霉饲料，饥饿1天；急性中毒用0.1%高锰酸钾或2%碳酸氢钠洗胃、灌肠；口服5%硫酸镁50 mL，清除胃内容物；10%葡萄糖10 mL，硫代硫酸钠0.64 g(用生理盐水稀释)，维生素C 5 mL，静脉注射或肌肉注射有一定效果。

○ 亚硝酸盐中毒

1. 发病原因

白菜、甜菜、玉米苗等多汁鲜嫩饲料中含有大量的硝酸盐，当这些饲料采集后堆放时间过长或焖煮后缓慢冷却等，都可使饲料中的硝酸盐转化为大量亚硝酸盐。亚硝酸盐被家兔采食后，可迅速进入血液，使血红蛋白丧失携带和释放氧的能力而中毒。

2. 临床症状

本病大多为急性经过，表现流涎、呕吐、腹泻、起卧不安、呼吸迫促、心跳加快，可视黏膜、四肢及耳部呈紫色，全身肌肉震颤，角弓反张直至死亡。

3. 剖检变化

病死兔尸僵不全，血液呈酱油色，不凝固；胃肠膨胀，黏膜充血、出血；肝脏肿大、淤血；心内外膜出血；肺充血水肿。

4. 防治措施

(1)预防

用白菜叶等青饲料喂兔，一定要新鲜，不宜堆放过久。饲料需要煮熟时，要快速煮熟，不能焖得时间过长，凉后应当天喂完，不能隔夜。

(2)治疗

家兔发病后要立即停喂原来的饲料;给兔饮用0.1%高锰酸钾水溶液;按每千克体重使用1%美蓝注射液2 mL,加适量20%葡萄糖溶液,1次静脉注射,或分点肌肉注射。

○ 氢氰酸中毒

家兔氢氰酸中毒多是由于喂饲高粱苗和玉米苗(特别是再生苗)、木薯、亚麻等富含氰甙类的植物引起的中毒性疾病。氰甙类本身不显毒性,但在机体内或植物本身所含氰糖酶的作用下可生成氢氰酸而呈现剧毒作用,使动物中枢神经和组织缺氧而发病。

1.临床症状

本病多为急性发作,病程短,表现兴奋、流涎、下痢,可视黏膜呈现紫红色,呼吸困难,瞳孔散大,全身强直性痉挛,四肢划动直至死亡。

2.剖检变化

血液凝固不良,静脉血呈鲜红色。

3.实验室检查

取胃内容物,用苦味酸试纸法检查,试纸由黄色变成红色;普鲁士蓝法检查,测试液体可变成蓝色。

4.防治措施

(1)预防

禁止饲喂生鲜幼嫩的高粱苗和玉米苗。以木薯作饲料时也不能生喂,应先水浸4~6天,每天换水1次,然后不盖锅盖煮沸。亚麻子饼也要经浸泡后再煮沸10 min后才能饲喂。

(2)治疗

发现病兔应尽早采取治疗措施,可同时静脉注射5%~10%硫代硫酸钠3~5 mL和1%美蓝注射液3~5 mL,后每隔4 h

1 次；用 10％葡萄糖注射液 3～5 mL 静脉注射，以增加肝脏的解毒功能。

○ 有机磷农药中毒

1.发病原因

引起家兔中毒的主要农药有 1605、1059、3911、马拉硫磷、乐果等。家兔多是由于采食了喷洒过这类农药的蔬菜、青草、粮食等或使用敌百虫、敌敌畏等治疗体表寄生虫病时，有机磷农药可经消化道或皮肤等途径进入机体后而发生本病。

2.临床症状

家兔常在采食和接触有机磷农药不久即出现症状，表现流涎、兴奋不安、肌肉震颤、抽搐、腹痛、腹泻、心跳加快、呼吸困难、可视黏膜苍白、瞳孔缩小，最后昏迷死亡。轻度中毒病例只表现流涎和腹泻。

3.剖检变化

胃肠黏膜充血、出血、肿胀，黏膜易脱落，肺充血水肿。急性中毒病例剖开胃肠可闻到内容物有有机磷农药的特殊气味（蒜臭味）。

4.防治措施

(1)预防

禁止饲喂喷洒过有机磷农药尚有残留的植物和各种菜类。用有机磷类药物进行体表杀虫时，应严格剂量、浓度和方法。用药后要加强护理，严防舔食。

(2)治疗

经口中毒者，可用清水或盐水洗胃，并灌服活性炭。迅速应用解磷定以每千克体重 15 mg 剂量静脉或皮下注射，每天 2～3 次，连用 2～3 天；阿托品每次皮下注射 1～2 mL，每天 2～3 次，至症状消失为止。

○ 癫痫

1.发病原因

癫痫是大脑功能性疾病之一，以周期性反复发作的意识障碍、阵发性与强直性肌肉痉挛为特征。按其原因可分为真性(原发性)癫病和症状性(继发性)癫痫。前者常与遗传因素有关，大脑无器质性变化，只有脑功能异常，遇到外界刺激就可发病。后者，一是脑内因素，如脑炎、脑内寄生虫、脑部肿瘤等；二是脑外因素，主要见于低血糖、尿毒症、外耳道炎、电解质失调以及某些中毒性疾病而继发的癫痫。

2.临床症状

主要症状为发病急，患兔突然倒地，意识丧失，四肢强直痉挛，瞳孔散大，牙关紧闭，口流白沫，呼吸一时停止，后转入呼吸迫促，排尿、排粪失禁。一般症状持续 0.5 min 或数分钟，各种症状自行缓解。继发性癫痫除上述症状外，尚有原发病的症状。本病的病程较长，经常反复发作，频度不断增加，发作时间也逐渐增长，预后不良。

3.防治措施

病兔保持安静，尽量减少刺激，如声响、光线和惊吓等。对症治疗，镇痉可口服三溴合剂或静脉注射安溴注射液。注意对继发性癫痫原发病的治疗。

○ 乳房炎

乳房炎是哺乳母兔的常见病，多发生于产后 5～20 天的哺乳母兔。

1.发病原因

由于外伤、咬伤乳头或泌乳过多、过稠及乳汁排出不畅，致使乳汁在乳房内长时间蓄积加之卫生不良而引起细菌感染发病。

2. 诊断要点

乳腺肿胀，发热，皮肤发红以至局部变成蓝紫色，又称“蓝乳房病”。病兔体温升高达 40℃以上，精神不振，食欲减退，行进困难，拒绝哺乳，乳房化脓形成脓肿严重时可引起败血症。

3. 防治措施

(1)预防

保持兔舍、兔笼和运动场的清洁卫生，定期消毒；清除周围环境中的尖锐异物；母兔产前应控制精料数量，产后应根据哺乳仔兔数的多少及哺乳情况相应供给精料，以防造成乳汁在乳房过多蓄积。

(2)治疗

发病后应立即停止哺乳。对轻症乳房炎，可挤出乳汁用温水(40～45℃)浸湿洁净毛巾，温敷乳房，每次 5～10 min，每天 3～4 次；也可局部涂以消炎软膏。同时肌肉注射青霉素 20 万 U，每天 2 次，连用 3～5 天。病情控制后，再口服土霉素或复方新诺明，每次 1 片，每天 2 次，连用 3 天；应用封闭疗法，将青霉素 20 万 U 与 0.25%盐酸普鲁卡因注射液 5 mL 混合，在乳房患部作周边封闭，每天 1 次，连用 3 天。

对化脓性乳房炎，当脓肿成熟时可切开排脓；乳腺体溃烂的应彻底摘除，然后用 0.1%高锰酸钾溶液或 3%的双氧水冲洗创面，再涂以魏氏流浸膏或紫药水等药物，同时肌肉注射青霉素 20 万 U，每天 2 次。

○ 生殖器官炎症

家兔生殖器官常见的炎症有阴部炎、阴道炎、子宫内膜炎及公兔的包皮炎和睾丸炎等。

1. 发病原因

本病通常是在配种、分娩、难产受损伤或因笼舍地面不洁及被细菌感染而发生，也可继发其他疾病。

2. 诊断要点

根据炎症的性质，可将生殖器官炎症分为黏液性、黏液脓性、脓性及蜂窝织炎等。轻者仅表现局部症状，严重者则出现体温升高、食欲减退等全身症状。

（1）阴部炎

外阴唇肿胀，潮红湿润，有痒感，可发生溃疡、结痂。母兔拒绝配种。

（2）阴道炎

从阴道流出不同性状的分泌物，附在阴门及尾毛上，形成薄痂。排便时呻吟，弓背。阴道黏膜肿胀、充血及溢血、化脓和溃烂、疼痛。

（3）子宫内膜炎

急性子宫内膜炎多发生在产后及流产后，全身症状明显，随同努责从阴道内排出较臭、污秽不洁的红褐色黏液或脓性分泌物；慢性者全身症状不明显，周期性从阴道内排出少量混浊黏液，即使发情也屡配不孕，多为由急性子宫内膜炎治疗不及时转化而成。

（4）包皮炎

包皮肿胀、热痛，有痒感，排尿异常，包皮内常有垢块，严重者排尿困难。

（5）睾丸炎

睾丸实质肿胀、热、痛，精索变粗，阴囊皮肤呈炎性浸润，常化脓破溃，可蔓延继发化脓性腹膜炎，病兔不愿走动。

3. 防治措施

（1）预防

搞好笼舍的清洁卫生，定期消毒。隔离治疗病兔，避免交配时互相感染。

(2)治疗

轻者局部处理即可,重者在局部处理的同时应结合使用抗生素或磺胺类药物进行全身性治疗。

排出渗出物,可用 2%温碳酸氢钠液或 1%～2%盐苏打液冲洗阴道;消除水肿可用 2%～5%高渗盐水或硫酸镁呋喃西林液冲洗;消除感染,局部可使用 0.1%高锰酸钾溶液、3%双氧水、0.1%雷佛奴尔或 0.1%新洁尔灭溶液冲洗,冲后要排净消毒液,然后涂抹碘甘油(碘酊 1 份,甘油 9 份)、青霉素软膏或磺胺软膏等均可。

子宫内膜炎时,可结合皮下注射垂体后叶素 2 万～4 万 U,以促进子宫内分泌物的排出。

全身疗法可肌肉注射青霉素 20 万 U,每天 2 次或口服复方新诺明,每次 1 片,每天 2 次,连用 3 天。

○ 妊娠毒血症

妊娠毒血症是母兔怀孕后期常见的一种代谢病,死亡率很高,经产兔发病率约为初产兔的 4 倍,肥胖母兔最常见。

1. 发病原因

一般认为,妊娠兔葡萄糖消耗多,如饲料中葡萄糖不足,极易造成体内缺糖,引起血糖浓度低于临界水平,导致大脑葡萄糖供应不足而发生本病。

2. 诊断要点

本病的症状差异很大,轻者无明显症状,严重者迅速死亡。常见的为精神沉郁、呼吸困难,呼出的气体带有丙酮味(似烂苹果味),排尿减少。有时在临产前期发生流产,运动失调、惊厥和昏迷。血检:非蛋白氮的含量明显增高,葡萄糖的含量大大降低。血钙减少,血液磷酸盐增加,丙酮试验呈阳性反应。

剖检可见机体肥胖,乳腺分泌旺盛,卵巢黄体增大。肝脏、肾脏和心脏的颜色苍白,肾上腺、甲状腺变小,苍白。

3. 防治措施

(1)预防

饲料中添加葡萄糖能防止酮血症的发展。妊娠后期,应供给丰富蛋白质、矿物质、维生素、碳水化合物等饲料,并尽量避免突然改变和避免其他应激因素的刺激。

(2)治疗

病初可口服甘油或静脉注射葡萄糖。静脉注射 25%～50%葡萄糖 20 mL,5%维生素 C 注射液 2 mL,每天 1 次,连用 3～5 天;肌肉注射肌醇注射液 2 mL,每天 1 次。

○ 产后瘫痪

本病多于母兔分娩后的 2～5 天突然发生瘫痪。

1. 发病原因

在饲养管理不当,日粮中钙、磷比例失调,特别是那些繁殖过多的高产母兔,泌乳量高,钙随乳丧失,血中钙浓度降低而容易引发本病。

2. 诊断要点

病兔表现食欲减退或不食,精神沉郁,不安和处于兴奋状态,继之四肢痉挛,不能保持平衡,后肢发生瘫痪,不能站立,体温降低,四肢麻痹,瘫卧于笼内。

3. 防治措施

(1)预防

日粮要合理搭配,防止品种单一,对怀孕兔的饲料要添加 2%～3%的骨粉或 1%～1.5%贝壳粉,可预防钙、磷的缺乏。

(2)治疗

10%葡萄糖酸钙 5～10 mL 静脉注射,每天 1 次,连用 5～7 天;维丁胶性钙注射液,肌肉注射,每次 2～4 mL,每天 1 次,连用 3 天;50%葡萄糖 20 mL,生理盐水 30 mL,维生素 C 注射液2 mL,

维生素 B_1 注射液 2 mL,混合静脉输入,每天 1 次;鱼肝油丸,口服,每次 1 粒,每天 2 次。便秘时,应及时清除肠内积粪,可灌服硫酸钠(镁)5 g,加水 50～80 mL,或用温肥皂水灌肠。

○ 无乳和缺乳症

1.发病原因

母兔在孕期或哺乳期,饲料营养低下或怀孕后期过量饲喂含蛋白质高的精料,使初期的乳汁过稠,堵塞乳腺泡,导致缺乳;母兔患有某些传染病或其他慢性疾病也可引起无乳。此外,母兔年龄过大、乳腺萎缩或过早交配、乳腺发育不全等均可引起无乳。

2.诊断要点

母兔不愿哺乳,乳房干瘪,挤不出乳或乳很少。仔兔吃不饱,逐渐消瘦,发育不良,最后饥饿而死。

3.防治措施

(1)预防

改善饲养管理,喂全价饲料,增加日粮中的精、绿饲料。防止早配,淘汰过老母兔,选择饲养母性好、泌乳足的品种。

(2)治疗

可内服人用催乳灵 1 片,每天 1 次,连用 3～5 天;激素治疗,用垂体后叶素 10 U,1 次皮下或肌肉注射;苯甲酸雌二醇 0.5～1 mL,肌肉注射。

选用催乳和开胃健脾的中草药:王不留行 20 g,通草、穿山甲、白术各 7 g,白芍、山楂、陈皮、党参各 10 g,研末,分数次拌料喂给。

○ 阴道脱出和子宫脱出

阴道壁部分或全部突出于阴门外称阴道脱出。子宫一部分翻转形成套叠,或全部翻转脱出于阴门外,称子宫脱出。前者产前、产后均可发生,后者多发生于产后数小时内。

1. 发病原因

固定阴道的组织松弛、腹内压增高及过度努责是发生阴道脱出的直接原因。分娩后数小时，子宫尚未完全收缩，子宫颈口仍然开张，子宫体、子宫角容易翻转脱出，难产时助产不当可造成本病。此外，饲养管理不当、体质瘦弱、运动不足和剧烈腹泻等均可成为本病的诱因。

2. 诊断要点

阴道部分脱出时，脱出部分较小，呈球形，当站立腹压可自行缩回。阴道全脱时，呈红色，球柱状脱出阴门外，自行不能缩回；脱出物时间长时可出现淤血、水肿、损伤、发炎及坏死。子宫套叠时，病兔常表现弓背、举尾、频频努责，阴门外见不到脱出物，以手指入产道可摸到套叠的子宫角。子宫全脱时，脱出物很似肠管，但表面有很多横褶。脱出的子宫有时可将卵巢或子宫系膜扯断，造成内出血。

3. 防治措施

阴道脱出时，轻者可用0.5%高锰酸钾液、0.1%新洁尔灭液或3%明矾水清洗消毒后，提起后肢，慢慢复位；重者可整复后在阴门周围做荷包缝合，但要松紧适度，以不影响排尿为宜。

子宫套叠时，除用手指机械整复外，可向子宫内注入灭菌生理盐水，借助水的重力使其复位。子宫全脱时，首先使用上述消毒液将脱出的子宫清洗消毒后，用手指如同翻肠一样在努责间歇期，向内推压，依次内翻，直至把子宫推入产道乃至腹腔内。复位不全时也可向子宫内注入灭菌生理盐水(加适当青霉素、链霉素)。脱出的子宫无法整复或有大的损伤时，可行子宫截除术，患兔留做育肥肉用。切除时，可用丝线在靠近阴门处结扎，在结扎线外侧2～3 cm处切掉子宫，涂以碘酊送回阴道内。整复后为了防止复发，可对阴门进行荷包缝合(见阴道脱出)，数日后拆线。

❽家兔的外科疾病

○ 外伤

1. 发病原因

由外来的机械作用引起皮肤、黏膜的损伤，如笼舍的锐利物刺(划)伤、咬伤及剪毛时的误伤等。

2. 诊断要点

外伤可分为新鲜创和化脓创。新鲜创，可见出血疼痛，创口裂开。化脓创，患部疼痛、肿胀，局部增温，创口流脓或形成结痂；有时会出现体温升高。炎症消退后，创内出现肉芽，良好肉芽为红色，平整，颗粒均匀，较坚实，表面有少量灰白色脓性分泌物。

3. 防治措施

(1)预防

消除笼舍内的尖锐物，笼内养兔密度不宜太大，公、母兔应分笼饲养，防止猫、犬的骚扰，剪毛时防止人为外伤等。

(2)治疗

对小而浅的外伤，应涂 2%～5%碘酊；大而深的伤口，应剪毛去污，用生理盐水或 0.1%新洁尔灭反复洗净创口，并用纱布吸干再撒布磺胺粉，之后包扎或缝合，最后涂 2%～5%碘酊。化脓创，剪毛去污，用 0.1%高锰酸钾、3%双氧水或 0.1%新洁尔灭液等冲洗创面，除去异物或坏死组织，排出脓汁，其内涂抹魏氏流膏、松碘流膏、金霉素软膏或磺胺软膏均可。

○ 骨折

骨折多为外力所致，四肢骨折最容易发生。

将断骨拉正对好，用两根竹片或树皮夹好，再用绷带捆扎固定；若为开放性骨折，先要处理好伤口（同外伤处理），再接上述方法进行包扎固定。幼兔一般经过10天、大兔20天后即拆除绷带。

○ 结膜炎

本病是指眼睑结膜、眼球结膜的炎症，是眼病中最容易发生的一种疾病。

1. 发病原因

灰尘、沙土、草屑、兔毛等异物落入眼内发生机械性刺激；氨气、化学消毒气体（福尔马林等）刺激；强日光和紫外线的直接照射；某些传染病（传染性鼻炎）、内科病（维生素A缺乏症）和寄生虫病（吸吮线虫）等，这些直接和间接因素均可引起兔的结膜炎。

2. 诊断要点

初期结膜潮红、肿胀，分泌物由浆液性变为黏液性，严重者可转为脓性，量也逐渐增多，眼闭合。炎症常侵害角膜，引起角膜混浊、溃疡甚至穿孔而继发全眼球炎，可造成家兔失明。

3. 防治措施

(1)预防

保持笼舍清洁卫生，防止沙尘等异物落入眼内。夏季防止强烈日光直射，消毒时应注意消毒药物的浓度和消毒时间。经常喂饲富含维生素A的饲料，如胡萝卜、南瓜、黄玉米及青草等。

(2)治疗

选择刺激性小的微温药液，如2%～3%硼酸液、0.01%呋喃西啉、生理盐水、0.01%新洁尔灭，洗眼；除去异物后，用0.6%黄连素眼药水、0.5%金霉素眼药水、1%新霉素眼药水等点眼；分泌物多时，选用0.25%硫酸锌眼药水滴眼；角膜混浊者，可涂1%黄氧化汞软膏，或用鲜鸡蛋清2 mL，皮下注射，每天1次；重症者可配合应用抗生素或磺胺类药物进行全身治疗。

附　表

附表 1　家兔的主要生理常数

项目		平均值	范围
体温/℃		38.9	38.5～39.5
呼吸/(次/min)	成年兔	60	50～70
	幼年兔	80	70～90
脉搏/(次/min)	成年兔	120	100～140
	幼年兔	140	130～180

附表 2　家兔的常用药物用量用法

类别	药物名称	剂量	使用方法
抗生素类药物	青霉素 G 钾(钠)	每千克体重 2～4 IU	肌肉注射,每天 2 或 3 次
	氨苄青霉素(安比西林)	每千克体重 10～20 mg 每千克体重 4～10 mg	口服,每天 2 或 3 次 肌肉注射,每天 2～4 次
	硫酸链霉素	每千克体重 10～20 mg	肌肉注射,每天 2 次
	硫酸庆大霉素	每千克体重 40 mg	肌肉注射,每天 2 次
	硫酸卡那霉素	每千克体重 15～25 mg	肌肉注射,每天 2 次
	四环素、土霉素或金霉素	每千克体重 20 mg 每千克体重 50～100 mg	肌肉注射,每天 2 次 口服,每天 2 次
	头孢菌素Ⅰ钠(先锋霉素Ⅰ)	每千克体重 10～15 mg	肌肉注射,每天 3 次
	灰黄霉素	每千克体重 25～50 mg	口服,每天 1 次,连服 1～2 周
	制霉菌素	成年兔:10 U/次	每天 2 次
	克霉唑	药水、软膏	外用,涂于患处
喹诺酮类抗菌药	氟哌酸	20～40 mg/kg 50～100 mg/kg	混饮 混饲
	环丙沙星	50 mg/kg 100 mg/kg	混饮 混饲
	恩诺沙星与氧氟沙星	50 mg/kg 100 mg/kg	混饮 混饲
磺胺类抗菌药	磺胺嘧啶(SD)磺胺甲基异噁唑(SMZ)	首次量:每千克体重 0.2～0.3 g,维持量减半	肌肉注射、静脉注射或口服,每天 2 次,症状消失后再连用 2～3 天,应用时配合等量小苏打
	磺胺二甲氧嘧啶、磺胺-5-甲氧嘧啶、磺胺-6-甲氧嘧啶	首次量每千克体重 0.1 g,维持量减半	肌肉注射、静脉或口服
	复方敌菌净、复方新诺明、复方磺胺-5-甲氧嘧啶	每千克体重 20～30 mg	口服,每天 1 次或 2 次

续附表 2

类别	药物名称	剂量	使用方法
抗球虫及驱虫类药物	三字球虫粉	每千克饲料 2 g	连喂 5～10 天
	氯苯胍	每千克饲料含 150 mg	断奶后仔兔连喂 1.5 个月，治疗时加倍量
	盐霉素	每千克饲料 50 mg	混饲
	克球粉	150 mg/(天·只)	连服 2～3 周
	丙硫苯咪唑	每千克体重 10～20 mg	1 次内服
	盐酸左旋咪唑	每千克体重 10～15 mg	1 次内服
	吡喹酮	每千克体重 20～25 mg	1 次内服
	敌百虫	1%～2%水溶液	外用涂擦，每天 1 次或 2 次
	伊维菌素(害获灭)、阿维菌素(阿福丁)	每千克体重 0.2 mg	1 次皮下注射或口服
其他类常用药物	25%氯丙嗪注射液	每千克体重 0.12 mL	1 次肌肉注射
	25%尼可刹米注射液	成年兔 0.5～1.0 mL/L	1 次静脉注射
	维生素 K_3 注射液	每千克体重 1 mL	肌肉注射，每天 2 次
	止血敏注射液	每千克体重 0.5 mL	1 次肌肉注射
	复方氨基比林注射液	每千克体重 1.5～2.0 mL	1 次肌肉注射
	柴胡注射液	每千克体重 1 mL	1 次肌肉注射
	催产素注射液	每千克体重 2～3 U	1 次皮下或肌肉注射
	4%解磷定注射液	每千克体重 1 mL	1 次静脉注射
	0.5%硫酸阿托品注射液	每千克体重 0.5 mL	1 次肌肉注射
	1%美蓝注射液	每千克体重 2 mL	1 次静脉注射
	人工盐	健胃：1～2 g/次 缓泻：4～6 g/次	口服，每天 1 或 2 次 口服，每天 1 或 2 次
	液体石蜡	5～15 mL/次	口服，每天 1 或 2 次

续附表 2

类别	药物名称	剂量	使用方法
其他类常用药物	硫酸镁	5%水溶液	口服，每天 1 次或 2 次
	硫酸钠	30～50 mL/次	口服，每天 1 次或 2 次
	活性炭	5～10 g/次	口服，每天 1 次或 2 次
	鱼肝油（维生素 A、维生素 D）	1～2 mL/次	口服，2 天 1 次；仔兔减半；预防不超过 1 个月
	复合维生素 B	10～20 mg/次	口服，每天 1 次，至痊愈
消毒防腐药物	来苏儿	3%～5%水乳液	用于地面、墙壁喷洒消毒
		5%～10%水乳液	用于兔排泄物消毒
	火碱（苛性钠）	2%～4%水溶液	兔舍、地面、墙壁、用具、车辆等消毒
	次氨酸钠	0.3%水溶液	带兔喷雾消毒
		1.5%水溶液	地面、墙壁、用具消毒
	漂白粉	1 m^3 水中 6～10 g	搅匀 30 min 后可供兔饮用
		10%～20%水溶液	地面、墙壁、排泄物消毒
	福尔马林	1 m^3 空间 25～30 mL	加热蒸发 24 h 以上
	生石灰	10%～20%石灰乳	喷洒兔舍地面、墙壁、排泄物等
	高锰酸钾	0.1%～0.2%水溶液	浸泡食具或洗涤伤口
	碘酊	2%～5%	注射部位消毒
	酒精	70%～75%	注射部位消毒
	紫药水（龙胆紫水溶液）	1%～2%水溶液	皮肤、黏膜、化脓创的消毒
	硼酸	2%～2%水溶液	眼睛、口腔、耳炎症的冲洗
	新洁尔灭	0.01%～0.05%水溶液	冲洗黏膜、深部感染创和手的消毒
		0.1%水溶液	浸泡器具
	二氯异氰尿酸钠	1∶400 水溶液	地面、笼具消毒
		1∶3 000 水溶液	饮水
	过氧乙酸	0.05%～0.5%水溶液	喷洒消毒厩舍及畜产品加工厂等

参考文献

[1] 杜玉川,等.实用养兔大全.北京:农业出版社,1991.

[2] 孔繁瑶.家畜寄生虫学.北京:农业出版社,1995.

[3] 柯诺,温第尔.家兔疾病.程化文,译.成都:四川科学技术出版社,1987.

[4] 南京农业大学.家畜传染病学.2版.北京:农业出版社,1986.

[5] 王永坤,等.兔病防治.上海:上海科学技术出版社,1983.

[6] 张家口农业专科学校.养兔学.北京:农业出版社,1979.

[7] Fraser C M.默克兽医手册.韩谦,等译.7版.北京:中国农业大学出版社,1997.

致 读 者

为提高“三农”图书的科学性、准确性、实用性，推进“三农”出版物更加贴近读者，使农民朋友确实能够“看得懂、用得上、买得起”的优秀“三农”图书进一步得到市场的认可、发挥更大的作用，中央宣传部、新闻出版总署和农业部于2006年6～7月份组织专家对“三农”图书进行了认真评审，确定了推荐“三农”优秀图书150种(套)(新出联[2006]5号)。我社共6种(套)名列其中：

无公害农产品高效生产技术丛书

新编21世纪农民致富金钥匙丛书

全方位养殖技术丛书

农村劳动力转移职业技能培训教材

科学养兔指南

养猪用药500问

这些图书自出版以来，深受广大读者欢迎，近来一次性较大量购买的情况较多，为方便团体购买，请客户直接到当地新华书店预购，特殊情况可与我社联系。联系人董先生，电话010－62731190，司先生，010－62818625。

中国农业大学出版社

2006年9月